Die Herkunft des Menschen

Dieser sorgfältig geschnitzte, 25 000 Jahre alte Kopf einer Elfenbeinstatuette, bekannt als Venus von Brassempouy aus Landes in Frankreich, weist eine große Detailtreue auf und ist sehr realistisch gestaltet.

Die Herkunft des Menschen

200 000 Jahre Evolution

Roger Lewin

Aus dem Englischen übersetzt von Erich Lange

Spektrum Akademischer Verlag Heidelberg · Berlin · Oxford

Für Gail

Inhalt

Vorwort

Unvorhersehbare Wendungen des Zufalls haben mein Leben geformt, wie es vermutlich bei den meisten von uns der Fall ist. So geschah es, daß vor fast 20 Jahren der Auftrag eines Verlegers mich für die Paläoanthropologie gewann. In diesen beiden vergangenen Jahrzehnten war es mir vergönnt, die Entwicklungen auf diesem Gebiet aus der Nähe zu verfolgen und sie als Kommentator vielleicht sogar zu beeinflussen. Meine ursprüngliche Ausbildung in Biochemie und Evolutionsbiologie hat sich in jenen Jahren als unschätzbar erwiesen, da die Anthropologie zunehmend mehr Erkenntnisse aus diesen Gebieten integrierte.

In allen Wissenschaften sind die gerade vorherrschenden Theorien das Ergebnis eines geschichtlichen Prozesses ständigen Prüfens und Neuformulierens. Hierbei spielt die Ansammlung neuer Belege und Hinweise natürlich eine bedeutende Rolle. Dies gilt ebenso für Wandlungen der Vorstellungen über Mechanismen – in diesem Fall Mechanismen der Populationsbiologie und der Evolution. Solche Veränderungen können die Interpretation der derzeitig bekannten Dokumente beeinflussen, so daß auch ohne neue Belege Theorien weiterentwickelt werden. Ein dritter, eher soziologischer Faktor, der in der Anthropologie zum Rang der vorherrschenden Theorien beiträgt und die Vorstellung vom Untersuchungsgegenstand betrifft, sind wir selbst.

Die kopernikanische und die darwinistische Revolution stießen den Menschen aus seiner zentralen Stellung im Universum der Dinge. Dennoch, sogar wenn man den Menschen wie alle anderen Tierarten als Ergebnis eines evolutionären Prozesses betrachtet, ist es immer noch möglich, *Homo sapiens* als ein besonderes Produkt dieses Prozesses und als dessen höchstes Ziel anzusehen. Diese Auffassung herrschte in den frühen Jahrzehnten unseres Jahrhunderts und mag auch – obgleich nicht explizit geäußert und nicht mehr so stark empfunden wie damals – unsere heutigen Diskussionen beeinflussen. Vielleicht wird sie das immer tun.

Mit der Anwendung neuentwickelter wissenschaftlicher Methoden bei der Erforschung des Ursprungs des modernen Menschen – *Homo sapiens* – wurden die entsprechenden Fragen schärfer formuliert. Dennoch prägt so manche althergebrachte Auffassung die Art und Weise, wie Forscher an diese Fragen herangehen. Deshalb habe ich die Geschichte der Wissenschaft vom Entstehen des modernen Menschen ausführlich berücksichtigt. Sie ist schon für sich genommen ein fesselndes Thema, aber auch unerläßlich, um die heutige Wissenschaftsdebatte zu verstehen.

Die Schlagkraft genetischer Belege bildet zweifellos einen wesentlichen Aspekt der gegenwärtigen Diskussion über den Ursprung des modernen Menschen. Die molekulare Anthropologie, wie die Ehe zwischen molekularbiologischen Techniken und Anthropologie genannt wird, ist zwar schon mehr als zwei Jahrzehnte alt, steckt aber in Wirklichkeit noch in den Kinderschuhen. Dieser Forschungsansatz, obgleich potentiell erfolgversprechend, ist hochkomplex und zudem anfällig für Fehlinterpretationen. Daher ist er auch stark umstritten.

Molekulare und fossile Dokumente sind sehr verschiedenartig: Eines schaut von der Gegenwart in die Vergangenheit, das andere von der Vergangenheit in die Gegenwart. Letztlich aber müssen die Antworten, die sie geben, gleich lauten. Die nächsten beiden Jahrzehnte werden sicher zu einer Konfliktlösung zwischen diesen beiden Forschungsansätzen beitragen und einen klareren Blick auf das Evolutionsmuster freigeben, das den *Homo sapiens* hervorbrachte. Zur Zeit stehen sich zwei sehr verschiedene Auffassungen gegenüber, von denen eine wohl falsch sein muß und eines Tages auch als solches erkannt werden wird. Vielleicht erweisen sich aber auch beide als teilweise richtig, und eine Kompromißlösung wird obsiegen. Das Aufregende an dieser Wissenschaft ist sowohl das Spannungsfeld der Ideen als auch ihre zentrale Frage selbst: Wie wurden die Menschen zu dem, was sie sind?

Der persönliche Blickwinkel eines jeden auf ein Thema wie dieses, das sich so im Flusse befindet und zugleich von der tiefen Kluft zwischen den Meinungen der Fachwelt geprägt wird, ist gewiß irgendwie einzigartig. Ich habe mich bemüht, alle Seiten der gegenwärtigen Diskussion vorzustellen, obgleich ich durchaus eine eigene Meinung habe. Ich hoffe, daß es dem Leser möglich sein wird, seine eigenen Schlußfolgerungen zu ziehen.

Ich möchte gern Jerry Lyons danken, der mich ermutigte, mich in dieses kontroverse, geistige Territorium zu wagen. Jerry, ganz gewiß einer der weitsichtigsten Lektoren in der Welt der Wissenschaftspublizistik, hat ein Thema entdeckt, über das zu schreiben sich lohnt. Amy Johnson gab mir feste, aber doch freundschaftliche Hilfestellung durch das hohe Niveau der *Scientific American Library*. Travis Arnold und Susan Moran hauchten dem Band mit ihrem wohldurchdachten Illustrationsprogramm Leben ein. Einmal mehr freut es mich, in der Schuld meiner vielen Anthropologen-Freunde zu stehen, von denen einige dieses Unternehmen mit der Bereitstellung von Photographien förderten. Meine Frau Gail unterstützte mich als scharfsinnige Redakteurin und prächtige Partnerin in einem arbeitsreichen und erfüllten Leben.

Roger Lewin
Washington, D.C.
Mai 1993

P.1 Neandertalerschädel (Shanidar I), 1957 von Ralph Solecki in
der Shanidar-Höhle im Nordirak ausgegraben. Die Verletzung am
Schädel (linksseitig, nicht sichtbar) wurde vermutlich erst nach dem
Tod durch einen herabfallenden Stein in der Höhle verursacht.

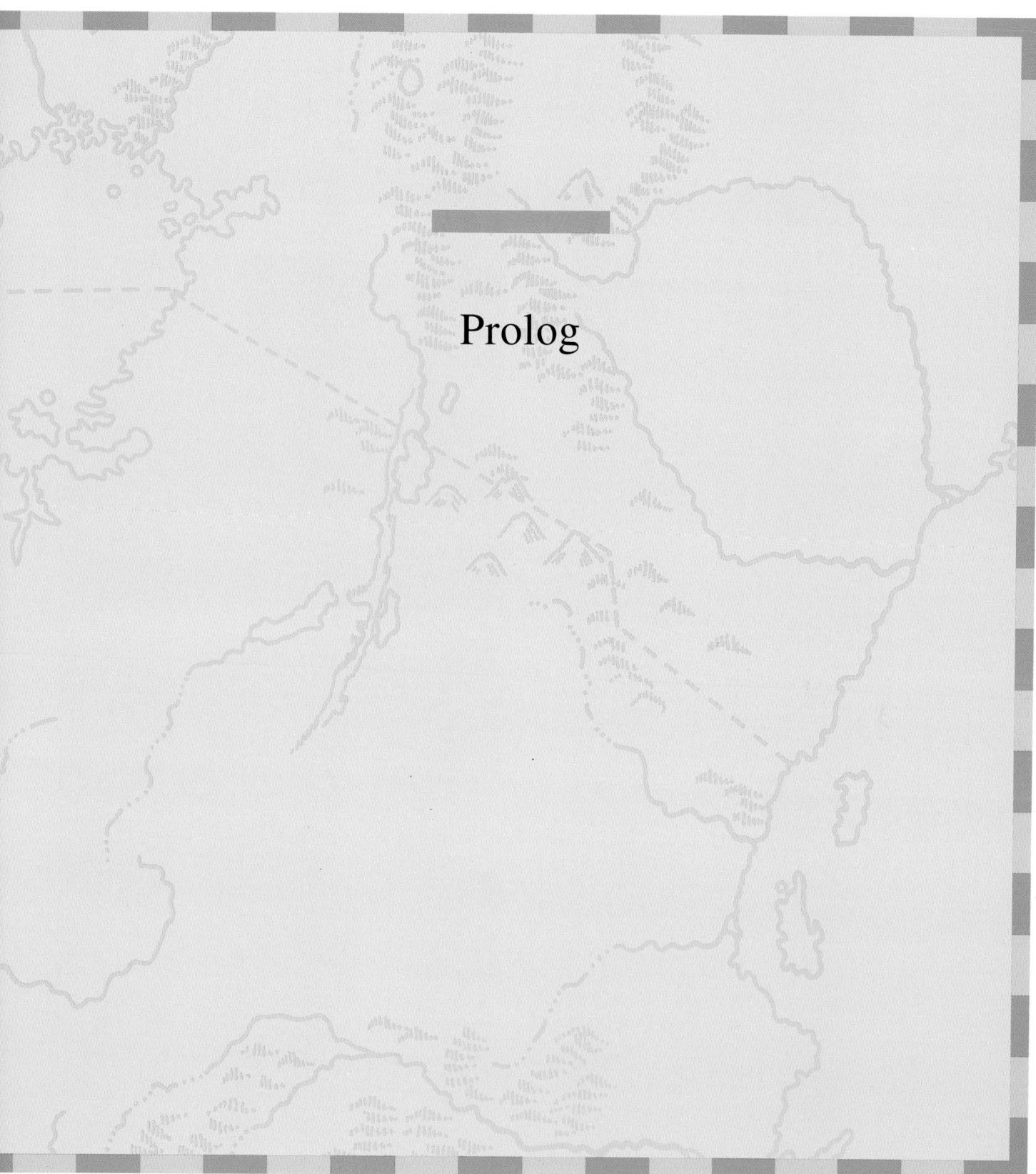

Prolog

Vor 60 000 Jahren starb in den zerklüfteten Zagrosbergen im Nordirak ein alter Mann. Allerdings kein gewöhnlicher Mann. Er war Medizinmann oder Schamane, Bindeglied der Menschen zu Welten fern des Faßbaren, zu übernatürlichen Welten. In tiefer Trauer über den Verlust eines hochangesehenen Mitglieds ihrer Gemeinschaft bereiteten sich die Menschen von Shanidar auf ein besonderes Begräbnis vor.

Junge Männer, die eines Tages selbst Schamanen sein würden, sobald sie die Rituale ihrer Berufung und die Technik der Trance beherrschten, wanderten hinauf zu den Bergwiesen, um Blumen zu pflücken – solche mit leuchtenden Blüten, aber auch recht unscheinbare Pflanzen: Schafgarbe, Sommerflockenblume, Kreuzkraut, Traubenhyazinthe, Malven, Kornblumen, malvenähnliche Blumen und Schachtelhalm. Es war Spätfrühling, und die verschwenderische Fülle der Bergflora strafte die Fesseln der Kälte Lügen, mit denen die Eiszeit damals und noch für weitere 50 000 Jahre die Erde gefangenhielt. An den höhergelegenen Berghängen erhoben sich dunkle Nadelwälder gegen den tiefblauen Himmel, während drunten die Täler Eschen- und Erlendickichte bargen.

Zur Höhle zurückgekehrt, arrangierten die jungen Männer die gesammelten Blumen und bereiteten mit Bündeln aus verholzten Schachtelhalmzweigen die letzte Ruhestätte des Schamanen. Sie woben Girlanden aus Schafgarbe, Malven und anderen Blüten zwischen die verästelten Zweige des holzigen Schachtelhalmes. Es sollte ein farbenprächtiges und zugleich symbolträchtiges Schauspiel sein; denn die Blumen waren nicht nur unter dem Aspekt der Schönheit ausgewählt worden, sondern auch ihrer Heilkraft wegen. Es waren jene Naturheilmittel, die der Schamane in Ausübung seiner numinosen Rolle zum Wohle der Gesellschaft verwandt hatte. Ein anderer Schamane vollzog die Bestattungsrituale für den Verstorbenen, wobei er die Ahnengeister von Shanidar darum bat, eine so bedeutende Seele wie die des toten Schamanen anzunehmen. Er sang

P.2 Oben: Arbeiter entfernen in den frühen fünfziger Jahren mittels einer Eimerkette Schutt aus der Shanidar-Höhle. Daneben arbeitet ein automatisches Transportband.
Unten: Das Skelett aus dem sogenannten Blumenbegräbnis (Shanidar IV) wurde von T. Dale Stewart 1960 ausgegraben. Die Erde um das Skelett, das einem alten Mann gehörte, enthielt fossilisierten Pollen.

Verse, die in verschlüsselten Worten die Schöpfungsgeschichte des Volkes von Shanidar erzählten und seinen besonderen Platz in dieser Welt; er sang von der Unausweichlichkeit des Lebens und des Todes – vom immerwährenden Kreislauf allen Seins, den die uralten Geister Shanidars erschufen.

Shanidar ist Wirklichkeit

Eine Fiktion, natürlich, die aber auf Elementen der Wirklichkeit beruht. Der Körper eines alten Mannes fand tatsächlich seine letzte Ruhestätte vor 60 000 Jahren in der Shanidar-Höhle. Seine Gebeine wurden vor 30 Jahren während einer von Ralph Solecki geleiteten Expedition der Columbia-Universität ausgegraben. Blumen wie die oben genannten hatte man unter und um seinen Körper herum ausgestreut. Dies ist zumindest die Überzeugung von Arlette Leroi-Gourhan vom Musée de l'Homme in Paris, die die Pollen jener Pflanzen aus den Bodenproben, die man um das Skelett herum entnahm, bestimmte. Die örtliche Vegetation entsprach der hier beschriebenen. Alles, was darüber hinausgeht, ist reine Spekulation, ein Versuch, die alten Gebeine mit etwas von dem, was man als menschlich erachtet, zu umhüllen. »Plötzlich gelangen wir zu der Erkenntnis, daß die Vielseitigkeit des Menschen und die Liebe zum Schönen die Grenzen unserer eigenen Art weit überschreiten«, schrieb Solecki, der das „Blumenbegräbnis" in seinem Buch *Shanidar* geschildert hat. »Wir können dem Frühmenschen nicht länger das volle Ausmaß menschlichen Fühlens und Erlebens absprechen«.

Der alte Mann von Shanidar war ein Neandertaler, untersetzt und sehr muskulös, mit einem charakteristisch langen, flachen Schädel und einem vorspringenden Gesicht. Er gleicht keinem Menschen der heutigen Zeit – er war eben kein moderner Mensch. Manche Anthropologen meinen, der biologischen Nähe des Neandertalers zum modernen Menschen sollte insofern Rechnung getragen werden, daß man ihn *Homo sapiens neanderthalensis* nennt, ihn somit als Unterart des *Homo sapiens* einordnet. Andere bestehen darauf, daß die Unterschiede betont werden müßten; sie ziehen den Artnamen *Homo neanderthalensis* vor. Wie eng die biologische Verwandtschaft des Neandertalers zum modernen Menschen auch immer sein mag, Solecki war überzeugt, daß der alte Mann von Shanidar »das volle Ausmaß menschlichen Fühlens und Erlebens« genoß. Solecki wollte anscheinend sagen, daß Neandertaler so wie wir waren und dennoch anders: Körperlich unterschieden sie sich zwar, aber innerlich waren sie Menschen. Diese Zweideutigkeit spiegelt ein wenig die Ambivalenz wider, welche die Anthropologen über das Wesen und die Natur des Neandertalers kundtun, seit seine fossilen Gebeine vor nahezu eineinhalb Jahrhunderten erstmals entdeckt wurden.

Neandertaler und andere

Die Aufgabe der Anthropologen ist es zu erklären, wie *Homo sapiens* entstand, körperlich und geistig. Die Annalen der Wissenschaft registrieren Ebbe und Flut der Meinungen, sobald Theorien sich wandeln und neues Fundmaterial ans Licht kommt. Unmittelbar gehörten die Neandertaler immer schon zu den ständigen Begleitern, wenn auch mit schwankender Bedeutung. Der im August 1856, ungefähr drei Jahre vor der Veröffentlichung von Darwins *The Origin of Species* (*Die Entstehung der Arten*) entdeckte Neandertaler war der erste anerkannte frühe Menschentyp. In vielen anatomischen Merkmalen eindeutig menschenähnlich, etwa hinsichtlich des im Vergleich zum modernen Menschen geringfügig größeren Gehirns, stellten die Neandertaler die Anthropologen vor ein Rätsel: Waren diese Frühmenschen unsere unmittelbaren Vorfahren oder nur ein Seitenzweig am menschlichen Stammbaum? Obgleich der bedeutende britische Anthropologe Sir Grafton Elliot Smith 1928 meinte, der Status des Neandertalers sei »durch die Untersuchungen Schwalbes von 1899 endgültig geklärt«, gibt es immer noch Meinungsverschiedenheiten in dieser Frage.

Die besondere Beachtung, der sich der Neandertaler hinsichtlich dieses Teiles der Menschheitsgeschichte erfreut, ist verständlich, bedenkt man, daß die Reste des Neandertalers von allen bekannten menschlichen Fossilien bei weitem die zahlreichsten sind. Während der letzten 140 Jahre wurden die fossilen Knochen von wenigstens 200 Individuen geborgen, einschließlich eines Dutzends fast vollständiger Skelette – eine äußerste Seltenheit in der prähistorischen Dokumentation des Menschen. Ihr anatomisches Erscheinungsbild fesselt unsere Einbildungskraft. Die Neandertaler waren typische Höhlenmenschen, die, kräftig gebaut, den feindseligsten Umweltbedingungen ihren Lebensunterhalt abzuringen verstanden. Der Beweis dafür, daß sie in manchen Fällen ihre Toten beerdigten – wie bei dem mutmaßlichen Begräbnis des alten Mannes von Shanidar – bildet das ergreifendste Bindeglied, das sie über evolutionäre Zeiträume hinweg mit uns verknüpft.

Allerdings waren die Neandertaler zu jener Zeit – vor 15 000 bis 34 000 Jahren – weder die einzigen prämodernen Menschen auf der Erde, noch besiedelten sie alle bewohnbaren Teile der Alten Welt: Sie waren grundsätzlich auf Westeuropa und den Nahen Osten beschränkt. Andere prämoderne Menschen lebten zu dieser Zeit überall in Osteuropa, Ostasien und Afrika. Robuste Gestalten wie die Neandertaler, wiesen die anderen prämodernen Menschen jedoch nicht jene anatomischen Merkmale auf, die besonders das Gesicht der Neandertaler charakterisieren. All diese Populationen wurden kollektiv (einschließlich des Neandertalers) archaische *sapiens* genannt. Die weit spärlichere fossile und archäologische Überlieferung in Zusammenhang mit osteuropäischen, ostasiatischen und afrikanischen prämodernen Menschen hat auch zur Folge, daß über diese viel weniger bekannt ist als über die Neandertaler. Wenn die Frage »Was war das Schicksal des Neandertalers?« in Verbindung mit dem Ursprung des modernen Menschen geäußert wird, muß man sie auch für die anderen prämodernen Menschen stellen. Sie gehören in ihrer Gesamtheit derselben Evolutionsgeschichte an: dem Ursprung des modernen Menschen.

Vergängliche Spuren

Das Verständnis der Evolution einer jeden Art – ob Mensch oder Maus – beinhaltet drei Elemente: Muster, Prozeß und Inhalt, das heißt Biologie. „Muster" beschreibt die phylogenetische Geschichte einer Art – mit anderen Worten: ihren Stammbaum. „Prozeß" betrifft die Mechanismen, durch die Zweige an diesem Baum entstehen und vergehen. „Biologie" bezieht sich auf die Lebensweise einer Art: ihre Fortbewegung, ihre Ernährungsstrategie, ihre Sozialstruktur und ihre kognitiven Fähigkeiten – kurz gesagt, wie sie sich in ihrer Umwelt behauptet. Zwar läßt sich das Kriterium Muster am direktesten aus der Fossildokumentation erschließen, doch sind es gerade die weniger materiellen Aspekte unserer Geschichte, die uns am meisten an der Evolution der modernen Menschen interessieren. Sprache, Bewußtsein und Mythologie – dies sind die Elemente, die uns zu Menschen machen und auf die sich Solecki in seiner Beurteilung der Leute von Shanidar berief.

Solecki führte beispielsweise nicht das Niveau der Steinwerkzeugindustrie oder Hinweise auf ausgeklügelte Subsistenzstrategien (Bestreiten des Lebensunterhalts) an, um das Menschliche der Neandertaler zu unterstreichen. Er verwies statt dessen auf Blumen bei einem vermutlichen Bestattungsritual. Solecki hatte Glück mit seiner Entdeckung – sollte seine Deutung tatsächlich richtig sein –, weil solche Aktivitäten, die am stärksten auf das Menschsein hindeuten, gewöhnlich am wenigsten in der prähistorischen Überlieferung erkennbar sind. Betrachten wir beispielsweise die australischen Aborigines. Sie besitzen eine reiche soziale und religiöse Tradition mit Verwandtschaftssystemen und Mythologien, die so komplex geartet sind wie in jeglichen Wildbeutergesellschaften. Ihre Symbolik ist natürlich auffallend sichtbar, offenbart sie sich doch in der Verwendung von Holz, Federn und einer großen Palette von Pigmentfarbstoffen, einschließlich Blut. Komplexe Bildwerke, häufig aus Sand gefertigt, bilden eine Brücke zu anderen Welten, zu den Schöpfungen des Geistes. Gesänge, Tänze und komplizierte Rituale, sie alle belegen einen erheblichen Platz in der Weltvorstel-

P.3 Der offensichtliche Reichtum der Rituale der australischen Aborigines, der sich in Körperschmuck, Malerei und Tanz ausdrückt, erinnert uns daran, wie wenig sich solches Verhalten in der archäologischen Dokumentation widerspiegelt.

lung der Aborigines und sind dennoch in der archäologischen Dokumentation unsichtbar. Selbst wenn materielle Beweise solcher Rituale erhalten bleiben – denken wir an die prähistorischen Bildwerke, die gegen Ende der letzten Eiszeit in Fels gehauen oder an Höhlenwände gemalt wurden –, so sind sie doch des größten Teiles ihrer Bedeutung beraubt, weil das Umfeld fehlt, in dem sie geschaffen wurden.

Ein Zufallsmuster?

Die Form des menschlichen Stammbaumes ist in der Geschichte des Lebens ungewöhnlich. Jede Gruppe (Klade), die allmählich ihrem Erlöschen zusteuert, muß unausweichlich ein Stadium erreichen, in dem nur noch eine ihrer Arten existiert. Das ist natürlich eine mathematische Notwendigkeit. Aber das hartnäckige Fortbestehen einer einzelnen erfolgreichen Entwicklungslinie ist selten und eine Besonderheit, die der Mensch mit dem Erdferkel teilt. Obgleich durchaus zwei oder mehr gleichzeitig vorkommende Erdferkelarten denkbar wären, die Koexistenz von mehr als einer Art wie der unseren liegt außerhalb unseres Vorstellungsvermögens. Die kulturellen Ausprägungen und die Welt, die Menschen mittels ihrer Sprache, des Bewußtseins und der Macht der Mythologie erschaffen, scheinen so einflußreich und allumfassend zu sein, daß sie die Möglichkeit ausschließen, wir könnten eine solche adaptive Nische mit einer anderen, ähnlichen Lebensform teilen. Unser ungewöhnlicher Stammbaum könnte daher ein Produkt der Sorte von Tier sein, zu der wir uns zählen. Andererseits mag er ein bloßes Zufallsprodukt sein, dem wir irrtümlicherweise eine Bedeutung zusprechen. Die modernen Menschen *sind* die einzigen Vertreter der Familie der Hominiden. Infolgedessen fehlt ihnen das Vorstellungsvermögen, von sich selbst anders zu denken. Dieser Kernpunkt ist ein unvermeidlicher Bestandteil einer jeden Betrachtung des modern-menschlichen Ursprungs, ob er nun ausdrücklich oder unterschwellig berücksichtigt wird.

Eine Akzentverschiebung

Zu Beginn des 20. Jahrhunderts befaßten sich die Anthropologen prinzipiell mit den relativ rezenten Ereignissen der menschlichen Vorgeschichte, die das Schicksal der Neandertaler und die Evolution des modernen Menschen umfaßten. Hierfür gab es einen einfachen Grund: Vor 1925 kannte man keine Fossilien frühmenschlicher Vorfahren. Sogar als solche Fossilien entdeckt wurden – durch Raymond Dart in Südafrika –, vergingen zwei weitere Jahrzehnte, bevor das anthropologische Establishment sie als echte Mitglieder der menschlichen Familie anerkannte. Ohne Zweifel waren die Anthropologen stark interessiert, die frühesten Vertreter der Menschenfamilie zu finden; aber sie waren völlig unvorbereitet, wie diese Geschöpfe aussehen (sehr affenähnlich) und wo man sie finden würde (in Afrika).

Mit den fünfziger Jahren unseres Jahrhunderts verschob sich das Zentrum der Aufmerksamkeit sowohl thematisch als auch geographisch. Die Namen Raymond Dart und Robert Broom sowie später Louis und Mary Leakey waren in aller Munde, als sie – die Legendären der Anthropologie – menschenaffenähnliche Fossilien ausgruben, die dennoch ganz klar frühe Mitglieder der Familie der Menschen waren, die Hominidae oder Hominiden genannt werden. Südafrika und später Ostafrika wurden zum anthropologischen Mekka für schlagzeilenträchtige Entdeckungen. Die Jagd nach den „Ersten" hatte begonnen: dem ersten Steinwerkzeug, dem ersten aufrechtgehenden Menschenaffen, dem ersten Vertreter der Gattung *Homo*.

P.4 Raymond Dart in einem Bild von 1978 mit dem Taung-Schädel und einem natürlichen Hirnschalenabguß – den Überresten eines menschenaffenähnlichen hominiden Vorfahren, der vor ein bis zwei Millionen Jahren lebte – sowie der Ausgabe von *Nature* vom 25. Februar 1925, in welcher der Fund bekanntgegeben wurde.

Die Namen der südafrikanischen Höhlen Sterkfontein und Swartkrans wurden berühmt, ebenso die Olduwai-Schlucht in Tansania. Richard Leakey, der Sohn von Louis und Mary Leakey, wurde durch wichtige Entdeckungen östlich des Turkana-Sees (Rudolfsee) in Nordkenia von dem Jagdfieber erfaßt. Noch spektakulärer waren die in der Hadar-Region Äthiopiens von einer gemeinsamen amerikanisch-französischen, von Donald Johanson und Maurice Taieb geleiteten Expedition ausgegrabenen Fossilien. Das berühmte Skelett der Lucy kam von dort, wie auch jene „First Family", eine Sammlung von mehr als 200 fossilen Fragmenten, die zumindest 15 Individuen von einer Fundstelle repräsentieren und die sämtlich zu den ältesten bislang bekannten Hominiden gehören. Am aufrüttelndsten jedoch waren die

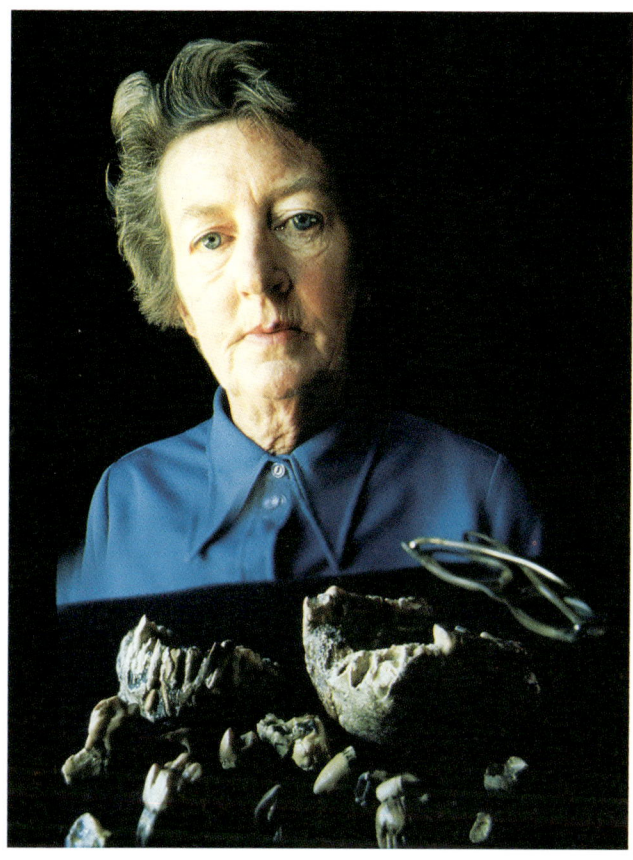

P.5 Mary Leakey begründete die afrikanische Archäologie als eine systematisch ausgeübte Wissenschaft durch ihre jahrzehntelange sorgfältige Arbeit in der Olduwai-Schlucht in Tansania, mit der sie in den dreißiger Jahren begann.

P.6 Louis Leakeys Leidenschaft für die Suche nach dem Ursprung des Menschen in Afrika zahlte sich aus, als seine Frau Mary 1959 den *Zinjanthropus*-Schädel in der Olduwai-Schlucht fand. Bald folgten viele weitere Fossilfunde.

3,7 Millionen Jahre alten Spuren von Fußabdrücken, die Mary Leakey und ihre Kollegen bei Laetoli, 30 Kilometer südwestlich der Olduwai-Schlucht, entdeckten.

Die sechziger und siebziger Jahre waren die Jahrzehnte der „Ersten" in der Anthropologie. Es war eine sehr produktive Zeit. Zweifellos ist das Bild, das aus dieser Arbeit entstand, noch unvollständig: Weitere Einzelheiten des Musters harren noch ihrer Enthüllung, weitere Zweige ihrer Anfügung an den Stammbaum, weitere Einsichten in den Prozeß und die Biologie dieses Aspekts der Hominidenge-

schichte. Dennoch, die beiden Jahrzehnte anthropologischer Fixierung auf Ostafrika und auf die frühen Ereignisse in der Evolutionsgeschichte des Menschen waren wissenschaftlich gerechtfertigt und beruflich für die Hauptakteure äußerst zufriedenstellend.

In jüngster Zeit jedoch wandte sich die Aufmerksamkeit der Anthropologie dem Ursprung der modernen Menschen und wieder einmal dem Schicksal der Neandertaler zu. In den letzten paar Jahren wurden wenigstens ein halbes Dutzend wissenschaftliche Konferenzen zu diesem Themenbereich abgehalten,

P.7 Diese Fährte von Fußabdrücken, die man bei Laetoli in Tansania entdeckte, wurde vor etwa 3,75 Millionen Jahren von Hominiden verursacht. Die Abdrücke zeigen, daß die Hominiden gewöhnlich aufrecht gingen.

was ein Zeichen für das Interesse der Fachwelt ist, das über den einfachen Entschluß hinausgeht, wieder einmal ein altes Problem zu betrachten. Leidenschaft ist wohl kaum ein zu übertriebener Ausdruck für diese wiederauflebende Aufmerksamkeit, und die Gemüter sind, jedenfalls nach der Heftigkeit der Debatte zu schließen, so erregt, wie sie es schon immer waren – ein untrügliches Zeichen, daß etwas von ganz besonderem Interesse auf der Tagesordnung steht.

Zweifellos bot der Mangel an spektakulären Fossilfunden aus der Frühzeit der menschlichen Evolutionsgeschichte in den letzten Jahren eine Gelegenheit, ein neues Thema in den Mittelpunkt der Diskussionsbühne über die menschliche Vorgeschichte zu rücken. Aber der Ursprung des modernen Menschen nahm diese Position nicht einfach wegen eines Mangels ein. Er wurde durch zwei neue Beweislinien dorthin gestoßen. Die eine beruht auf herkömmlichen Methoden, während die andere wenig traditionell ist. Erstere betrifft die Neudatierung gewisser Leitfossilien aus der Levante, dem Nahen Osten. Die weniger traditionelle Beweisführung war genetischer Natur und beinhaltete

Untersuchungen bestimmter Gene bei modernen Populationen als eine Methode, deren jeweilige Geschichte zu rekonstruieren. In beiden Fällen schienen die Ergebnisse auf eine radikale Interpretation des Ursprungs des modernen Menschen hinzudeuten, die sich den gängigen Vorstellungen entgegenstellte. Diese beiden Beweislinien verliefen jedoch keineswegs isoliert. Zusätzlich gab es andere Entwicklungen, welche die intellektuelle Basis für die neuen Argumente schufen und zu deren Stärke beitrugen. Aber die Neudatierung von Fossilien und die genetischen Hinweise beflügelten die Phantasie, besonders die der Regenbogenpresse.

Eine Zeitung begrüßte die Ankündigung der Neudatierung mit folgender Proklamation: »Evolutionstheorien wurden in dieser Woche auf den Kopf gestellt, als Wissenschaftler erklärten, daß moderne Menschen schon vor dem steinzeitlichen Höhlenmenschen aus dem Neandertal existierten.« Ein wenig übertrieben vielleicht; aber sogar die Reaktion von Fachleuten war durchaus nicht beherrscht. Ein Anthropologe, der einen Kommentar in der britischen Zeitschrift *Nature* schrieb, meinte, daß die neuen Daten »die konventionelle evolutionäre Reihenfolge auf den Kopf [stellten]«.

Die Ergebnisse genetischer Untersuchungen fanden ihren Weg auf die Titelseite von *Newsweek* mit der Schlagzeile: »Die Suche nach Adam und Eva«. Der Name Eva wurde eng mit gewissen genetischen Belegen verknüpft, weil gemäß einer der Deutungen der Daten die modernen Menschen ihren Ursprung auf eine einzige Frau zurückführen können, die vor etwa 150 000 Jahren in Afrika lebte. Vielleicht waren aufgrund der biblischen Anspielungen Verwirrungen hinsichtlich der richtigen Interpretation bei Wissenschaftlern und Laien unvermeidbar. Dennoch, die Beweiskraft der neuen genetischen Belege – und ihre korrekte Deutung – war einflußreich genug, um wirkliche Beachtung zu verlangen.

P.8 Die Hypothese von der Eva der Mitochondrien erreichte 1987 mit dem Titelbild auf der *Newsweek* zweifelhafte Berühmtheit.

Eine frustrierend dürftige Überlieferung

Während wir die gegenwärtig entstehenden Meinungen über den Ursprung des modernen Menschen verfolgen, werden noch viele Themen auftauchen, die weniger mit dem beherrschenden Thema vom Muster, das heißt von der Gestalt des Stammbaumes, zu tun haben. Diese schließen die Entwicklung von Sprache, Bewußtsein, Subsistenz (Bestreiten des

Lebensunterhalts) und Technologie ein – die Elemente von Verhalten und Denken, die uns zu Menschen machen. Wir wollen aber mit dem Vorspiel zu *Homo sapiens* beginnen, mit der Geschichte unserer Ahnen, als sie erstmals die neugeschaffene Nische des bipeden (zweibeinigen) Menschenaffen betraten und dann die folgende adaptive Auffächerung (Radiation) ausnutzten, die letztlich, aber nicht unweigerlich, zu uns hinführte.

Während sich die Geschichte von der Suche nach den Ursprüngen der modernen Menschen auf diesen Seiten entfaltet, wird es offensichtlich werden, daß noch viel zu lernen bleibt und daß es beträchtliche Meinungsverschiedenheiten über das vorhandene Belegmaterial gibt. Unterschiedliche Interpretationen sind angesichts der verschwommenen Hinweise auf das Entstehen von Sprache, Bewußtsein und rituellen Handlungen vielleicht unvermeidbar. Aber die ungelösten Probleme beschränken sich nicht auf jene Aspekte der menschlichen Evolution, die wenig greifbare Spuren in der prähistorischen Überlieferung hinterlassen. Nennenswerte Konflikte existieren auch bei der Deutung von Fossilien und Steinwerkzeugen. Hierfür gibt es zwei prinzipielle Gründe.

Erstens, weil menschliche Fossilien oft einen großen Bekanntheitsgrad erzielen – manchmal unter solchen Namen wie Peking-Mensch, Java-Mensch –, entsteht in der Öffentlichkeit der Eindruck von einer reichen Fossildokumentation. Tatsächlich aber sind menschliche Fossilien selten, auch aus späteren Perioden, die den Schwerpunkt dieses Buch bilden. Die Fossilien verkörpern eine Datenquelle über vergangene Populationen. Konfrontiert mit der begrenzten Anzahl an Daten, sind die Wissenschaftler nicht in der Lage, eindeutige Schlüsse zu ziehen. Zweitens, obgleich die Fossilien eine der Datenquellen der Anthropologen sind, repräsentieren sie doch keine eindeutigen wissenschaftlichen Tatsachen wie Meßwerte der Temperatur und des Gewichts oder Bestimmungen der chemischen Zusammensetzung. Die Form eines anatomischen Merkmals mag präzise bestimmt werden, aber um seine evolutionäre Verwandtschaft mit ähnlichen Merkmalen bei anderen Individuen anzugeben, ist man zur Interpretation gezwungen. Obgleich sich die Anthropologen um objektive Methoden für solche Schlußfolgerungen bemühen, ist dieses nicht immer möglich, so daß subjektive Meinungsunterschiede entstehen.

Ähnliche Probleme betreffen auch die archäologische Dokumentation. Obwohl die Überlieferungen aus Europa recht zahlreich sind, zeigen sie sich andernorts in der Alten Welt selten. Und weil die Form von Artefakten von vielen Faktoren beeinflußt wird – einschließlich der Beschaffenheit des Rohmaterials, spezifischer technischer Zwänge und lokaler Stilrichtungen –, kann es problematisch sein, Beziehungen zwischen verschiedenen Sammlungen herzustellen. Die begrenzte Verfügbarkeit von Studienmaterial führt zusammen mit dem Mangel an objektiven Kriterien zu Meinungsverschiedenheiten bei den Fachleuten.

Die Geschichte der Forschung, wie sie hier dargestellt wird, erzählt ebenso davon, *wie* Anthropologen die Vergangenheit zu entschlüsseln versuchen, wie davon, *was* sie dabei herausfinden. Den Wunsch, die Geschehnisse der menschlichen Vorgeschichte zu entschleiern, haben Fachleute und Laien gleichermaßen, ebenso wie sie enttäuscht sind, wenn Fragen nicht beantwortet werden können. Intensität und Spannung dieser Suche sind nicht zu verkennen, wenn die Wissenschaft Jahr um Jahr beständig ihrem Ziel näherrückt.

1.1 Schädel von *Homo habilis* (KNMER 1470 von Koobi Fora, Kenia) und Knochen des rechten Fußes von *Homo habilis* (OH8) aus der Olduwai-Schlucht, Tansania (beides Abgüsse).

1

Vorspiel zu
Homo sapiens

»Niemand ist fester als ich von dem gewaltigen Ausmaß
der Kluft zwischen Mensch und Vieh ... überzeugt, denn
der Mensch allein besitzt die wundersame Gabe einer klaren und rationellen Sprache [und] ... durch sie erhebt er
sich, als stünde er auf dem Gipfel eines Berges, weit über
die Ebene seiner bescheidenen Gefährten und entschlüpft
seiner primitiven Natur, indem er – hie und da – einen
Schimmer wahrnimmt aus der unerschöpflichen Quelle
der Wahrheit.«

Thomas Henry Huxley, 1863

Huxley, Charles Darwins Freund und Mitstreiter, tat recht, die besondere Natur des *Homo sapiens* zu betonen – eine Sonderstellung, die dieser jedoch nicht schon immer innehatte. In der Vorgeschichte des Menschen existierte die »Kluft zwischen … Mensch und Vieh« nicht. Sie ist das Ergebnis eines Evolutionsprozesses – die Ansammlung wirkungsvoller Anpassungen (Adaptationen) bei einem bipeden Menschenaffen über einen langen Zeitraum hinweg. Auch war das Entstehen dieser Kluft in keinster Weise unumgänglich. Evolution ist der rechte Vorgang zur rechten Zeit, empfänglich für die vorherrschenden Gegebenheiten – besonders für Klima und Umwelt. Wären die Bedingungen zu irgendeinem bestimmten Zeitpunkt in der Vergangenheit andere gewesen, dann wäre auch die nachfolgende Evolutionsgeschichte anders verlaufen.

Beispielsweise ist es aus zahlreichen Gründen sinnvoll anzunehmen, daß die Fragmentierung des ostafrikanischen Regenwaldes, die bereits vor zehn Millionen Jahren begann, ein zündendes Element in der Evolution jener Gruppe bipeder Menschenaffen war, die wir Hominiden nennen. In der Zeit zuvor hatte dichter tropischer Regenwald Afrika umgürtet, der für Menschenaffen einen ausgedehnten, außerordentlich günstigen Lebensraum bot. Diesen Vegetationsgürtel zertrennten später tief unter der Erdkruste stattfindende Prozesse, die mit der Plattentektonik zusammenhingen. Entlang einer Linie, die von der Türkei über Israel und das Rote Meer verläuft, sich durch Äthiopien, Kenia und Tansania schlängelt und schließlich in Moçambique endet, begannen sich zwei tektonische Platten langsam voneinander zu entfernen. Die geologischen Folgen waren ungeheuerlich. Zum einen erhoben sich unter dem Druck aufsteigenden Magmas zwei gewaltige Blasen kontinentalen Gesteins, der sogenannte Keniadom und der Äthiopiadom, die beide über 1800 Meter aufragen. Ebenso wie sich heute das Rote Meer aufgrund einer Plattenverschiebung jährlich um etwa einen Millimeter verbreitert, wurden die kontinentalen Gesteinsmassen entlang der eben erwähnten Linie unter starke Spannung gesetzt. Die darunterliegenden Plat-

ten trennten sich und sanken schließlich ein (falteten sich), wodurch der Große Grabenbruch (Riftsystem) entstand. Drittens entwickelten sich neben einem komplexen Muster geologischer Faltung überall intensive vulkanische Aktivitäten entlang des Grabens, der bald von Salzseen übersät war.

Durch all diese tektonisch verursachten Aktivitäten geriet das Land östlich des Großen Grabenbruches in den Regenschatten. Eine Palette unterschiedlicher Umweltbedingungen, die von trockenen (ariden) Halbwüsten bis hin zu kühlen Hochlandregionen reichten, schufen dort ein gewaltiges Mosaik aus Habitaten, wo sich früher nur ein einziges ausgedehnt hatte, das des tropischen Regenwaldes. Diese neuen Lebensräume waren Chancen für die Evolution. Es ist fast sicher, daß diese neuen, offeneren Habitate eine Schlüsselrolle in der Initialevolution von Hominiden aus einer waldbewohnenden Menschenaffenspezies heraus spielten. Hätte es diese plattentektonischen Vorgänge nicht gegeben oder wären sie anders verlaufen, dann hätten sich vielleicht niemals bipede Menschenaffen entwickelt. Einige Wissenschaftler glauben, daß eine weltweite Abkühlung vor ungefähr 2,6 Millionen Jahren zusätzliche Veränderungen von Lebensräumen verursachte, die eine weitere Explosion evolutionären Wandels auslöste. Die südafrikanische Paläontologin Elisabeth Vrba, die jetzt an der Yale-Universität arbeitet, hat gezeigt, daß zu dieser Zeit viele neue Antilopenarten auftauchten. Auch neue Hominidenarten entstanden, einschließlich des ersten großhirnigen, aufrechtgehenden Menschenaffen der Gattung *Homo*. Ohne dieses umweltbedingte Ereignis hätten die bipeden Menschenaffen von heute vielleicht niemals so große Gehirne wie das des *Homo sapiens* entwickelt.

Wie alle Arten ist auch der Mensch ein Produkt historischen Zufalls. Wenn wir auf den folgenden Seiten das Vorspiel zu *Homo sapiens* untersuchen, betrachten wir die Geschichte einer Spezies: das sich entfaltende phylogenetische Muster ihrer Vorfahren. Obgleich eine Rekonstruktion uns dazu verführt, in jedem Entwicklungsschritt nur die Vorstufe zum nächsten zu sehen, ist das wahrgenommene Modell dennoch nur eine von vielen Möglichkeiten. Die Retrospektive verleiht ihm den Eindruck von Unvermeidbarkeit, doch das endgültige Muster, das wir aufzuspüren suchen, ist das Ergebnis von Umweltbedingungen, so wie sie tatsächlich bestanden.

Was für ein Tier war der unmittelbare Vorfahr der modernen Menschen? Um diese Frage zu beantworten, müssen wir das Gesamtmuster der wesentlichen Anpassungen – anatomisch und kognitiv – betrachten, das ausschlaggebend einen Menschenaffen zu einem Menschen umwandelte. Man sollte auch den Ursprung und die Entwicklung von Technologie, Veränderungen in der Sozialstruktur und die Entwicklung neuer Subsistenzformen, wie die einer Wildbeutergesellschaft, berücksichtigen. Unsere Untersuchung wird mit einem Vergleich der Anatomie von Menschenaffen und Menschen beginnen, die Fixpunkte für Vergleiche mit anderen Geschöpfen innerhalb unserer Abstammungslinie darstellen.

Menschen und Menschenaffen im Vergleich

Vielleicht der augenfälligste physische Unterschied zwischen Mensch und afrikanischen Menschenaffen zeigt sich in der Körperhaltung und Fortbewegung. Menschen stehen und gehen auf zwei Füßen, während Menschenaffen Vierfüßer mit sogenanntem Knöchelgang sind. Schimpansen und Gorillas sind fähig, zu stehen und aufrecht zu gehen, aber dies ist für sie eine unangenehme und kurzzeitige Körperhaltung. Viele Aspekte der anatomischen Unterscheidung zwischen Mensch und Menschenaffen beziehen sich auf diesen Unterschied in der Fortbewegung, obwohl, wie wir sehen werden, moderne Menschen im Vergleich zu früheren Hominiden spezialisierte Zweibeiner sind.

Bei Menschen sind die Arme kurz, die Beine lang, und der Rumpf ist im Vergleich zu dem der Menschenaffen relativ schlank. Insgesamt sind die Menschen für ihre Größe leicht gebaut, während man die

Menschenaffen als massig oder stämmig beschreiben könnte. Bei beiden, Menschenaffen und Menschen, ist der Brustkorb von vorne gesehen relativ breit und von der Seite her verhältnismäßig flach, ein Bau, der sich vom tiefen Brustkorb der niederen Affen deutlich unterscheidet. Auch ist der menschliche Brustkorb leicht tonnenförmig, vergleicht man ihn mit dem konischen oder trichterförmigen der Schimpansen und Gorillas. Menschen und Menschenaffen ähneln einander in der Anatomie ihrer Schultergürtel, die eine beträchtliche Beweglichkeit ihrer Arme ermöglichen: Bei Menschenaffen ist dies eine Anpassung an das Klettern und bei Menschen zumindest teilweise ein Zeichen ihres Erbes von den Menschenaffen. Dennoch liegt der Schultergürtel bei Menschenaffen höher als beim Menschen. Die hohen Schultern der Affen verhindern die sehr tiefe Atmung, zu der der Mensch in der Lage ist: eine für ausdauerndes Laufen wichtige Anpassung.

Die Lendenregion ist beim Menschen länger als beim Menschenaffen, während das Becken kürzer ist. Eine Folge hiervon ist, daß den Menschenaffen die Taille fehlt, was ihre Biegsamkeit und jene seitlichen Bewegungen, welche die Menschen beim Laufen ausführen, einschränkt. Der allgemeine Bau ihres Unterkörpers läßt die Menschenaffen im Gegensatz zum Menschen verhältnismäßig spitzbäuchig erscheinen. Die Kombination der anatomischen Merkmale des gesamten Rumpfaufbaus impliziert eine effiziente Anpassung an das Laufen beim Menschen und an das Klettern bei den Affen. Indem sie zu spezialisierten Aufrechtgängern wurden, behielten die Menschen jedoch ihre Beweglichkeit hinsichtlich anderer Fortbewegungsweisen. Wie der britische Biologe J. B. S. Haldane einmal bemerkte, können nur Menschen eine Meile schwimmen, 20 Meilen laufen und dann noch auf einen Baum klettern.

Die menschlichen Beine sind im Verhältnis nicht nur länger als die der Menschenaffen, auch ihre Konfiguration ist unterschiedlich. Am wichtigsten ist hier die Winkelung der Oberschenkelknochen einwärts zum Knie hin, was die Füße eng nebeneinander, direkt unter den Körperschwerpunkt plaziert. Bei den Menschenaffen gibt es nur einen sehr geringen Winkel

15

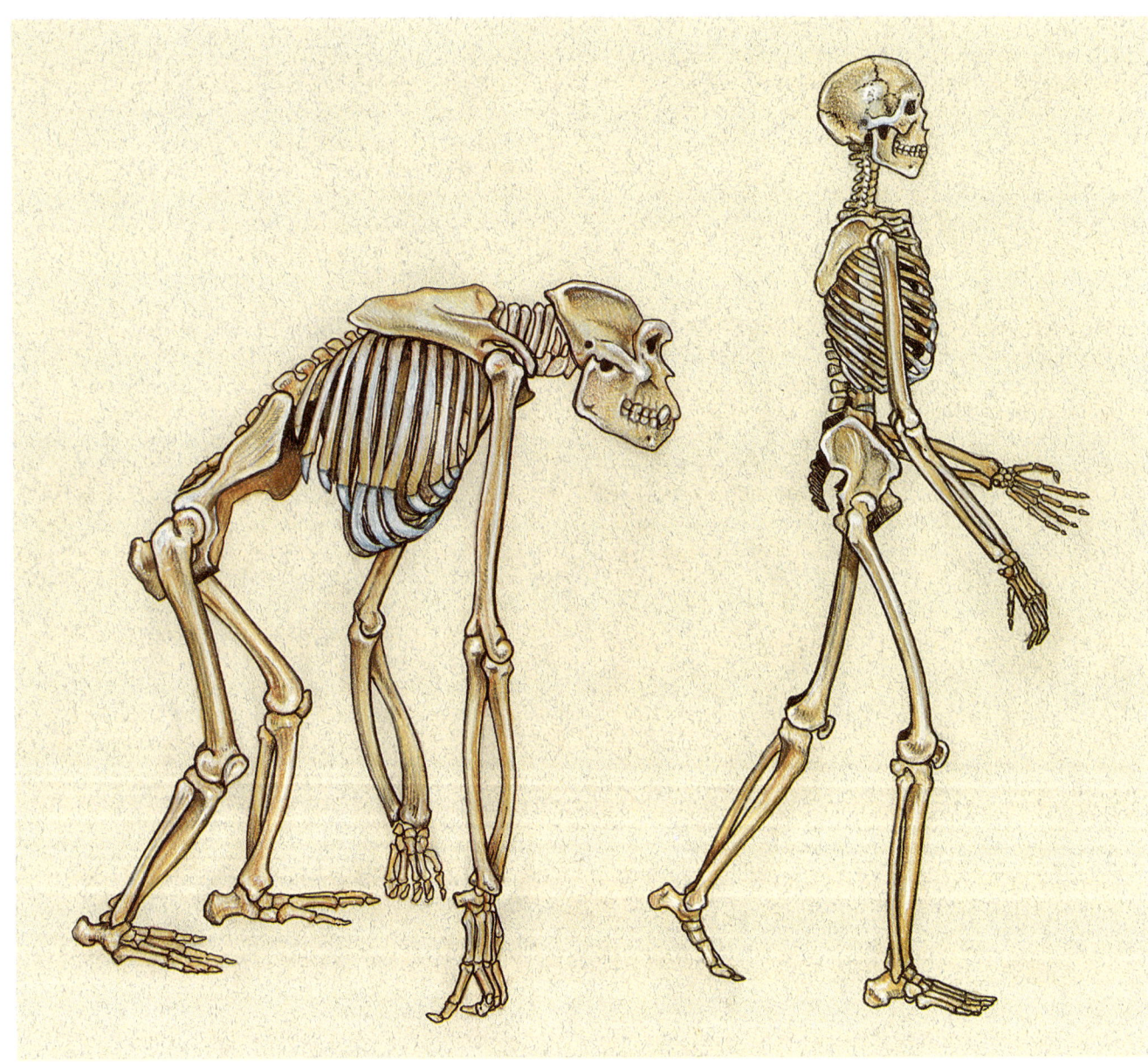

1.2 Ein Vergleich der Körperhaltung und Skelettproportionen von Menschenaffen und Menschen zeigt unterschiedliche Anpassungen. Menschenaffen bewegen sich als Knöchelgänger, während Menschen gewöhnlich aufrecht gehen. Die Beine der Menschen sind im Verhältnis zu den Armen lang. Bei den großen Affen ist es umgekehrt. Das Menschenaffenbecken ist lang und eng, verglichen mit dem kurzen und weiten Becken der Menschen. Die menschliche Lendenregion ist länger als die der Affen.

knieeinwärts, wodurch die Füße weit auseinanderstehen, eine Position, die das unbeholfene Watscheln fördert, wenn Menschenaffen auf zwei Beinen laufen. Menschliche Füße sind flache Plattformen, Sprungbretter für den Abstoß während des bipeden Schreitens und Laufens. Im Gegensatz dazu sind die Fußknochen der Menschenaffen etwas gebogen, und der große Zeh ist nach außen abgespreizt – all dies Anpassungen an das Klettern. In ähnlicher Weise sind die Hände der Menschenaffen viel stärker gekrümmt als die menschliche Hand. Auch fehlt ihnen der für den präzisen Griff des Menschen so charakteristische, opponierbare Daumen. Menschliche Fingerspitzen sind flacher und breiter als die der Menschenaffen, eine Folge der Herausbildung mit empfindlichen Nervenenden vollgepackter Fingerbeeren.

Nun zum Kopf. Der wichtigste Unterschied ist die Größe des Gehirns, über 400 Kubikzentimeter bei den Gorillas und Schimpansen, verglichen mit 1 350 Kubikzentimetern beim Menschen. Wären die Menschen Menschenaffen von gleicher Körpergröße, hätte unser Gehirn ein Drittel seines gegenwärtigen Volumens. Bei einigen Menschenaffen, besonders bei Gorillas, verläuft ein Knochenkamm wie ein Kiel von vorne nach hinten über die Hirnschale als Haltevorrichtung für die gewaltigen Muskeln, die den Unterkiefer bewegen. Das Gesicht des Menschenaffen springt beträchtlich vor, eine Ausbildung, die im Vergleich zum flachen Gesicht der Menschen als prognath bezeichnet wird. Die Form des menschlichen Gesichts entstand durch das „Zurückziehen" der Zahnreihen unter den Schädel (Kranium), wodurch die Effizienz des Kauens gesteigert wurde. Die Zahnreihen der Menschenaffen sind in etwa U-förmig; bei den Menschen bilden sie einen parabelförmigen Bogen. Ein drastischer Unterschied besteht in der Größe der Eckzähne, die bei Menschenaffen enorm groß sein können und über die Zahnreihenebene weit hervorstehen. Menschliche Eckzähne sind kaum größer als die benachbarten Zähne. Bei Menschenaffen beobachtet man eine Lücke (Diastema) zwischen den großen Eckzähnen und den angrenzenden Schneidezähnen, in die der Eckzahn des entgegenstehenden Kiefers gleitet, wenn die Zahnreihen geschlossen werden. Bei den Menschen gibt es kein Diastema.

Das Gebiß der Affen soll Früchte zerkleinern. Deshalb sind die Schneidezähne groß und stehen etwas vor, wohingegen die relativ kleinen Backenzähne (Prämolaren und Molaren) mit ihren hohen Höckern

Früchte zerschneiden können. Die Zähne der Menschenaffen sind nur von einer dünnen Schmelzschicht überzogen. Die menschlichen Schneide- und Eckzähne, die alle klein sind, bilden eine einzige Schneidekante, während die verhältnismäßig großen Backenzähne niedrige Höcker aufweisen, die durch flächige Abnutzung zu einer effizienten Mahlfläche werden. Menschenzähne besitzen eine dicke Schmelzschicht. Das menschliche Gebiß ist eine Maschine mit vielen Funktionen. Es kann sowohl Fleisch als auch pflanzliche Nahrung verarbeiten.

Eine spärliche frühe Überlieferung

Afrikanische Menschenaffen und Menschen könnte man sich als Anfangs- und Endpunkte der Gruppe der Hominiden vorstellen, stünden dem nicht zwei Tatsachen entgegen. Erstens, die heutigen afrikanischen Menschenaffen sind nicht unsere Vorfahren, ebensowenig wie die Menschen deren Vorfahren sind. Vielmehr haben die Menschen und die afrikanischen Menschenaffen einen gemeinsamen Ahnen, von dem ausgehend sich jede der beiden Abstammungsreihen im Verlauf der Evolution gewandelt haben muß. Dennoch können die heutigen afrikanischen Menschenaffen, nach dem, was wir an der sehr unvollständigen Fossildokumentation klar erkennen, als Modell für das Menschenaffentum genommen werden, obgleich ihr Knöchelgang möglicherweise eine spezialisierte Anpassung ist. Zweitens sollten wir den gegenwärtigen Repräsentanten der Familie der Hominiden – *Homo sapiens* – nicht als das Endprodukt ansehen, auf das sich frühere evolutionäre Wandlungen zubewegten. Keinesfalls entwickelten sich sämtliche hominiden morphologischen Merkmale durchweg in Richtung des modernen Menschen. Behalten wir diese beiden Warnungen im Sinn, können wir nun die adaptive Radiation der Hominiden betrachten und dabei „Menschenaffentum" und „Menschentum" als extrem grobe Maßstäbe für bestimmte Wandlungen benutzen. Sie liefern uns Schlüsselhinweise für Vergleiche: Körperhaltung, Gesamtheit der Körperproportionen, Gebiß und Gehirngröße.

Falls die Hominiden dem typischen Muster der Säugerevolution folgten, dann könnten wir erwarten, daß – ausgehend von der Gründerart der Familie – im Laufe der Zeit eine adaptive Radiation erfolgte. Dies ist auch, soweit wir es beurteilen können, tatsächlich geschehen. Aber das Bild ist sehr unvollständig, besonders in den frühesten Stadien. Obwohl molekulare Befunde – die wir als nächstes untersuchen werden – darauf hindeuten, daß die Familie der Hominiden sich vor etwa 7,5 Millionen Jahren herausbildete, ist das früheste vermutlich hominide Fossil (ein kleines Schädelbruchstück) gerade fünf Millionen Jahre alt. Tatsächlich ist das Beweismaterial außerordentlich spärlich, bis wir die etwas über 3,5 Millionen Jahre alten Kieferbruchstücke und die Fährte von Fußspuren bei Laetoli in Tansania erreichen. Mit Fundstücken aus der Hadar-Region in Äthiopien, von den Fundstätten am Turkana-See in Nordkenia, aus der Olduwai-Schlucht in Tansania sowie aus verschiedenen südafrikanischen Höhlen beginnt die Überlieferung sich zur Gegenwart hin wesentlich zu verbessern. Praktisch alle fossilen Überreste von Hominiden, die älter als eine Million Jahre alt sind, wurden in Afrika gefunden.

Ein Grund, warum der früheste Teil der hominiden Fossildokumentation sich so spärlich darstellt, ist einfach der des enttäuschend geringen Vorhandenseins geologischen Materials aus dem entsprechenden Zeitraum. Das eigentliche Fehlen hominider Fossilien, die älter als eine Million Jahre sind und nicht aus Afrika stammen, wird als echte Widerspiegelung der Geschichte gewertet. Bis zu dieser Zeit verließen die Hominiden offenbar nicht ihr tropisches Ursprungsgebiet.

Die molekulare Anthropologie landet einen Volltreffer

Eine der einschneidendsten Entwicklungen der Anthropologie des 20. Jahrhunderts begann in den frühen sechziger Jahren. Sie ging nicht von fossilisierten Knochen längst ausgestorbener Arten, sondern vom Blut lebender Tiere aus. In den damaligen anthropologischen Schriften wurden die afrikanischen Menschenaffen (Schimpanse und Gorilla) und der große asiatische Menschenaffe (Orang-Utan) in einer Gruppe zusammengefaßt, wobei man hierfür eine stammesgeschichtlich nahe Verwandtschaft unterstellte, während man den Menschen als evolutionär entfernt betrachtete. In der Sprache der biologischen Wissenschaft werden Schimpansen bei ihrem Gattungs- und Artnamen, *Pan troglodytes*, genannt, die Gorillas als *Gorilla gorilla* und der Orang-Utan als *Pongo pygmaeus* bezeichnet. Traditionell faßte man die drei Menschenaffen in einer biologischen Familie, die der Pongidae (informal Pongiden), zusammen. Die Menschen, *Homo sapiens*, waren nach traditioneller Auffassung die einzigen Angehörigen der biologischen Familie der Hominidae. Morris Goodman, Biochemiker an der Wayne-State-Universität, zeigte, daß diese Einordnung wahrscheinlich falsch ist: Afrikanische Menschenaffen und Menschen sind einander jeweils die nächsten Verwandten, während der Orang-Utan der genetische Außenseiter ist. Diese genetische Verwandtschaft sollte, so schlug Goodman vor, sich auch in der formalen Klassifikation widerspiegeln. Die afrikanischen Menschenaffen und die Menschen müßten sich gemeinsam die Familie der Hominidae teilen, während der Orang-Utan der einzige Angehörige der Familie der Pongidae sein sollte.

Bei seinen Experimenten verwandte Goodman einen einfachen, aber effektiven Test als Maßstab für genetische Verwandtschaft, der auf der Stärke der Bildung von Antikörpern gegen das Eiweiß Albumin aus dem Blut von Menschenaffen und Menschen beruhte. War die Struktur des Albumins zweier Arten identisch, so sollte auch die Stärke der (immunologischen) Reaktion identisch sein. Je mehr sich die Strukturen zweier Albumine unterscheiden, desto unterschiedlicher ist die Stärke der Reaktion gegen sie. Die Annahme, worauf dieser und alle vergleichbaren Tests basieren, ist, daß die Ähnlichkeit der Proteinstruktur auf enge genetische Verwandtschaft hinweist, während Unterschiede in der Struktur genetische Distanz anzeigen. Die Ergebnisse, die Goodman mit dieser Methode erhielt, stellten die vorherrschende anthropologische Hypothese, der zufolge die großen Affen einander evolutionär näherstehen als irgendeiner von ihnen dem Menschen, in Frage.

Darwin, Huxley und der deutsche Biologe Ernst Haeckel kamen schon 100 Jahre vor Goodman zum gleichen Ergebnis. Sie begründeten ihre Schlußfolgerungen auf vergleichenden anatomischen Untersuchungen: Schimpansen, Gorillas und Menschen teilen gewisse wichtige anatomische Merkmale, während die Orang-Utans als einzige bestimmte andere Merkmale aufweisen. Aber diese Schlußfolgerungen wurden im Verlauf der Jahrzehnte aufgegeben, vor allem, weil später Forscher den Schwerpunkt auf gemeinsame Anpassungen verlagerten: Die Lebensweise der drei großen Menschenaffen erschien sehr ähnlich, während sich die menschlichen Anpassungen deutlich unterschieden. Gemeinsame Anpassungen bei den Menschenaffen wurden als Indikator für gemeinsame Ahnen angesehen – fälschlicherweise, wie sich herausstellte. Mit Goodmans Ergebnissen aus Vergleichen von Serumproteinen, die dem grundlegenden Erbmaterial viel näher stehen, wurde die Wissenschaft der molekularen Anthropologie praktisch geboren – und die Darwinsche Anschauung wiederhergestellt. Die Anthropologen hatten lange über die Identität des unmittelbaren Vorfahren der Menschen gestritten. Durch die genetischen Belege war nun klar geworden: Er war irgendein Menschenaffe – kein Schimpanse, aber irgendetwas, von dem auch der Schimpanse und der Gorilla abstammten.

Die molekulare Anthropologie lieferte nicht nur Informationen über die genetische Verwandtschaft, sondern wurde auch dazu benutzt, einen zeitlichen Rahmen für die Evolutionsgeschichte des Menschen festzulegen. In den späten sechziger Jahren, als die meisten Anthropologen behaupteten, der erste Hominide hätte sich vor 15 Millionen – vielleicht sogar vor 30 Millionen – Jahren entwickelt, kamen die Biochemiker Allan Wilson und Vincent Sarich von der Universität von Kalifornien in Berkeley zu einem ganz anderen Ergebnis. Indem sie eine ähnliche Technik wie Goodman anwandten, aber dabei die Vorstellung von einer molekularen Uhr benutzten,

verkündeten sie, daß die menschliche Evolution erst vor fünf Millionen Jahren begann. Um zu ihrem Ergebnis zu kommen, mußten Wilson und Sarich die molekulare Uhr – die Akkumulationsrate genetischer Änderungen im Laufe der Zeit – erst einmal kalibrieren. Sie maßen die genetische Distanz zwischen Mensch und niederen Altweltaffen, von denen wir uns, entsprechend der Fossildokumente, vor über 30 Millionen Jahren getrennt hatten. Anschließend stellten sie fest, daß die genetische Distanz zwischen Mensch und Menschenaffen etwa ein Sechstel derjenigen zwischen Mensch und niederen Altweltaffen beträgt. Daraus schlossen sie, Menschen und Menschenaffen hätten sich voneinander vor fünf Millionen Jahren (ein Sechstel von 30 Millionen Jahren) getrennt.

Als Wilson und Sarich diese Schlußfolgerung 1967 in der Zeitschrift *Science* veröffentlichten, wurden sie von Molekularbiologen und Anthropologen, vor allem aber von letzteren, scharf kritisiert. Viele behaupteten, es gebe keinen theoretischen Grund, warum die Akkumulation genetischer Änderungen im Laufe der Zeit konstant sein sollte – daß die molekulare Uhr in Wirklichkeit nicht regelmäßig tickt. Hierüber wird auch heute noch im Zusammenhang mit der molekularen Evolution ganz allgemein diskutiert: Das Thema ist gleichermaßen kompliziert und umstritten. Jedoch läßt sich ermitteln, wie es Sarich und Wilson vor über 20 Jahren taten, wann die Uhr gleichmäßig geht und wann nicht. Sie kamen zu dem Schluß, daß im Fall des genetischen Wandels der Albumine bei Menschenaffen und Menschen ihr Ticken regelmäßig war.

Über eineinhalb Jahrzehnte lang lehnten die meisten Anthropologen den von Wilson und Sarich vorgeschlagenen Zeitpunkt für den Ursprung der Hominiden ab. Mit der Zeit verfügte man jedoch über neue Gentechniken, mit denen sich das Ergebnis überprüfen ließ. Die ursprüngliche Vorgehensweise, die auf einer Antikörperreaktion hinsichtlich Unterschieden in der Eiweißstruktur beruhte, war effektiv noch einige Schritte von der eigentlichen Quelle genetischer Information, der DNA selbst, entfernt. Neuere Techniken näherten sich dieser Quelle immer mehr:

19

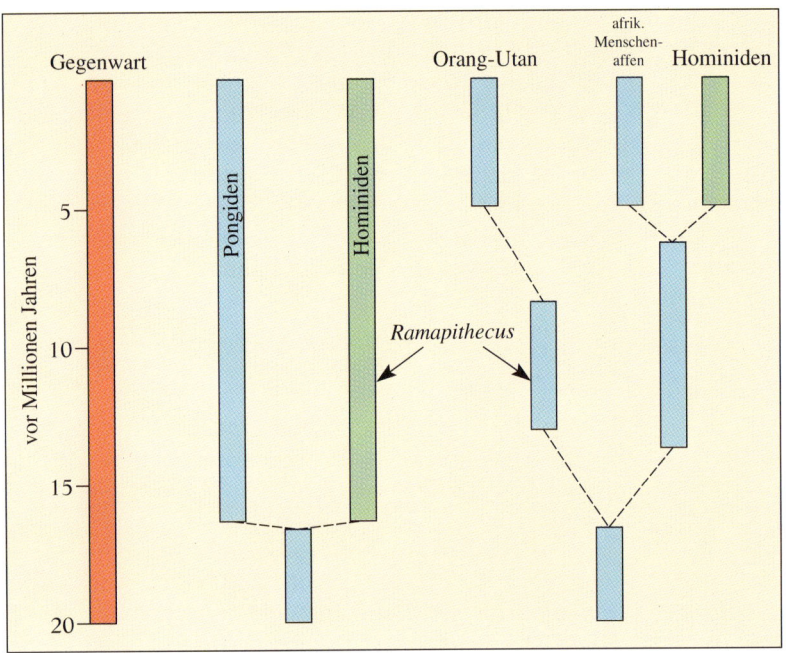

1.3 Die Ansichten über die Verwandtschaft von Menschenaffen und Menschen wandelten sich in den späten siebziger Jahren dramatisch. Nach der früheren Hypothese (links) nahm man an, Menschen (Hominiden) und Menschenaffen (Pongiden) hätten sich vor 15 Millionen Jahren voneinander getrennt, wodurch *Ramapithecus* zu einem möglichen menschlichen Vorfahren wurde. Seit 1980 glaubt man, der Ursprung der Hominiden liege nur etwa fünf Millionen Jahre zurück. *Ramapithecus* gilt nun als Angehöriger einer Gruppe, aus der die Orang-Utans hervorgingen.

anfänglich durch das Vermögen, die Aminosäuresequenz zu lesen, die die Primärstruktur von Eiweißen bildet, später durch Untersuchungen auf der Ebene der DNA, zunächst mittels Kartierung bestimmter Marker, später durch das Lesen der Sequenz der Nucleotidbasen, die ihre Grundstruktur bilden. Eine weitere, als DNA-Hybridisierung bekannte Technik spielt regelrecht die gesamte DNA der einen Art gegen die einer anderen aus, anstatt einzelne Gene oder Abschnitte von Genen zu untersuchen, wie es bei anderen Techniken geschieht. Mit jeder Neuentwicklung verblieb das alte Ergebnis: Wilson und Sarich hatten recht zu behaupten, der Ursprung der Hominiden sei ein junges evolutionäres Ereignis gewesen. Vielleicht lag sein Zeitpunkt ein wenig früher, als sie ursprünglich vorschlugen, vor etwa 7,5 Millionen Jahren. Jedoch akzeptieren die meisten Anthropologen heute diesen Zeitpunkt als übereinstimmend mit der Fossildokumentation (siehe hierzu Exkurs 1.1).

Als die genetische Nähe zwischen den Menschen und den afrikanischen Menschenaffen während der siebziger und achtziger Jahre allmählich akzeptiert wurde, nahmen die meisten Fachleute an, die Gorillas und Schimpansen seien einander am nächsten verwandt, und der Mensch wäre von ihnen getrennt zu betrachten. Dies erschien dem Auge des Laien, der seine Beobachtungen im Zoo macht, ebenso offensichtlich wie den Experten, die im Labor vergleichende Anatomie betrieben. Jedoch veröffentlichten 1984 Charles Sibley und Jon Ahlquist, die damals an der Yale-Universität arbeiteten, mittels DNA-Hybridisierung gewonnene Ergebnisse, die eine dieser Vorstellung entgegenstehende Familienzugehörigkeit unterstützten: Menschen und Schimpansen sind einander am nächsten und die Gorillas weitläufiger mit ihnen verwandt. Seitdem wurde dieselbe Schlußfolgerung auch aus DNA-Kartierungen und DNA-Sequenzierungen abgeleitet. Falls sie zu-trifft – bisher ist diese Meinung noch nicht all-

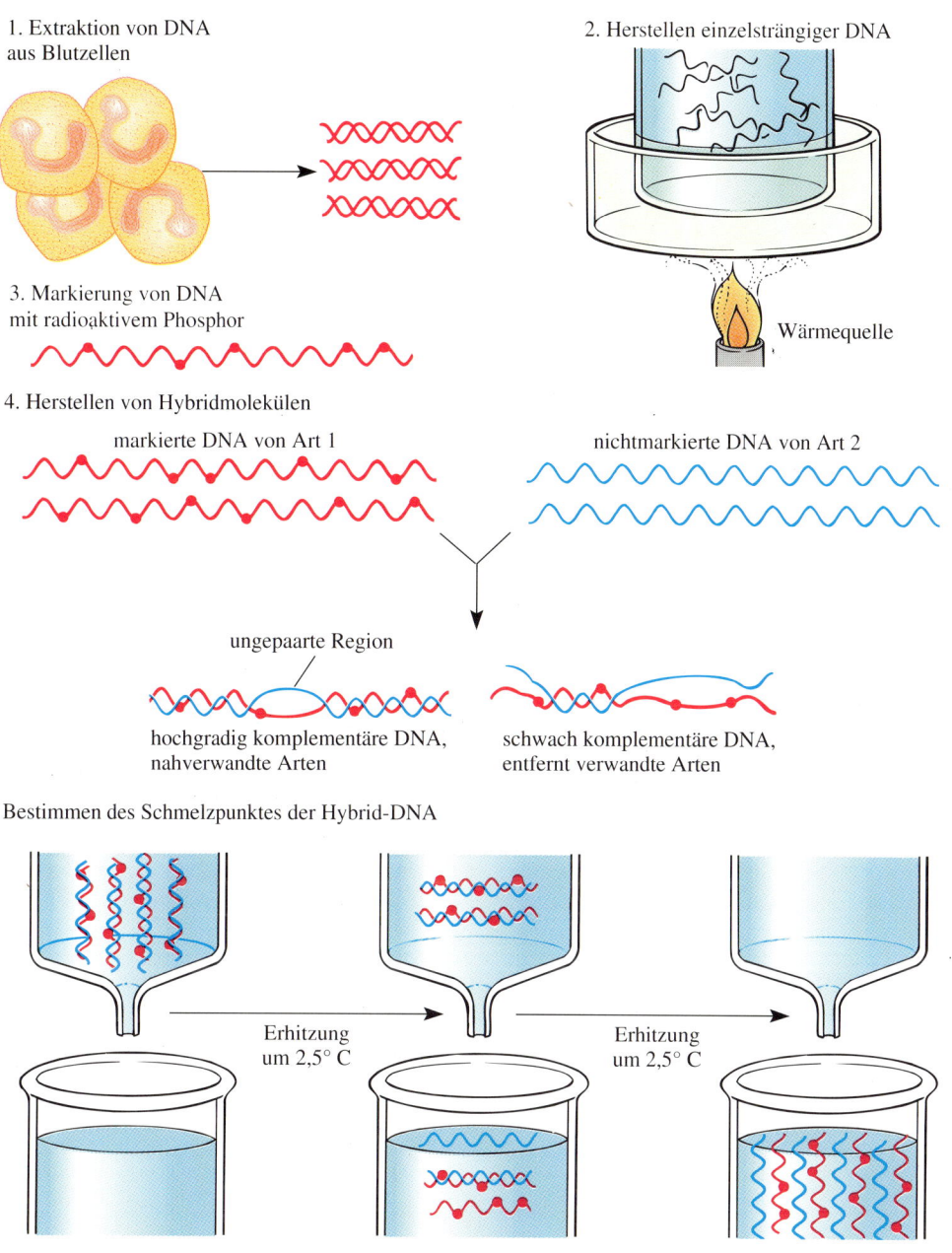

1. Extraktion von DNA aus Blutzellen

2. Herstellen einzelsträngiger DNA

Wärmequelle

3. Markierung von DNA mit radioaktivem Phosphor

4. Herstellen von Hybridmolekülen

markierte DNA von Art 1

nichtmarkierte DNA von Art 2

ungepaarte Region

hochgradig komplementäre DNA, nahverwandte Arten

schwach komplementäre DNA, entfernt verwandte Arten

Bestimmen des Schmelzpunktes der Hybrid-DNA

Erhitzung um 2,5° C

Erhitzung um 2,5° C

1.4 DNA besteht aus zwei komplementären, zu einer Helix gewundenen Molekülen. Zur DNA-Hybridisierung wird die DNA einer Art kurz erhitzt. Dadurch trennen sich die beiden Stränge der Doppelhelix voneinander. Die Einzelstränge werden mit radioaktivem Phosphor markiert und mit unmarkierten Einzelsträngen einer anderen Art gemischt. Ein Teil der DNA-Moleküle bildet Doppelstränge, die aus je einem markierten und einem unmarkierten Strang bestehen. Je komplementärer beide Stränge sind, desto mehr Bindungen entstehen zwischen ihnen und desto enger ist die Verwandtschaft der Tiere, von denen sie stammen. Um eng assoziierte DNA-Stränge zu trennen, sind hohe Temperaturen erforderlich. Daher läßt sich der Grad der Verwandtschaft durch den Schmelzpunkt der Hybrid-DNA ermitteln.

gemein anerkannt –, gibt es interessante Hinweise auf die Fortbewegungsweise des gemeinsamen Ahnen der afrikanischen Menschenaffen und Menschen: Höchstwahrscheinlich war er ein Knöchelgänger.

In gewissem Sinne ist dieses Argument statistischer Natur. War der gemeinsame Vorfahr kein Knöchelgänger und entstanden Schimpansen und Gorillas getrennt voneinander (was die neuen genetischen Belege vermuten lassen), dann entwickelte sich der

Exkurs 1.1: Molekulare Anthropologie

Der Begriff molekulare Anthropologie wurde 1962 von Emile Zuckerkandl vom Linus-Pauling-Institut in Kalifornien auf einer Tagung der Wenner-Gren-Foundation for Anthropological Research auf Burg Wartenstein in Österreich geprägt. Zuckerkandl hatte vorher zusammen mit Pauling die Idee entwickelt, man könne phylogenetische Zusammenhänge zwischen Arten auf der Grundlage des Vergleichs genetischer Ähnlichkeiten und Unterschiede rekonstruieren. Die Tagung von 1962 lief unter dem Titel „Klassifizierung und menschliche Evolution", und Zuckerkandl begründete hartnäckig seine Überzeugung, Moleküle seien ebenso aufschlußreich für evolutionäre Zusammenhänge wie die traditionell für deren Aufklärung benutzten Tatsachen – manchmal vielleicht sogar noch aufschlußreicher. Alle großen Namen aus der Evolutionsbiologie und der physischen Anthropologie waren anwesend: George Gaylord Simpson, Ernst Mayr, Theodosius Dobzhansky, Louis Leakey, Sherwood Washburn – eine eindrucksvolle Liste. Die Giganten der traditionellen Methoden waren interessiert, aber skeptisch. Am Schluß meinte Dobzhansky zu Zuckerkandl: »Vielleicht können Sie in zwanzig Jahren sagen, „Ich hatte recht".«

Dobzhanskys Voraussage erwies sich als richtig. Die genetisch begründete Rekonstruktion von Stammbäumen wurde im vergangenen Jahrzehnt ein wichtiges Werkzeug der Biologie. Man nutzte sie, um drei große Fragen zu untersuchen: die Entstehung der Familie der Hominiden, den Ursprung des modernen Menschen und den zeitlichen Verlauf der menschlichen Besiedlung beider Teile Amerikas. Theoretisch sollte die neue Technik eindeutige Antworten auf diese Fragen geben. Doch die molekularen Zusammenhänge der Wandlungen von Mutationen sind komplizierter, als man einst angenommen hatte, wodurch die Interpretation der genetischen Information weniger zuverlässig wird als erhofft. Belege aus der molekularen Anthropologie können zur Ergänzung konventioneller Daten aus Paläontologie und Archäologie genutzt werden. Letztlich sollten uns diese drei verschiedenen Beweislinien die gleiche Geschichte erzählen.

Die Anfänge der Technik der molekularen Anthropologie sind viel älter. Zu Beginn unseres Jahrhunderts entwickelte George Henry Falkner Nuttall, ein Chemieprofessor, der bei dem großen Biologen Paul Ehrlich studiert hatte, ein immunologisches Verfahren, um die genetischen Beziehungen von Arten zu untersuchen. Er verglich die Reaktion des Blutes der betreffenden Arten mit verschiedenen Antiseren. Nahe verwandte Arten reagieren auf das gleiche Antiserum ähnlich. In vielen Experimenten untersuchte er gewisse Primatenarten einschließlich des Menschen. In einem Vortrag an der Londoner Schule für Tropenmedizin am 28. November 1901 hatte er hierüber folgendes zu sagen: »Wenn wir die Stärke der Blutreaktion als einen Anzeiger von Blutsverwandtschaft innerhalb der Anthropoiden akzeptieren, dann sind die Altweltaffen näher mit dem Menschen verwandt als die Neuweltaffen, und dies entspricht genau der Auffassung, die Darwin äußerte.«

Nuttall vollbrachte seine Pionierarbeit gerade drei Jahrzehnte, nachdem Darwin *The Descent of Man* (*Die Abstammung des Menschen*) publiziert hatte, worin er über die Folgerungen aus der nahen Verwandtschaft zwischen Menschen und afrikanischen Menschenaffen spekulierte. Aber sechs Jahrzehnte vergingen, bevor die molekulare Anthropologie durch Morris Goodman von der Wayne State University fortgeführt wurde. Obwohl Goodman aus seinen eigenen immunologischen Daten die Form des Stammbaumes dieser Lebewesen erschloß – in diesem Fall eine dreizinkige Gabel – stellte er den evolutionären Ereignissen keine Zeitskala gegenüber. Die Idee, das Ausmaß

Knöchelgang unabhängig voneinander in beiden Abstammungslinien. Dies ist aber viel unwahrscheinlicher als die Annahme, der gemeinsame Vorfahr war ein Knöchelgänger, und die Menschen bildeten eine unterschiedliche Fortbewegungsweise heraus. Weil jedoch die Anatomie der Hominiden keinen deutlichen Hinweis auf eine Vorfahrenschaft mit Knöchelgang gibt, bleibt diese Diskussion unentschieden.

Wir verfügen nun über den Rahmen für das Vorspiel zu *Homo sapiens*, sowohl anatomisch als auch zeit-

E.1.1.1 Allan Wilson leistete Bedeutendes für die Entwicklung der molekularen Anthropologie.

an angesammelten Mutationen als einen Hinweis für der Verlauf der Zeit – als molekulare Uhr – zu nutzen, lag damals zwar in der Luft, wurde aber nicht klar formuliert. Emanuel Margoliash machte das Konzept 1963 deutlich: »Wenn die verflossene Zeit die Hauptvariable ist, die die Anzahl der angehäuften Austausche bestimmt, dann sollte es möglich sein, ungefähr die Zeit zu ermitteln, die verflossen ist, seitdem sich die beiden Entwicklungslinien, die zur Herausbildung zweier Arten führten, voneinander trennten.« Mit anderen Worten, eine molekulare Uhr existiert, wenn die Ansammlung von Mutationen mit einer durchschnittlich stetigen Geschwindigkeit erfolgt. Es waren Vincent Sarich und Allan Wilson, nicht Goodman, die die molekulare Uhr bei der Untersuchung der Verwandtschaft von Menschen und Menschenaffen nutzten.

Bevor sie die Vorstellung von einer molekularen Uhr anwandten, mußten Sarich und Wilson zeigen, daß sie auch funktionierte. Dies gelang ihnen mit dem von ihnen entwickelten Geschwindigkeitstest (*rate test*). Haben sich zwei Arten (A und B) kürzlich voneinander getrennt, besitzen sie einen gemeinsamen Vorfahren mit einer dritten Art (C), und ist die durchschnittliche Mutationsgeschwindigkeit in den Abstammungslinien, die zu jeder der Arten führen, gleich, dann wird der genetische Unterschied zwischen Art A und Art C demjenigen zwischen den Arten B und C entsprechen. Abweichungen von dieser Durchschnittsgeschwindigkeit in einer der Abstammungslinien müssen hingegen Unterschiede in den Vergleichen von A mit C und B mit C aufweisen.

Sarich und Wilson hatten vor, ihre Arbeit über den Geschwindigkeitstest in der Zeitschrift *Science* zu publizieren, bevor sie ihre mittels der molekularen Uhr gewonnenen Ergebnisse bekanntlich. Unter dem Druck sich wandelnder Umweltbedingungen – der Fragmentierung eines geschlossenen Waldbestandes vor etwa 7,5 Millionen Jahren – entwickelten menschenaffenähnliche Geschöpfe eine ungewöhnliche Anpassung, die bipede Fortbewegaben. Das Manuskript wurde jedoch abgelehnt, da es angeblich nichts Neues oder Interessantes enthielt. Es wurde aber im Herbst 1967 in den *Proceedings of the National Academy of Science* veröffentlicht, einer Zeitschrift, die von Anthropologen nur selten gelesen wird. Als später im gleichen Jahr die beiden Biochemiker die Arbeit „Immunological Time Scale for Hominid Evolution" (Eine immunologische Zeitskala für die Hominidenevolution) in *Science* veröffentlichten, in der sie zeigten, daß sich Menschen und Menschenaffen vor fünf Millionen Jahren – und nicht vor 15 Millionen, wie die Anthropologen damals glaubten – voneinander getrennt hatten, war einer der kritischen Einwände, mit denen sie sich auseinandersetzen mußten, sie hätten eine konstante Geschwindigkeit *unterstellt*. Kürzlich sinnierte Sarich: »Es wäre interessant zu wissen, ob die ständige Anschuldigung, wir hätten die Uhr irgendwie „vermutet" und den Daten aufgepfropft, nicht vor allem auf dieser Fehleinschätzung seitens der Gutachter von *Science* beruht; denn der Artikel in den *Proceedings* wurde praktisch nie zitiert oder kritisiert.« Die oft scharfe Debatte über die Gültigkeit von Sarichs und Wilsons genetischen Daten und ihre Interpretation kennzeichnete die erste große Meinungsverschiedenheit in der molekularen Anthropologie, die auch heute noch den Tenor ähnlicher Diskussionen beeinflußt.

gung. Wir werden die adaptive Radiation bipeder Menschenaffen von ihrem Beginn über die folgenden sieben Millionen Jahren hinweg verfolgen, bis sie uns schließlich an die Schwelle des *Homo sapiens* führt, 500 000 Jahre vor unserer Zeit.

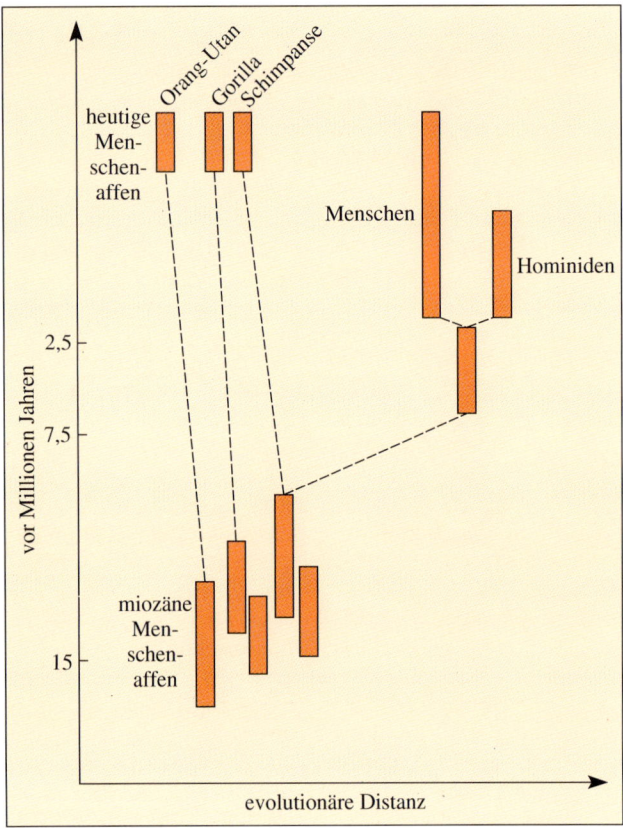

1.5 Eine Abschätzung des evolutionären Abstands zwischen Menschenaffen und Menschen kann aufgrund von Anpassung erfolgen. Aber obgleich die Menschen den afrikanischen Menschenaffen genetisch nahestehen, sind sie dennoch hinsichtlich ihrer Anpassung weit von ihnen entfernt.

Die Energetik der Bipedie

Die erste hominide Anpassung – jene evolutionäre Innovation, welche zum Entstehen der Familie führte – war die Bipedie (Zweibeinigkeit). Im Laufe der Jahrzehnte wurden viele Hypothesen als Erklärung für dieses Ereignis entwickelt, von denen einige spezifisch menschliche Elemente enthalten, wie etwa Kultur, Jagd und die Herstellung von Steinwerkzeu-

gen. Da jedoch die frühesten Hinweise auf das Herstellen von Steinwerkzeugen erst 2,5 Millionen Jahre alt sind, also viel jünger als die Hominiden, müssen andere Begründungen gesucht werden. Die erfolgversprechendste Argumentationskette konzentriert sich auf die Nahrungssuche. Das Zurückgehen der Waldbestände, das vor 10 Millionen Jahren in Ostafrika im Gange war, zerstückelte schrittweise die angestammten Lebensräume der Menschenaffen. Durch sehr verstreut liegende, für die Nahrungssuche geeignete Landflecken bevorzugte der Selektionsdruck für dieses Gelände eine effizientere Fortbewegungsform.

Seit langem wissen wir, daß echte Quadrupedie (Vierbeinigkeit), wie wir sie bei Hunden, Pferden und anderen Tieren finden, die Energie besser ausnutzt als die Bipedie des Menschen: Wir verbrennen mehr Kalorien als ein Hund beim Zurücklegen der gleichen Entfernung in hoher Geschwindigkeit. Zudem ist unsere Spitzengeschwindigkeit relativ gering. Daher nahmen viele Forscher an, daß die Evolution des aufrechten Ganges beim Menschen nicht aufgrund der Fortbewegungseffizienz entstand. Vor zehn Jahren wiesen allerdings Peter Rodman und Henry McHenry von der Universität von Kalifornien in Davis auf etwas hin, was eigentlich schon damals hätte offensichtlich sein sollen: Die menschliche Fortbewegungseffizienz sollte mit der eines Menschenaffen und nicht mit der eines Hundes verglichen werden. Schimpansen nutzen ihre Energie tatsächlich zu 50 Prozent schlechter aus als Menschen, wenn sie auf dem Boden laufen, ob sie sich nun biped oder quadruped bewegen. Deshalb, so Rodman und McHenry, gibt es beim Übergang von der Quadrupedie der Menschenaffen zur menschlichen Bipedie keine Energiebarriere; tatsächlich erzielen Tiere, die längere Entfernungen auf dem Boden überwinden, sogar einen Gewinn. Sie meinten, die Hominiden entwickelten sich zu Aufrechtgängern als Anpassung an eine Nahrungssuche nach menschenaffenähnlicher Kost, die in den offeneren Landstrichen nur verstreut zu finden war, was der menschenaffengleichen Fortbewegungsweise, die eher baumlebend (arboreal) orientiert ist, entgegenwirkte.

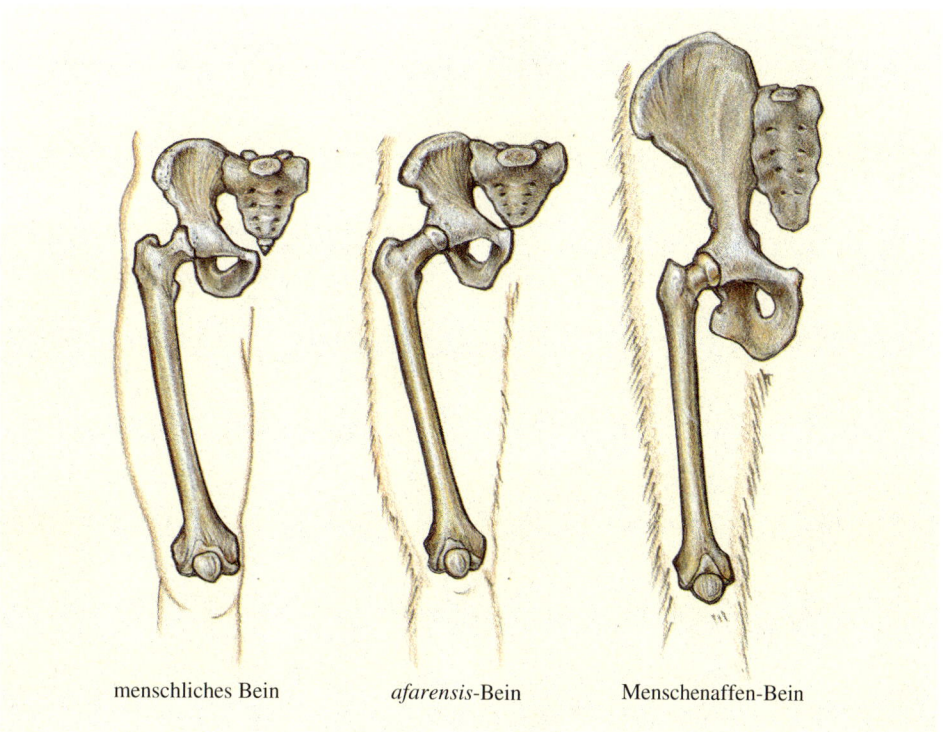

menschliches Bein   *afarensis*-Bein   Menschenaffen-Bein

1.6 Die Anatomie der unteren Gliedmaßen moderner Menschen, eines frühen Hominiden (*Australopithecus afarensis*) und der Menschenaffen spiegeln verschiedene Arten der Fortbewegung wider. Der als Valguswinkel bekannte Winkel zwischen dem Oberschenkelknochen (Femur) und dem Knie ist wesentlich für einen effizienten aufrechten Gang. Der bedeutende Valguswinkel von Menschen und frühen Hominiden erlaubt es, die Füße beim Schreiten unter die Mittellinie des Körpers zu setzen. Das Fehlen eines solchen Winkels zwingt die Menschenaffen, ihre Füße weit entfernt von der Mittellinie zu stellen und somit zum Watscheln, wenn sie auf zwei Beinen gehen.

War der aufrechte Gang eine Anpassung für effiziente Fortbewegung, dann mag die erste Hominidenart, allein durch ihre Art zu stehen und sich zu bewegen, sehr wohl hominid gewesen sein. Zwischen den weit im Habitat verstreuten Nahrungsplätzen umherwandernd, wobei sie die gleiche Nahrung suchten und verzehrten wie ihre Vorfahren, war diese erste Hominidenspezies keinem Selektionsdruck ausgesetzt, der ihre Bezahnung verändert hätte. Doch das Gebiß der höchstens vor 3,75 Millio-

nen Jahren lebenden ersten bekannten Hominidenart – *Australopithecus afarensis* – unterschied sich von dem der Menschenaffen. Es war insoweit menschenähnlich, als es relativ kleine Eckzähne, eine starke Schmelzschicht sowie Backenzähne aufwies, die besser dafür geeignet waren, hartes Material zu kauen, als sich mit Fruchtfleisch auseinanderzusetzen. Andererseits zeigte es verschiedene primitive – das heißt menschenaffenähnliche – Merkmale, einschließlich des gelegentlichen Auftretens eines

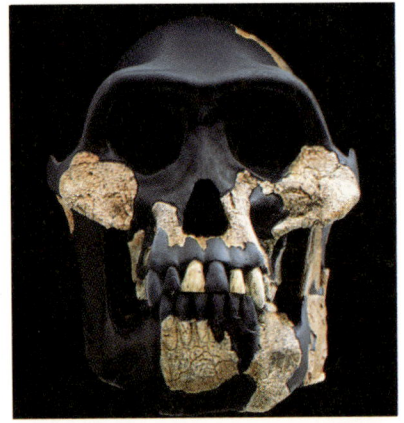

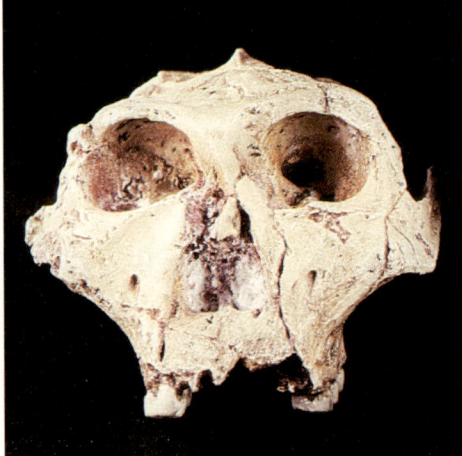

1.7 Oben links: *Australopithecus afarensis*; Mitte links: *A. boisei*, Seitenansicht des Exemplars 406 von Koobi Fora, Kenia (Alter: 1,6 Millionen Jahre); Unten links: *Homo habilis*, Exemplar 1470 von Koobi Fora, Kenia (Alter: 1,9 Millionen Jahre); Oben rechts: *A. robustus*; Unten rechts: *Homo erectus*, Seitenansicht, Exemplar 3733 von Koobi Fora, Kenia (Alter: 1,6 Millionen Jahre).

Diastema, etwas hervorstehender Schneidezähne und gewisser Eigentümlichkeiten der Prämolaren. Die Zahnreihe hatte weder die typische U-Form der Menschenaffen noch den parabelförmigen Bogen der modernen Menschen; sie war mehr V-förmig. Die Gesamterscheinung des Kopfes war menschenaffenähnlich, mit einem kleinen Gehirn und einem prognathen Kiefer. Gemäß fossilierter Bein- und Beckenknochen, die auf eine starke Anpassung hinsichtlich eines bipeden Ganges hinweisen, war dieser frühe Hominide insgesamt ein auf zwei Beinen laufender Menschenaffe, wenn auch nicht ganz vergleichbar. Die Knochen der Füße und Hände waren leicht gebogen, was möglicherweise auf eine teilweise arboreale Lebensweise hinweist. Und trotz der allgemein modernen Form der Hände hatten die Finger noch keine breiten Beeren entwickelt.

Bis vor wenig mehr als zwei Millionen Jahren folgten alle Hominidenarten diesem Grundmuster: Sie waren kleinhirnige, bipede Menschenaffen mit großen Backenzähnen. Aber die Krümmung von Hand- und Fußknochen war nicht stark betont, soweit dies zu erkennen ist. Adaptive Radiation hatte

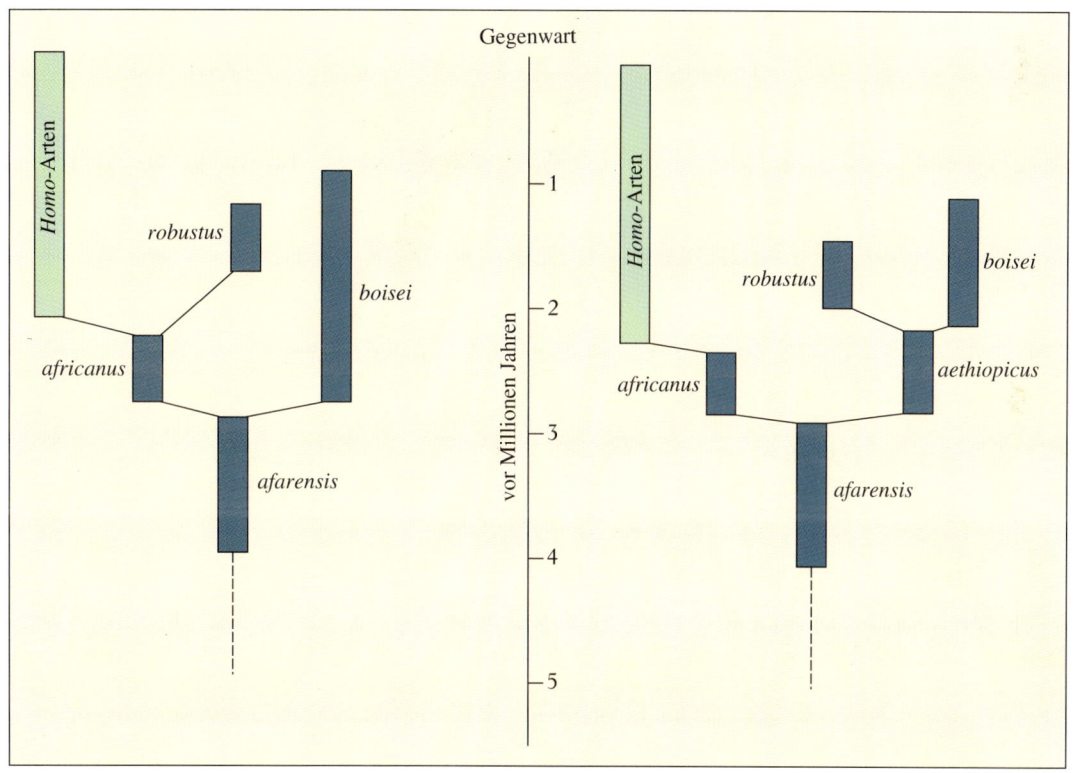

1.8 Verschiedene Auffassungen zur Phylogenie der Hominiden: Die grundlegende, auf Anpassung beruhende Trennung besteht zwischen großhirnigen, kleine Backenzähne tragenden Hominiden (den Arten der Gattung *Homo*) und den kleinhirnigen, große Backenzähne tragenden Arten der Gattung *Australopithecus* (alle hier genannten Arten). Unterschiedliche Meinungen gibt es über das Verwandtschaftsverhältnis der verschiedenen robusteren Arten untereinander, besonders von *robustus*, *boisei* und *aethiopicus*.

Exkurs 1.2: *Ramapithecus*: Der Menschenaffe, der kein Hominide war

Während der sechziger Jahre unseres Jahrhunderts glaubten die meisten Anthropologen, die Familie der Menschen – die Hominidae – sei vor mindestens 15 Millionen Jahren entstanden. Dieser Schluß gründete sich auf ein Tier, das man für einen primitiven Hominiden gehalten hatte, *Ramapithecus*, dessen fragmentarische fossile Reste an Fundorten in Europa, Asien und Afrika entdeckt wurden. Die ältesten waren 15 Millionen und die jüngsten acht Millionen Jahre alt. In den frühen achtziger Jahren zeigten neue Fossilien aus der Türkei und Pakistan eindeutig, daß *Ramapithecus* kein Hominide, sondern nur ein miozäner Menschenaffe war. Diese neue Tatsache beseitigte vollständig die Barriere, die zwischen der festgefügten anthropologischen Lehrmeinung und gewissen biochemischen Tatsachen bestand, die darauf hinwiesen, daß sich die frühesten Hominiden erst vor fünf Millionen Jahren entwickelt hatten.

Fossile Bruchstücke von *Ramapithecus* wurden erstmals 1932 in Nordindien von G. Edward Lewis, einem Absolventen der Yale-Universität, gefunden.

In einer Arbeit von 1934 schrieb er, die beiden Bruchstücke eines Oberkiefers gehörten zu einem frühen Hominiden. Dieser Schluß wurde von Aleš Hrdlička von der Smithsonian Institution, einer einflußreichen Persönlichkeit der amerikanischen Anthropologie, hart kritisiert. Er argumentierte, dieses Tier sei ein Menschenaffe. Nahezu drei Jahrzehnte lang hielt man *Ramapithecus* einfach für einen miozänen Menschenaffen neben vielen anderen. 1961 untersuchte Elwyn Simons, damals an der Yale-, heute an der Duke-Universität, die Fossilien erneut und verkündete, Lewis

E.1.2.1 Ein Selbstporträt von G. Edward Lewis 1932 in den Siwalik-Bergen in Indien. In jenem Jahr fand er das erste Exemplar von *Ramapithecus*.

hätte recht gehabt. Kurz danach schloß sich David Pilbeam Simons an, und die beiden wurden zu den prominentesten Vertretern der Schule, die *Ramapithecus* zum Hominiden erklärte.

Simons begründete seinen Schluß mit der Form des Kiefers und der Struktur der Zähne. Bei modernen Menschenaffen ist die Zahnreihe U-förmig, bei Menschen bildet sie einen Bogen. Obgleich den beiden fossilen Bruchstücken des Oberkiefers ein zentraler Teil fehlte und sie deshalb nicht zusammenpaßten, rekonstruierte Simons den Kiefer den-

noch und schloß, daß auch er bogenförmig war. Weiterhin zeigte die allgemeine Form des Kiefers, daß das Gesicht des Tieres kurz wie ein menschliches gewesen ist und nicht in äffischer Weise vorsprang. Der auffallendste Unterschied im gesamten Gebiß zwischen Menschen und Menschenaffen betrifft den Eckzahn. Die Eckzähne von *Ramapithecus* sind klein wie bei den Menschen. Die Backenzähne sind ebenfalls menschenähnlich, mit niedrigen, ans Mahlen angepaßten Höckern.

Weitere menschenähnliche Eigentümlichkeiten wurden später entdeckt, beispielsweise die starke Schmelzschicht und die anscheinend unterschiedliche Abnutzung der Molaren (Backenzähne). Weil die menschliche Kindheit sehr lang ist, gibt es zeitliche Lücken zwischen dem Hervorbrechen des ersten, zweiten und dritten Molaren. Daher sind beim jungen Erwachsenen diese drei Zähne unterschiedlich abgenutzt, am stärksten der erste und am schwächsten der dritte. Solch unterschiedliches Abkauen ist bei den Menschenaffen viel weniger deutlich. Obwohl nicht so markant wie bei den Menschen, läßt sich doch eine unterschiedliche Abnutzung der Molaren bei *Ramapithecus* erkennen.

Beachten sollten wir, daß bei dieser Einschätzung des Status von *Ramapithecus* die modernen Menschenaffen, besonders die afrikanischen, das Modell für Primitivität abgaben. Dies entsprach einer verbreiteten, aber unrichtigen Annahme der damaligen Zeit. Fossile Arten sind selten mit lebenden identisch und können ungewöhnliche Merkmalskombinationen zeigen.

Bei ihrer Beschreibung des *Ramapithecus* meinten Simons und Pilbeam, daß er vermutlich aufrecht ging, Werkzeuge anfertigte und jagte. Diese Folgerungen gründeten sich auf dem Darwinschen Modell der Entstehung des Menschen, nach dem die Hominiden im Prinzip von Beginn an kulturelle Wesen waren. Beispielsweise wurde die Verringerung der Größe der Eckzähne damit erklärt, daß Werkzeuge und Waffen die Rolle der scharfen Zähne übernommen hätten, genau wie es Darwin in seinem Werk *Descent of Man* vermutet hatte.

1967 stellten Vincent Sarich und Allan Wilson die anthropologische Orthodoxie in Frage. Sie meinten, biochemische Untersuchungen zeigten, daß sich der erste Hominide erst vor fünf Millionen Jahren entwickelte. Deshalb könne *Ramapithecus* kein Hominide gewesen sein, er sei einfach zu alt. Die meisten Anthropologen dachten aber, daß man *Ramapithecus* nur auf Grund konventioneller Beweise von den Hominiden ausschließen könnte. Das geschah dann auch.

Der erste diesbezügliche Beleg betraf die Form des Kiefers. 1973 publizierten Peter Andrews vom Natural History Museum in London und Alan Walker von der Johns-Hopkins-Universität die Rekonstruktion eines mit *Ramapithecus* verwandten Oberkiefers (damals für einige Zeit *Kenyapithecus* benannt). Entgegen früheren Interpretationen war sein Bogen nicht menschen-, sondern eher menschenaffenähnlich. Drei Jahre später, 1976, entdeckte ein Mitglied von Pilbeams Expedition in Pakistan einen Unterkiefer von *Ramapithecus* mit der Form eines gestutzten V's. Eine Säule der Hypothese, *Ramapithecus* sei ein Hominide, bröckelte infolgedessen. Die erste Rekonstruktion aus dem Jahre 1932 war offensichtlich falsch.

Weiterhin begann 1976 der bisher klare Unterschied zwischen dünnem und dickem Schmelz zu verschwimmen. Man entdeckte, daß einige miozäne Menschenaffen ebenso dicken Schmelz hatten wie der Orang-Utan. Daher ist der starke Schmelz von *Ramapithecus* kein Hinweis auf seine Fortgeschrittenheit oder seinen Hominidenstatus. Es war ein offensichtlicher Fehler, die afrikanischen Menschenaffen als Modell für Primitivität zu nutzen. Der entscheidendste fossile Beweis fand sich allerdings an einem anderen Tier, an *Sivapithecus*, von dem 1980 und 1982 wichtige Funde bekannt wurden, der erste aus der Türkei, der zweite aus Pakistan. *Ramapithecus* und *Sivapithecus* hielt man für nahe Verwandte.

Wichtig ist der konzeptionelle Zusammenhang, in den sich die neuen Fossilien einfügten. Zu jener Zeit akzeptierten die Anthropologen die Vorstellung, Menschen und afrikanische Menschenaffen seien nahe miteinander verwandt, während der große asiatische Menschenaffe (der Orang-Utan) abseits stehe. Weil die neuen Exemplare von *Sivapithecus* nahezu vollständige Schädel waren, kannte man nun mehr anatomische Einzelheiten als vorher. An diesen Details, besonders an der Form der Augenhöhlen, dem mittleren Gesicht und dem Gaumen, wurde es klar, daß *Sivapithecus* ein naher Verwandter des Orang-Utan war, vielleicht Angehöriger einer Vorfahrengruppe der heute lebenden Art. War *Sivapithecus* nahe mit dem Orang-Utan verwandt, dann mußte es auch *Ramapithecus* sein (der ja selbst *Sivapithecus* nahestand). Als Verwandter des Orang-Utan war *Ramapithecus* automatisch von der menschlichen Vorfahrensreihe ausgeschlossen, denn die Menschen sind mit den afrikanischen und nicht den asiatischen Menschenaffen verwandt.

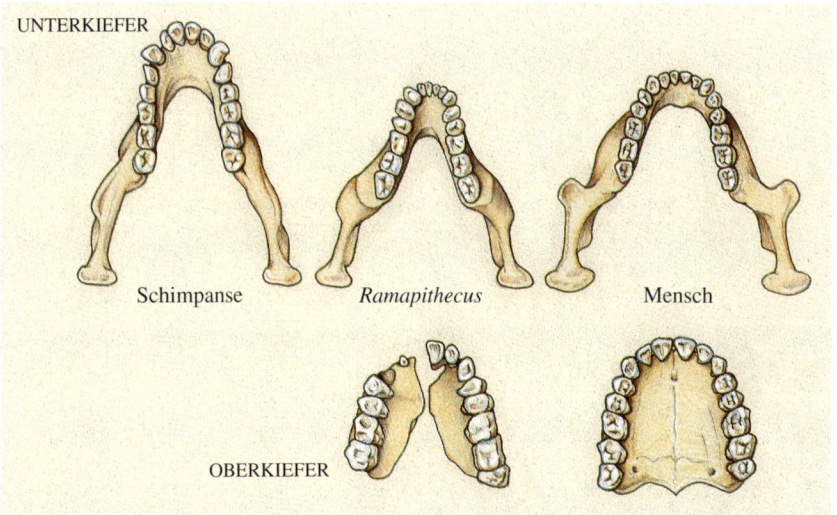

E.1.2.2 Ein Kiefervergleich: Der Zahnreihenumriß bei Menschenaffen ist recht U-förmig, während er beim Menschen eine Parabelform aufweist. Die Rekonstruktion eines unvollständig erhaltenen Oberkiefers von *Ramapithecus* aus dem Jahre 1960 veranlaßte die Forscher, an die Nähe zur menschlichen Form zu glauben. Aus diesem Grund betrachtete man *Ramapithecus* als frühen Hominiden. Spätere Funde verrieten, daß die Kieferform des *Ramapithecus* sich von der der Menschenaffen und des Menschen unterschied und zu einer miozänen Menschenaffenart gezählt werden konnte.

zu dieser Zeit den bipeden Menschenaffen deutlich von einer affentypischen Nahrung entfernt. Er nahm eine größere Vielfalt pflanzlicher Kost zu sich. Bei einigen Arten war die Anpassung an die Verwertung harter pflanzlicher Nahrung extrem; die Molaren wurden enorm groß und die Schneidezähne winzig. *Australopithecus robustus* und *Australopithecus boisei* sind zwei Beispiele dieses Musters. Beide zeigen einen Knochenkamm auf ihrem Schädel. Eine weniger extreme Spielart war *Australopithecus africanus*.

Die *Homo*-Anpassung

Dann gab es einen zweiten Schub. Diese neuartige Adaptation kann als großhirniger, mit kleinen

Backenzähnen ausgerüsteter, aufrechtgehender Menschenaffe beschrieben werden. Dies ist der Anfang der Gattung *Homo*. Trotz seines grundlegenden hominiden Musters waren seine Molaren und Prämolaren kleiner und seine Vorderzähne größer als unsere. Die erste bekannte Art, die dieses Anpassungsmuster zeigte, war *Homo habilis*, dessen älteste Fossilien nahezu zwei Millionen Jahre alt sind. *Homo erectus* folgte und trat vor etwa 1,7 Millionen Jahren auf. Die neue Anatomie hing vermutlich mit einer Veränderung der Kost zusammen, die nun auch Fleisch enthielt. Es verlockt, den Beginn der Herstellung von Steinwerkzeugen mit dieser Anpassung in Zusammenhang zu bringen – eine Beziehung, deren Vorhandensein noch wahrscheinlicher würde, falls man eines Tages 2,5 Millionen Jahre alte Fossilien einer *Homo*-Art fände; denn damals erschienen erst-

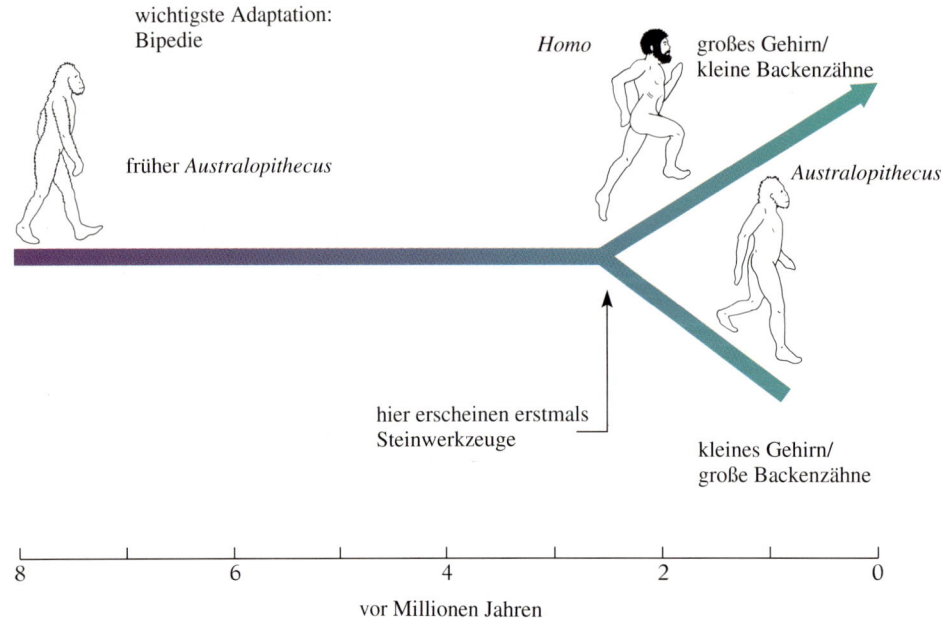

wichtigste Adaptation:
Bipedie

früher *Australopithecus*

Homo   großes Gehirn/
kleine Backenzähne

Australopithecus

hier erscheinen erstmals
Steinwerkzeuge

kleines Gehirn/
große Backenzähne

8   6   4   2   0

vor Millionen Jahren

1.9 Unterschiedliche Anpassungen in der Hominidenevolution: Die wichtigste Adaptation der Hominiden, der aufrechte Gang, entwickelte sich irgendwann vor acht bis fünf Millionen Jahren. Vor etwa 2,5 Millionen Jahren begann die Herstellung von Steinwerkzeugen in der Dokumentation sichtbar zu werden. Kurz darauf tauchten zwei Anpassungsformen auf: eine großhirnige Art mit kleinen Backenzähnen (*Homo*) sowie eine kleinhirnige Anpassung mit großen Backenzähnen (nur *Australopithecus*).

mals Steinwerkzeuge in der archäologischen Überlieferung. Beim Erscheinen von *Homo* war die Familie der Hominiden am dichtesten verzweigt (mit
Rücksicht auf unsere Unkenntnis der Ereignisse, die
länger als 3,75 Millionen Jahre zurückliegen).
Damals koexistierten wenigstens drei Arten, vielleicht waren es sogar doppelt soviele.

Der adaptive Wandel, der den großhirnigen, klein-
backenzähnigen, bipeden Menschenaffen hervorbrachte, war mit anderen bedeutsamen Veränderungen in Körperform und -größe verknüpft. Die bisher
zur Verfügung stehende, beschränkte Anzahl von
Skelettresten zeigt zweifellos, daß vor zwei Millionen Jahren alle Hominiden echte Zweibeiner waren.
Die allgemeine Form des Beckens, die Abwinkelung
der Oberschenkelknochen und die Plattformstruktur
der Füße bezeugen dies. Unabhängig voneinander
durchgeführte Studien von Leslie Aiello vom University College in London und von Peter Schmid
vom Anthropologischen Institut in Zürich haben aber
kürzlich gezeigt, daß der erste *Homo* verglichen mit
den robusten Australopithecinen ein weit grazileres
Geschöpf war. Größe und Form der Knochen und die
Ausprägung der Anheftungsstellen der Muskeln
geben Hinweise auf den Körperbau dieser ausgestor-
benen Wesen. Die Australopithecinen glichen
anscheinend in ihrer Statur mehr Menschenaffen als
Menschen.

Zum Vergleich: Ein 1,80 Meter großer Schimpanse
würde doppelt soviel wiegen wie ein Mensch dieser
Größe; das hätte auch für einen 1,80 Meter großen
Australopithecinen Gültigkeit. Hingegen wäre ein
1,80 Meter großer früher *Homo* in seiner Statur sehr
menschenähnlich, wie man es an einer der spekta-
kulärsten Entdeckungen des Jahrhunderts, einem
1,6 Millionen Jahre alten jugendlichen *Homo erectus*
vom Westufer des Turkana-Sees sieht. Obgleich
stark muskulös, war dieser sogenannte Turkana-
Knabe groß und schlank und hatte alle menschenaffenähnlichen Proportionen verloren. Aiello und
Schmid schlußfolgern, daß der neuentwickelte
schlanke Körperbau eine Anpassung an größere
Aktivität war, welche die Befähigung, ein ausdauern-
der Läufer zu sein, einschloß. Walter Bortz, ein Arzt

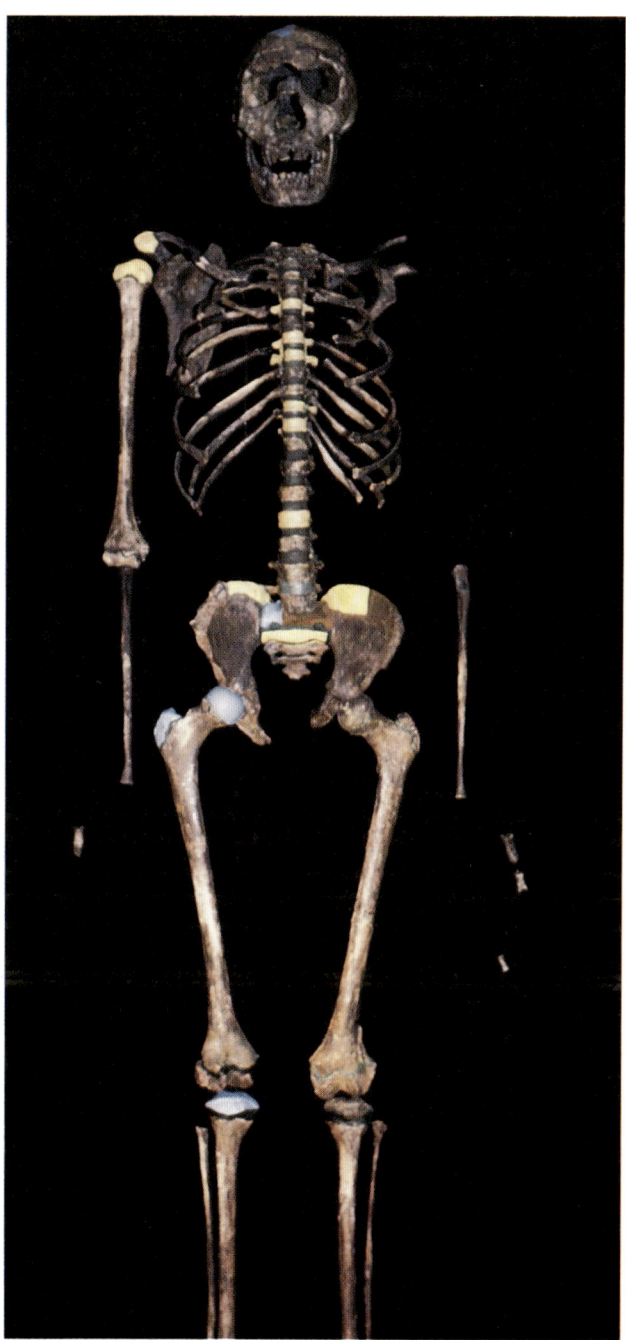

1.10 Der Turkana-Knabe, ein 1,6 Millionen Jahre alter jugendlicher
Homo erectus, der 1984 an der Westseite des Turkana-Sees in
Kenia ausgegraben wurde.

aus Kalifornien, hatte die gleiche Schlußfolgerung 1985 im *Journal of Human Evolution* publiziert und sich dabei auf Merkmale des Verhaltens und der Physiologie gestützt.

Die zweite Veränderung – die Größe betreffend – ist ebenso dramatisch wie der Wandel in den Proportionen und könnte weitreichende Auswirkungen gehabt haben. Bei allen frühen Hominiden, außer *Homo*, fallen die Schätzungen der Durchschnittsgröße in den Bereich von 1,55 Metern. Es gab aber einen großen Unterschied zwischen den Körpergrößen der Geschlechter (Geschlechtsdimorphismus). Männliche Australopithecinen konnten bis zu doppelt so schwer sein wie die Weibchen, was für die Primaten und andere Säugetiere, bei denen es einen starken sozialen Wettbewerb der Männchen um den Zugang zu den Weibchen gibt, ein typisches Muster ist. Beispielsweise wiegen die ausgewachsenen Männchen der Gorillas im Durchschnitt etwa 160 Kilogramm (die Weibchen weniger als 90 Kilogramm). Ein solches Männchen verteidigt einen „Harem" geschlechtsreifer Weibchen gegen potentielle Rivalen.

Als Reste von *Homo* in der Fossildokumentation erschienen, wuchs die durchschnittliche Körpergröße um etwa 15 Zentimeter. Statt wie bei *Australopithecus* eine doppelte Körpermasse gegenüber den Weibchen aufzuweisen, waren die Männchen nur um 20 Prozent größer. Dieser Unterschied übertraf kaum denjenigen bei heutigen Menschen. Ein solcher Wandel im Geschlechtsdimorphismus läßt sich als eine Verschiebung werten von einem Gesellschaftssystem, das von einer intensiven sexuellen Konkurrenz unter nichtverwandten Männchen gekennzeichnet ist, zu einem solchen, in dem miteinander verwandte Männchen eine Gruppe von ihnen allen sexuell zugänglichen Weibchen verteidigen. Schimpansen besitzen ein derartiges System. Ihr Geschlechtsdimorphismus beträgt ebenfalls etwa 20 Prozent. Wir dürfen schlußfolgern, daß diese neue Richtung der hominiden Anpassung mehr als einfach eine Veränderung der Nahrung umfaßte. Zum ersten Mal wurde materielle Technologie wichtig. Vielleicht entstand ein Sozialsystem, in dem Weibchen ihre elterliche

Gruppe verließen und die männlichen Verwandten, die bei ihren Fortpflanzungsbemühungen und vielleicht auch bei ihrer Suche nach Nahrung zusammenarbeiteten, dort blieben.

Wieviele Arten?

Vor etwa 1,5 Millionen Jahren koexistierten zwei Typen hominider Anpassung – kleingehirnige Geschöpfe mit großen Backenzähnen und großgehirnige mit kleinen Backenzähnen. Aber ein Trend zeichnete sich ab: Die Australopithecinen starben allmählich aus; die extreme Abart (*Australopithecus boisei*) überlebte am längsten. Diese Tendenz mag die Folge einer Nahrungskonkurrenz mit den Arten der Gattung *Homo* einerseits und den zunehmend erfolgreicher werdenden, bodenlebenden Steppenpavianen andererseits gewesen sein. Auf jeden Fall meinen die meisten Anthropologen, daß vor etwa einer Million Jahren in Afrika nur noch eine Hominidenart existierte: *Homo erectus*, der von hier aus die niederen Breiten der Alten Welt besiedelte.

Seit der Zeit vor einer halben Million Jahren begannen Hominiden zu erscheinen, die sowohl *Homo erectus*-ähnliche als auch gewisse moderne Züge zeigten, einschließlich eines vergrößerten Gehirns. Diese neue Hominidenform, deren Vertreter man in Afrika, Europa und Asien fand, ist allgemein als „archaischer *sapiens*" bekannt, eine Bezeichnung, die viel Unstimmigkeit und Verwirrung aufwirbelt. Biologen ordnen Lebewesen gern mit der klassischen Kombination von Gattungs- (wie *Homo*) und Artnamen (wie *sapiens*) ein. Eine solche Klassifikation erlaubt es, individuelle Lebewesen als Angehörige einer biologischen Gruppe zu erkennen, innerhalb derer die Mitglieder sich fortpflanzen können. Die Benutzung des Begriffs archaischer *sapiens* deutet auf eine Unsicherheit der Anthropologen über den Status solcher Individuen hin: Sie sind weder *Homo erectus* noch *Homo sapiens*, sondern stehen vielleicht irgendwo dazwischen. Die Bezeichnung archaischer *sapiens* ist deshalb eher ein beschreibendes Kürzel als eine formale Einordnung. (Die Situation wird dadurch noch verworrener, daß die Neandertaler, die rein formal entweder *Homo neanderthalensis* oder *Homo sapiens neanderthalensis* genannt wurden, gelegentlich auch als Beispiele für archaische *sapiens* gelten.)

Die Geschichte der *Homo*-Abstammungsreihe umfaßt Wandlungen der Anatomie, der Technologie und der Subsistenzstrategien, von denen eine jede zum Verständnis und zur Erklärung des Ursprungs der modernen Menschen beiträgt. Es muß in der Geschichte unserer Ahnen gewichtige Interaktionen zwischen diesen drei Aspekten gegeben haben. Aber ihre Beziehungen sind nicht immer so offensichtlich, wie man erwarten könnte. Die naheliegende allgemeine Frage betrifft die evolutionäre Route, entlang der unsere Vorfahren schließlich den heutigen Zustand erreichten: War es ein gleichmäßiger, kumulativer Prozeß oder eine verhältnismäßig plötzliche, späte Umwandlung?

Zunächst die Anatomie. Wie immer ist die Fossildokumentation im günstigsten Fall fragmentarisch; die Fossilien des frühen *Homo* machen da keine Ausnahme. Obgleich *Homo habilis* vielleicht erst vor reichlich 2,5 Millionen Jahren erschien (wie sich aus bruchstückhaften Fossilien und der Tatsache schließen läßt, daß damals die Herstellung von Steinwerkzeugen begann), ist der früheste aussagekräftige fossile Hinweis darauf nur wenig mehr als zwei Millionen Jahre alt. Die Konstellation von hoher, mit geringer Körpermasse verbundener Statur, die bei *Homo erectus* so augenfällig ist, entwickelte sich nahezu sicher schon bei *Homo habilis*. Beim Übergang von *habilis* zu *erectus* kamen eine leichte Vergrößerung des Gehirns (auf beinahe 900 Kubikzentimeter) und ein Wandel der Gesichtsmerkmale hinzu, einschließlich der Entwicklung von hervortretenden Wülsten über den Augen, den Oberaugenwülsten. Nachdem sich diese Konfiguration einmal entwickelt hatte, blieb sie während der ganzen Geschichte der Abstammungslinie von *Homo* erhalten – offensichtlich eine stabile Anpassung.

Allerdings gab es in der Entwicklung des modernen Menschen doch noch einen Wandel im Skelettbau –

weniger in seiner Form als in seiner Stärke. Die Knochen von *Homo erectus* haben weitgehend die gleiche Form und Größe wie jene des *Homo sapiens*, sind jedoch dicker und stärker gebaut – vor allem die langen Knochen. Beispielsweise zeigt der Querschnitt des Oberschenkelknochens von *Homo erectus* eine doppelt so starke, dichte Knochenrinde wie bei *Homo sapiens*. Eine solche besondere Verstärkung der Knochen deutet auf die regelmäßige Anwendung größerer Kraft im täglichen Leben hin. Zu diesem Bild passen die großen Muskelansätze an den Knochen von *Homo erectus*. Das Entstehen des modernen Menschen bezog daher eine Verminderung des physischen Kraftaufwands ein, den die Individuen gewöhnlich einsetzten. Mit anderen Worten, die modernen Menschen waren wie *Homo erectus* körperlich aktiv, aber nicht so kräftig.

Das Fehlen von Veränderungen in der Gesamtanatomie von *Homo erectus* während der 1,2 Millionen Jahre seiner Existenz steht im Gegensatz zu Veränderungen des Kopfes. Die ältesten bekannten *Homo erectus*-Schädel aus Ostafrika bargen Gehirne mit einem Volumen von 800 bis 900 Kubikzentimetern. Das Gesicht war viel flacher als das der Australopithecinen, der Schädel runder und länger, und über den Augenhöhlen hatten sich Oberaugenwülste gebildet. Die grundlegendste Veränderung der Anatomie des Kopfes zu jener Zeit, als die Schwelle zu *Homo sapiens* erreicht war, erfolgte in der Hirngröße, die nun im Bereich von 1100 Kubikzentimetern lag. Wegen der spärlichen Fossilfunde können wir nicht gewiß sein, ob diese Zunahme allmählich während der gesamten Periode vonstatten ging oder eher in einem oder mehreren plötzlichen Schritten.

Für Evolutionsbiologen ist der Verlauf evolutionären Wandels – graduell oder punktuell – Gegenstand einer lebhaften Diskussion. Diejenigen, die den graduellen Wandel „bevorzugen", sehen Evolution als kontinuierliche Antwort auf Selektionsdruck. Jene, die den punktuellen Wandel betonen, der zwischen Perioden der Stockung eingestreut liegt, behaupten, daß Faktoren der Embryonalentwicklung und der Populationsstruktur die evolutionären Antworten auf den Selektionsdruck einschränken; wenn Veränderungen einsetzen, dann geschieht das sehr schnell. Dieses letztgenannte Muster, 1972 gemeinsam von Niles Eldredge vom American Museum of Natural History und Stephen Jay Gould von der Harvard-Universität vorgeschlagen, ist als unterbrochenes Gleichgewicht (*punctuated equilibrium*) bekannt. Zwei Jahrzehnte Diskussionen und empirischer Untersuchungen deuten darauf hin, daß beide Fälle evolutionären Wandels auftreten – punktueller und gradueller. Allerdings herrschen über ihre relative Bedeutung nach wie vor Meinungsverschiedenheiten. Zehn Jahre lang war Milford Wolpoff von der Universität von Michigan ein maßgebender Fürsprecher des graduellen Evolutionsmusters in der gesamten Geschichte von *Homo erectus*, während Philip Rightmire von der State University of New York in Binghampton das punktuelle Muster verteidigt. Ihre Meinungsverschiedenheit spiegelt die Unzulänglichkeit der bekannten Daten wider.

Dieses Problem hängt mit einer anderen, für unser Verständnis des Entstehens des modernen Menschen sehr wesentlichen Diskussion innerhalb der anthropologischen Gemeinschaft zusammen. Hierbei geht es um das Wandlungsmuster des frühesten *Homo* und *Homo sapiens*. War es ein einfaches, unilineares Fortschreiten von *Homo habilis* über *Homo erectus* zu *Homo sapiens*? Oder verzweigte sich der Stammbaum zu mehreren *Homo erectus*-ähnlichen und dann *Homo sapiens*-ähnlichen Arten, die sich im Laufe der Zeit in verschiedenen Teilen der Alten Welt entwickelten, aber letztlich alle bis auf eine Art wieder ausstarben? Manche Wissenschaftler meinen, der *Homo erectus* aus Afrika unterscheide sich vom asiatischen *Homo erectus*, und dieser Unterschied solle durch verschiedene Artnamen gekennzeichnet werden, um jene Vielfalt hervorzuheben. Andere denken auch, daß die große anatomische Variationsbreite, die sich unter den verschiedenen geographischen Funden des sogenannten archaischen *sapiens* (von vor 0,5 bis vor 0,1 Millionen Jahren) offenbart, auf das Vorhandensein verschiedener Arten hindeutet.

Eine geradlinige Evolution oder ein Verzweigungsmuster? Jene, die ökologische Faktoren für wichtig halten, verteidigen die Möglichkeit eines Verzwei-

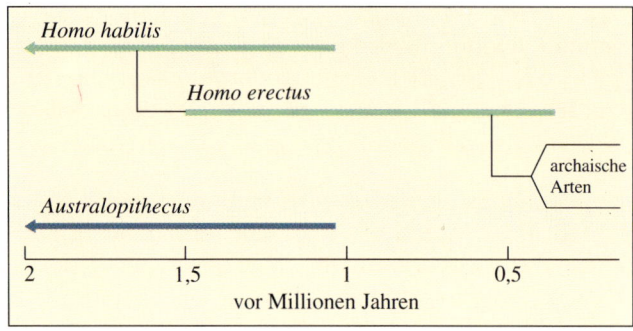

1.11 Obwohl *Homo erectus* annähernd auf *Homo habilis* folgte und sich an ihn selbst wiederum archaische *sapiens*-Arten anschlossen, ist der tatsächliche Verlauf der Wandlungen ungewiß. Statt des hier dargestellten geradlinigen Fortschreitens könnte es Verzweigungen mit mehreren verschiedenen *Homo erectus*- oder *sapiens*-ähnlichen Arten gegeben haben.

gungsmusters, denn ein geographisch so weitverbreitetes Tier wie *Homo erectus* und der archaische *sapiens* sollten sich nahezu gewiß in mehrere Arten aufgliedern, falls das Muster anderer Säugetiere als Leitfaden dient. Jene, welche die vereinigende Kraft der Kultur betonen, meinen hingegen, die Koexistenz mehrerer Arten zu irgendeinem Zeitpunkt sei höchst unwahrscheinlich, woraus sich ein unilineares Muster ergäbe. Selbst wenn die Fossildokumentation weit besser und das Rätsel deshalb lösbar erschiene, ließen unterschiedliche theoretische Herangehensweisen immer noch die Möglichkeit zu Meinungsverschiedenheiten offen. Das Problem, was innerartliche oder auch zwischenartliche anatomische Variabilität hervorruft, wird von allen Paläontologen erkannt, denen lebende Populationen fehlen, mit deren Hilfe sie es lösen könnten.

Technologische Innovation

Wie auch immer das wahre Stammbaummuster aussah –, klar ist, daß über 1,2 Millionen Jahre hinweg die Hirngröße der Hominiden – und vermutlich auch ihre intellektuellen Fähigkeiten – wesentlich zunahm, von nahezu 900 auf 1100 Kubikzentimeter, eine Steigerung um 30 Prozent bei einem Geschöpf mit unveränderter Körpergröße. Wahrscheinlich trugen Technologie, Sprache und soziale Komplexität hierzu bei und wurden ihrerseits wiederum durch das Gehirnwachstum gefördert.

Die durch das Schlagwort „Mensch, der Werkzeugmacher" bekanntgewordene Idee – die Vorstellung, das Herstellen und Benutzen von Steinwerkzeugen hätten unsere evolutionäre Karriere bestimmt – war ehemals außerordentlich populär: Ihre starke Betonung der Technik rührt noch immer an eine in unserer modernen Gesellschaft empfängliche Saite. Jedoch bekunden die Produkte der Werkzeugherstellung – die Artefakte selbst – während dieser von uns untersuchten 1,2 Millionen Jahre keinen dramatischen Fortschritt, nicht einmal eine deutliche Verbesserung. Stillstand in Menge und Typ von Werkzeugen ist die viel geeignetere Beschreibung. Die ältesten überlieferten Steinwerkzeuge von vor 2,5 bis zu 1,7 Millionen Jahren (die sogenannte Oldowan-Industrie) waren sehr einfach. Ein Geröllstein (Kern-

stein), gewöhnlich aus Lavagestein, wurde mit einem zweiten (Hammerstein) geschlagen, um einen sogenannten Chopper oder Schaber sowie viele scharfe Abschläge zu erhalten. Beide, das Geröllgerät und die Abschläge, wurden vermutlich auf verschiedene Weisen genutzt. Die Oldowan-Industrie verrät wenig Sinn für systematische Werkzeugherstellung; sie weist mehr eine zufällige Formgebung oder ein willkürliches Zerbrechen des Steines mittels rascher Schläge (Steineklopfen) auf. Der Name dieser Industrie leitet sich von der Olduwai-Schlucht in Tansania ab, wo Mary Leakey viele Jahrzehnte (seit den dreißiger Jahren) darauf verwandte, die verschiedenen Werkzeugtypen auszugraben und zu beschreiben.

Gleichzeitig mit dem Entstehen des *Homo erectus* vor 1,7 Millionen Jahren entwickelte sich eine neue Technologie, die sogenannte Acheul-Industrie. Der wesentliche Unterschied zwischen dem Oldowan und dem Acheuléen war das Hinzukommen einiger größerer Werkzeuge, einschließlich des Faustkeils, eines axtförmigen Geräts (sogenannte Cleaver) und eines groben Hackgeräts. Das Markenzeichen des Acheuléen war der Faustkeil, ein mandelförmiges Werkzeug, dessen Herstellung viel mehr Arbeit erforderte als irgendein Produkt des Oldowan. Die Bezeichnung Acheuléen stammt von St. Acheul in Frankreich, wo im 19. Jahrhundert die ersten Faustkeile gefunden wurden.

1.12 Repräsentative Beispiele der frühen Steinwerkzeuge des Oldowan (links) und der Acheul-Industrie (rechts). Oldowan-Werkzeuge wurden aus Lavageröll hergestellt und sind typischerweise Chopper und Schaber sowie viele kleine, scharfe Abschläge. Die Acheul-Industrie ist durch mandelförmige Faustkeile gekennzeichnet.

Die Anzahl der identifizierbaren Werkzeugtypen im Acheuléen ist gering, es gab vielleicht ein Dutzend verschiedener Formen, die nicht alle an jedem Fundort zugleich auftreten. Bis sich der archaische *sapiens* entwickelt hatte, nahm ihre Zahl nicht wesentlich zu – ein bemerkenswertes Ausmaß von technologischem Stillstand, legen wir hier menschliche Maßstäbe an. Obgleich die am besten gearbeiteten Faustkeile relativ spät in der archäologischen Dokumentation erscheinen, gibt es doch keine offensichtliche stetige Verbesserung der handwerklichen Fähigkeiten im Laufe der Zeit: Manche der späteren Funde waren genauso grob bearbeitet wie einige, die aus den Anfängen der Epoche stammten.

Als *Homo erectus* von Afrika aus die übrige Alte Welt besiedelte, nahm er seine Werkzeugtechnologie natürlich mit. Jedoch entwickelte sich jetzt ein interessantes Muster, das noch auf hinreichende Erklärung wartet. Obgleich typische Acheuléen-Geräte in ganz Europa und Westasien gefunden wurden, gibt es keine Funde aus Ostasien. Statt dessen

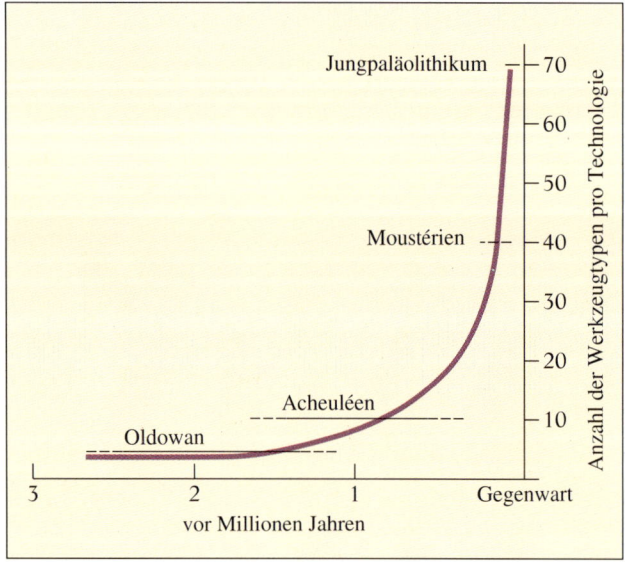

1.13 Der Kurvenverlauf des Wandels in der Steinwerkzeugtechnologie zeigt, daß ein großer Teil der Überlieferung bis in die jüngere Zeit hinein durch Stillstand gekennzeichnet ist.

erscheint in diesem Teil der Welt eine Chopper-Kultur (in gewisser Weise dem Oldowan ähnlich). Dieses Muster wurde von so manchem als Hinweis auf die Existenz zweier verschiedener Menschenformen – Spezies – in Ost und West interpretiert. Andere lehnten diese Vorstellung ab und meinten, daß im Osten Bambuswerkzeuge zum Schneiden und Zerteilen dienten, wofür man im Westen Faustkeile nahm.

Als vor einer halben Million Jahren der archaische *sapiens* erschien, war dies der Beginn der Mannigfaltigkeit und Verfeinerung der Steinwerkzeugpalette, der sich in Neuerungen in der Kernindustrie und der Abschlagretusche zeigte. Die Anzahl der Werkzeugtypen stieg drastisch an, ebenso die Standardisierung ihrer Herstellung.

Oberflächlich gesehen, gibt es keine Beweise für die Vorstellung, die Entwicklung von Technologie habe den Selektionsdruck für das Anwachsen der Hirngröße bei *Homo erectus* geliefert. »Es scheint mir eine unzureichende Erklärung zu sein, nicht zuletzt, weil Werkzeugherstellung mit sehr wenig Hirnsubstanz durchgeführt werden kann«, sagt Harry Jerison, ein Neurobiologe an der Universität von Kalifornien in Los Angeles. Jerison begründet seinen Schluß mit der geringen Größe der Hirnregionen, welche die an der Werkzeugherstellung beteiligten motorischen Aktivitäten antreiben. Im Gegensatz dazu, fährt er fort, »erfordert eine einfache, nützliche Sprache … eine erhebliche Menge an Hirngewebe«. Vielleicht lieferte dann die Evolution der Sprache und nicht die Entwicklung der Technologie die evolutionäre Grundlage, auf der die natürliche Auslese ein größeres Gehirn aufbaute?

Unglücklicherweise ist es eine der hartnäckigsten Schwierigkeiten für die Anthropologen, die Sprechfähigkeit fossiler Menschen zu erschließen. Gehirngröße selbst ist hierfür kein zuverlässiges Anzeichen. Faßbare indirekte Hinweise auf Sprache, wie das Erschaffen symbolkräftiger Bildwerke, findet man erst spät in der archäologischen Überlieferung. Bedeutet dies, daß unsere Ahnen vor dem Erscheinen der modernen Menschen ohne eine gesprochene Sprache waren?

Nicht unbedingt. Wie wir sehen werden, glauben viele Wissenschaftler, die artikulierte Sprache reiche bis zum Beginn der *Homo*-Abstammungsreihe zurück – und sei in der Tat die primäre Ursache für die Vergrößerung des Gehirns. Dies ist die Position einer graduellen Entwicklung der Sprechfähigkeit. Sie kontrastiert mit der Auffassung anderer Forscher, die behaupten, daß eine erhebliche Verbesserung des Sprechvermögens ein wichtiges Element beim biologischen Schub war, der zum modernen Menschen führte; vielleicht sogar das einzige Element. Dies wäre ein punktuelles Muster.

Debatten über die Jagd

Ein anderer Aspekt des Verhaltens, der sich auf die mögliche Erweiterung der intellektuellen Fähigkeiten in der *Homo*-Abstammungsreihe auswirkt, ist soziale Komplexität, ein Gebiet, das Aktivitäten umfaßt, die sich sowohl auf die Fortpflanzung als auch auf die Subsistenz beziehen. Zweifellos erfordert soziale Interaktion bei höheren Primaten außerordentlich anspruchsvolle Tätigkeiten, wofür das Erkennen des Status anderer Individuen und der Allianzen zwischen ihnen nötig ist. Aus diesem Grund kamen die Primatologen in jüngster Zeit zu dem Schluß, daß die Fähigkeiten, die für erfolgreiche soziale Wechselbeziehungen gebraucht werden, nahezu gewiß an der Vergrößerung des Gehirns während der Evolution der Primaten beteiligt waren. Beispielsweise folgerten Dorothy Cheney und Robert Seyfarth von der Universität von Pennsylvania sowie Barbara Smuts von der Universität von Michigan in einer jüngeren umfangreichen Einschätzung der kognitiven Fähigkeiten nichtmenschlicher Primaten: »Die Forschungen, deren Ergebnisse wir zusammenfassend darlegen, deuten darauf hin, daß sich bei nichtmenschlichen Primaten ausgefeilte kognitive Fähigkeiten am offensichtlichsten in den sozialen Wechselbeziehungen mit [anderen Mitgliedern der Horde] zeigen.« Das gleiche Argument mag auch für die Gehirnevolution in der menschlichen Familie gelten, in der die soziale Komplexität sehr wohl gesteigert sein mag.

Das neue Element, das mit dem Erscheinen von *Homo* auftrat, war die Erweiterung des Nahrungsspektrums auf Fleisch. Man erkennt es in gewisser Weise an den Zähnen, an der Herstellung und am Gebrauch von Steinwerkzeugen und an der Anwesenheit von Tierknochen an bestimmten Fundstätten. Höchstwahrscheinlich versetzte diese Erweiterung der Ernährungsgewohnheiten *Homo* in die Lage, die traditionellen afrikanischen Wohngebiete zu verlassen und weiter in die Alte Welt vorzudringen. Für *Homo sapiens* war die Kombination von Jagd nach tierischer und Sammeln pflanzlicher Nahrung die ursprüngliche Methode, mit der er seinen Lebensunterhalt bestritt. Sie wurde vor 10 000 Jahren durch die allmähliche Einführung der Produktion von Nahrung ersetzt. Bis vor kurzem konnten Völkerkundler die Lebensweisen von solchen Wildbeutern noch studieren, von denen kleine Gruppen sich in Afrika, Asien sowie Nord- und Südamerika erhalten hatten. Obwohl sie in sehr unterschiedlichen Lebensräumen praktiziert wird, hat die wildbeuterische Lebensweise überall gemeinsame Züge. Beispielsweise leben die Menschen oft in kleinen Lokalgruppen von etwa 25 Mitgliedern, die zu einer größeren Gruppe oder einem Stamm gehören, der wiederum rund 500 Individuen umfaßt. Die wirtschaftlichen Aufgaben waren oftmals aufgeteilt, indem die Männer im wesentlichen für die Jagd und die Frauen für das Sammeln pflanzlicher Nahrung (normalerweise der Hauptteil der Nahrung) zuständig waren. Die wildbeuterische Lebensweise stellte, berücksicht man ihre weite geographische Verbreitung, zweifellos eine erfolgreiche Anpassung dar.

Für das Verständnis des endgültigen Übergangs zum modernen Menschen ist es wichtig zu wissen, wann sich in der Geschichte der *Homo*-Abstammungsreihe das Wildbeutertum entwickelte. Den Archäologen ist schon seit langem bekannt, daß Steinwerkzeuge und Tierknochen bereits im frühesten Teil der vorgeschichtlichen Dokumentation, die nahezu zwei Millionen Jahre alt ist, gemeinsam auftreten. Das Modell der einfachen Wildbeutergesellschaften im Hinterkopf, interpretierten die Wissenschaftler diese Fundzusammenhänge als Hinweis darauf, daß der frühe *Homo* begonnen hatte, wenigstens rudimentär einen wildbeuterischen Lebensstil zu entwickeln. Das gemeinsame Auftreten von Knochen und Steinen an einem Fundort wurde als Überbleibsel alter Lagerplätze angesehen, als temporäre Wohnstätte einer beweglichen, auf Nahrungssuche umherschweifenden Lokalgruppe. Hiermit verband man die Vorstellung, wiederum auf neuzeitlichen Beobachtungen beruhend, es hätte sich eine (geschlechtsspezifische) Arbeitsteilung entwickelt. Mit anderen Worten, die Archäologen nahmen an, Wildbeutertum hätte eine lange Geschichte, möglicherweise mit einer stetig zunehmenden Verfeinerung seiner Ausprägungen zum *Homo sapiens* hin. Vor etwa 15 Jahren begannen Glynn Isaac und Lewis Binford unabhängig voneinander die Gültigkeit dieser Vermutungen zu überprüfen.

Binford, ein Archäologe an der Southern Methodist University in Dallas, untersuchte die an archäologischen Fundorten entdeckten Knochenansammlungen. Er verglich sie mit der Zusammensetzung von in Tierbauen gefundenen Fraßresten, beispielsweise von aasfressenden Hyänen. Er entdeckte, daß sich beide kaum voneinander unterscheiden. Rasch entwickelte er die Folgerung, die archäologischen Belege aus dem frühen Teil der Menschheitsgeschichte seien bisher weit überbewertet worden, und die mit den Steinwerkzeugen assoziierten Knochenansammlungen stellten nichts anderes dar als die Reste gelegentlichen Aasverwertens. Das Nebeneinander von Knochen und Steinen sei auf keinen Fall ein Hinweis auf Lagerplätze. Binford schloß, die wildbeuterische Lebensweise sei eine sehr junge Entwicklung. Er schrieb: »In der Zeit vor 100 000 bis 35 000 Jahren begann die jagende Lebensweise schwach aufzuglimmen«, und weiter: »Unsere Spezies war erschienen – nicht als Resultat eines allmählich fortschreitenden Prozesses, sondern explosiv, innerhalb einer verhältnismäßig kurzen Zeitspanne.« Die unmittelbaren Vorfahren der modernen Menschen waren kaum mehr als »marginale Aasverwerter«, versicherte er. Nach Binfords Einschätzung erfolgte die Evolution des menschlichen Nahrungserwerbs nach punktuellem Muster, verbunden mit einer rezenten Verschiebung zu heutigen Verhaltensmustern.

Isaak, Archäologe an der Harvard-Universität, kam vor seinem Tod 1985 zu einem anderen Schluß. Er begann neue Ausgrabungen, mit denen er die Hypothese überprüfen wollte, das Nebeneinander von Knochen und Steinen sei das Ergebnis unmittelbarer menschlicher Aktivität. Gemeinsam mit einem großen Kollegenteam legte er eine 1,5 Millionen Jahre alte Fundstätte östlich des Turkana-Sees in Kenia frei und demonstrierte, daß die Beute ehemals an diesen Ort gebracht, die Steinwerkzeuge hier angefertigt und daß einige dieser Werkzeuge dazu benutzt worden waren, das Fleisch von den Knochen zu trennen. Mikroskopische Untersuchungen der Kanten von einer Auswahl an Steinabschlägen bewiesen, daß man mit einigen Holz und mit anderen weiches Pflanzenmaterial bearbeitet hatte.

Diese verschiedenen Beweislinien legen nahe, daß der Fundort, der sich am Ufer eines kleinen Flusses befand, Brennpunkt verschiedenartiger Subsistenzaktivität war und nicht nur des Aasverwertens an einem Ort, an dem Raubtiere ihre Beute geschlagen hatten. Jedoch blieb Isaac vorsichtig und meinte, es sei unmöglich zu beweisen, daß dieser Fundort ein Lager im Sinne der Lager heutiger Wildbeuter darstellte. Sein abschließendes Ergebnis war: »Ich glaube, daß die Subsistenz bei frühen Hominiden auf vielfältige Weise bestritten wurde.« Nach Isaaks Überzeugung »entwickelten sich Jagd und Sammeltätigkeit langsam im Verlauf der menschlichen Geschichte, und ihre Wurzeln bestanden ganz bestimmt schon vor dem Entstehen der modernen Menschen.« Isaacs Ansicht, die vermutlich der vorherrschenden Meinung unter Archäologen entspricht, war die einer graduellen Evolution der wildbeuterischen Lebensweise, welche die Subsistenzform des modernen Menschen vor den Anfängen des Bodenbaues charakterisierte.

Eine evolutionäre Brücke

Das lange Vorspiel zum modernen Menschen war
daher keine Vorbereitung auf ein abschließendes
Ereignis, sondern einfach seine Geschichte. Mit
einer gewissen Kenntnis dieser Geschichte wird es
möglich, eine klarere Vorstellung über *Homo sapiens*
hinsichtlich Huxleys »Kluft zwischen … Mensch
und Vieh« zu erlangen. Mit dem Wissen über die
verschiedenen Geschöpfe, die unsere Geschichte
bevölkerten, ist diese Kluft überbrückt.

2.1 Darstellungen von Neandertalern haben oft irrtümlicherweise eine vermeintliche Tierhaftigkeit und mangelnde Intelligenz betont.

Vorspiel
zur heutigen Debatte

Joachim Neander, Dichter und Komponist, starb 1680. Gegen Ende seines kurzen Lebens besuchte er häufig ein stilles, idyllisches Tal in der Nähe seiner Heimstatt, um hier seine Muse zu finden. Als Zeichen ihrer Wertschätzung des jungen Mannes nannten die Bewohner dieser Gegend das Tal ihm zu Ehren Neander Thal. Ein geschichtlicher Zufall wollte es, daß dieser Name mehr als nur lokale Berühmtheit erlangen sollte. Im August 1856, als die preußische Bauindustrie nach Baumaterial hungerte, gruben Steinbrucharbeiter in einer Höhle des Neandertals, den Feldhofer-Grotten über der sich bei Düsseldorf in den Rhein ergießenden Düssel, menschliche Knochen aus. Vermutlich war hier ein ganzes Skelett in den Kalksteinablagerungen beigesetzt worden, jedoch überlebten den Eifer der Steinbrucharbeiter nur die Schädeldecke, einige Arm- und Beinknochen sowie wenige andere beschädigte Teile.

Die fossilierten Knochen wurden zu Carl Fuhlrott gebracht, einem für sein Interesse an merkwürdigen Naturerscheinungen bekannten Mathematiklehrer und Lokalhistoriker. Fuhlrott fielen an den Knochen gewisse im Vergleich zum modernen Menschen ungewöhnliche Eigenschaften auf, insbesondere ihre Dicke und ihr schwerer Bau. Diese Reste eines massigen und stark muskulösen Individuums unterschieden sich klar von allem, was Fuhlrott bisher gesehen hatte. Daher erkundigte er sich nach der fachmännischen Ansicht von Hermann Schaaffhausen, Professor der Anatomie an der Universität in Bonn. Schaaffhausen stimmte Fuhlrott zu, daß die Knochen einer primitiven Menschenform angehörten, und beschrieb sie mit dieser Deutung auf einer Zusammenkunft der Niederrheinischen Gesellschaft für Natur- und Heilkunde am 4. Februar 1857 in Bonn, fast drei Jahre vor dem Erscheinen von Darwins *The Origin of Species*. Danach vertraten Schaaffhausen und Fuhlrott öffentlich diese Auffassung viele Male, gelegentlich jeder für sich, manchmal gemeinsam.

Nach Schaaffhausens Überzeugung waren die ungewöhnliche Robustheit und Form dieser Knochen natürliche anatomische Merkmale. Das Individuum hatte wahrscheinlich zu »einer der wilden Rassen des nordwestlichen Europas« gehört, zu einem Volk, das den Kelten und Germanen vorausging. »Es stand außer Zweifel, daß sich diese menschlichen Reste in eine Zeit zurückverfolgen ließen, als die letzten Tiere des Diluviums existierten«, sagte er 1859, im Jahr des Erscheinens von Charles Darwins *The Origin of Species*. (Der etwas ungenaue Ausdruck Diluvium wird heute nicht mehr gebraucht. Er bezog sich auf das, was man für die Überreste der Sintflut hielt. Tatsächlich markieren die Ablagerungen des Diluviums die Grenze zwischen glazialer und postglazialer Zeit, das heißt vom Pleistozän zur geologischen Gegenwart.) Nach der Auffassung Professor Schaaffhausens stammte der fossile Mann aus dem Neandertal deshalb aus einem entfernten Teil der menschlichen Geschichte – er war irgendein Vorfahr.

So begann das lange währende und sich auch heute noch fortsetzende Bemühen um die Bewertung des Platzes des Neandertalers in der menschlichen Evolution – rund 125 Jahre Meinungsverschiedenheiten in der anthropologischen Fachwelt. Wie wir im Prolog gesehen haben, geht es um folgendes: War der Neandertaler ein direkter Vorfahr des modernen Menschen? Oder war er ein Seitenzweig, der keine Nachkommen unter den heutigen Menschen hinterließ? Die Meinung der Fachleute wanderte einige Male hin und her und bleibt im allgemeineren Zusammenhang der gegenwärtigen Debatte über den Ursprung des modernen Menschen auch weiterhin unentschieden.

Bevor wir diese gegenwärtige Debatte mit ihren unvorhergesehenen Quellen neuer Daten untersuchen, ist ein kurzer Blick auf ihre Vorgeschichte aufschlußreich. Wissenschaft schreitet durch ständiges Überprüfen von Hypothesen voran: Etablierte Überzeugungen werden gelegentlich verworfen und durch neue ersetzt. Daher können wir annehmen, daß die heutige Diskussion dem, was in der menschlichen Vorgeschichte tatsächlich geschah, näherkommt als frühere Deutungen. Dennoch kann auch das Verständnis der Geschichte einer wissenschaftlichen

Frage – besonders in einer historischen Wissenschaft wie der Anthropologie – nützlich sein, denn es offenbart, wie unterschiedlich Forscher wegen verschiedener theoretischer Grundhaltungen die gleichen Tatsachen bewerten.

Das Neandertal gerät ins Abseits

Zwei Schlüsselfragen entstanden sofort über die Identität des Neandertalers aus den Feldhofer-Grotten: Wie alt waren die Fossilien? In welcher Beziehung stand ihre ungewöhnliche Anatomie zu derjenigen anderer Menschen? Der intellektuelle Kontext, in dem diese Fragen gestellt wurden, zeigte sich alles andere als beständig.

Damals waren die Vorstellungen von Evolution und Geologie eng miteinander verknüpft. Viele Jahre interpretierte man die Erdgeschichte als Folge von Katastrophen. Die Fachwelt hegte die Ansicht, die in der geologischen Überlieferung sichtbare Reihenfolge von Epochen widerspiegele episodisch von göttlicher Hand gewaltsam herbeigeführte Revolutionen. Mit jeder Katastrophe wurden alle vorhandenen Lebensformen zerstört und anschließend neue geschaffen, um die Erde wieder zu bevölkern. Der Autor dieser Katastrophentheorie, hinter der die kontinentalen Wissenschaftler Europas einmütig standen, war Baron Georges Cuvier (1769–1832), ein bemerkenswerter französischer Paläontologe. In Großbritannien hatten indessen James Hutton (1726–1797) und Sir Charles Lyell (1797–1875) die aktualistische Auffassung entwickelt, nach der geologischer Wandel graduell erfolgt und nicht episodisch und gewaltsam. Die Katastrophentheorie war notwendigerweise anti-evolutionär; der Aktualismus, der in der Mitte des 19. Jahrhunderts immer stärkere Unterstützung fand, wurde letztlich ein Partner des evolutionären Standpunktes. Allerdings war er dies nicht von Anfang an.

Lyell, der die Evolutionstheorie seines Freundes Charles Darwin niemals völlig akzeptierte, hatte die Gelegenheit, die Neandertalerfossilien aus den Feld-

hofer-Grotten bald nach ihrer Entdeckung zu besichtigen. Auch ihm schienen, ebenso wie Schaaffhausen, die Knochen sehr alt zu sein, aber er meinte, wegen des Fehlens von Tierknochen in den gleichen Sedimenten sei es unmöglich, ihr tatsächliches Alter festzustellen. Zu Lyells Zeit war für die Geologen, die keine physikalischen Methoden zur Datierung von Gesteinsschichten kannten, die Evolutionsstufe tierischer Fossilien in einer Ablagerung ein Leitfaden für das Alter der Ablagerung – eine als Faunenkorrelation bekannte Technik. Beispielsweise werden Tiere auf einer frühen Stufe einer evolutionären Abfolge in älteren Gesteinen gefunden als solche aus einer späteren Evolutionsepoche. Auch die heutigen Geologen verwenden noch diese Technik, aber sie erfreuen sich daneben vieler, oft auf Radioisotopen beruhender physikalischer Methoden zum Datieren von Sedimenten. Leider hat der fortgesetzte Abbau der Gesteine an den Feldhofer-Grotten jegliche begründete Hoffnung ausgelöscht, mit Hilfe moderner Methoden das Alter der Fossilien aus dem Neandertal zuverlässig zu ermitteln.

Als Thomas Henry Huxley, ein enthusiastischer Anhänger der Entwicklungslehre, Abgüsse der fossilen Knochen untersuchte, folgerte er, sie repräsentierten nur eine extreme Form des historischen Menschen, »wie gewisse frühe Menschen, die während der „Stein-Periode" Dänemark besiedelten«. Huxley verfolgte eifrig das Ziel, evolutionäre Bindeglieder zwischen urzeitlichen Menschenaffen und modernen Menschen zu finden, aber der Neandertaler, so primitiv er in vieler Hinsicht war, ließ die Rechnung nicht aufgehen. Hier stand Huxley vor dem ewigen Puzzle-Spiel der Paläontologie: Welcher Grad anatomischer Verschiedenheit stellt echte biologische Differenz dar? Huxley, der mit der Anatomie des modernen Menschen vertraut war, konnte erkennen, daß die Anatomie des Neandertalers sich in vieler Hinsicht unterschied, schloß aber, daß der Neandertaler nur eine primitive Abart der modernen Anatomie repräsentierte, nicht eine entschieden ältere Form.

Ohne daß sie menschliche Fossilien zur Verfügung hatten, waren die damaligen Anthropologen nicht in der Lage, auch nur im Entferntesten einen menschlichen Stammbaum zu konstruieren. Huxley und andere befürworteten die Existenz eines menschenaffenähnlichen Vorfahren, der sich über eine unbekannte Zeitdauer hinweg und durch mehr oder weniger primitive Stadien hindurch in die moderne Menschenform umwandelte. Huxley war besonders von der Größe des Gehirns des Neandertalers beeindruckt, die zumindest der des modernen Menschen entsprach. Er meinte, Geschöpfe mit solchen Gehirnen seien schon in wesentlichen Zügen menschlich gewesen.

Einige Forscher waren somit darauf vorbereitet, die Neandertalerknochen in einem evolutionären Zusammenhang zu sehen, und hatten – in unterschiedlichem Maße – auch Erfolg damit. Aber viele lehnten diese Vorstellung vollständig ab. Sie versicherten, die Knochen wären modern, die Überreste eines von einer Seuche befallenen oder geisteskranken Individuums. Eine unterbreitete Erklärung war, ein russischer Kosak, der 1814 Napoleon in den Westen verfolgte, sei erkrankt und zum Sterben in die Höhle gekrochen. Die krummen Beine des „Kosaken" seien eindeutig die Folge des Lebens auf dem Pferderücken. Eine andere Hypothese stammte aus der Feder eines Engländers, J. W. Dawson: »Es mag einer jener wilden Männer gewesen sein, halbverrückt, halbverblödet, grausam und stark, die man mehr oder weniger immer unter dem Auswurf barbarischer Stämme findet und die ab und an in zivilisierten Gemeinschaften auftauchen, die vielleicht für das Gefängnis oder für den Galgen bestimmt sind, wenn sich ihre mörderischen Anlagen manifestieren.« Eine weitere Behauptung war, die außergewöhnliche Anatomie des Neandertalers, einschließlich seiner krummen Beine, sei die Folge von Rachitis im Kindesalter, deren Schmerzen das unglückliche Individuum zum ständigen Stirnrunzeln veranlaßt hatten – daher die vorspringenden Oberaugenwülste.

All diesen Spekulationen wurde ein Ende bereitet, als in den siebziger Jahren des vorigen Jahrhunderts der bedeutende deutsche Anatom und Pathologe Rudolf Virchow verkündete, die Knochen seien modern und krankhaft verändert und nicht urzeitlich.

Der angesehene Pathologe mit einer klar ablehnenden Haltung zur Abstammungslehre stimmte der Auffassung zu, das Individuum aus den Feldhofer-Grotten habe an Rachitis gelitten. Aber als es starb, war es alt, sagte Virchow, und weil Gemeinschaften „primitiver" Jäger und Sammler ihre Angehörigen einfach nicht bis zu einem solch fortgeschrittenen Alter unterstützen können, muß es in einer seßhaften – und daher jüngeren – Gesellschaft gelebt haben. Die gebogene Form der Oberschenkelknochen des Neandertalers erinnert tatsächlich an das Erscheinungsbild der Rachitis, aber rachitische Knochen sind wegen des Kalziumverlustes dünn und porös und nicht dick und robust wie beim Neandertaler aus den Feldhofer-Grotten. Virchows Fehldeutung des Fundes war nahezu gewiß die Folge seiner Abneigung gegen jede Art evolutionärer Szenarien, die europaweit unter dem Einfluß von Charles Darwin in England und Ernst Haeckel (einem Schüler Virchows) in Deutschland immer populärer wurden. Dennoch hatte Virchow ein derartiges wissenschaftliches Gewicht, daß sich seine Einschätzung des Neandertalers – zumindest zeitweilig – durchsetzte.

»Natürlich ist dies heute amüsant«, bemerkt William W. Howells, ein emeritierter Professor der Anthropologie der Harvard-Universität und ein Experte für das Schicksal der Neandertaler, »aber wir sollten gerecht sein und uns daran erinnern, daß diese Anatomen zu den besten Männern ihrer Zeit gehörten. Haben Sie das Skelett eines Neandertalers vor sich, und versuchen Sie sich dann selbst um hundert Jahre zurückzuversetzen, dann fällt es Ihnen leichter, die Meinungsverschiedenheiten zu verstehen.« Dem unvollständigen Exemplar fehlte das Gesicht, und es war von unbestimmtem geologischen Alter. Jedenfalls gab es damals kein kraftvoll entwickeltes evolutionäres Ethos, aus dem heraus es hätte interpretiert werden können.

Anfangs durch Hermann Schaaffhausen in den Rahmen der menschlichen Stammesgeschichte aufgenommen, wurde der Neandertaler nun ins anthropologische Abseits geschickt. Die erste Runde war beendet. Doch gegen Ende des Jahrhunderts unterminierte die Entdeckung von immer mehr fossilen Indi-

2.2 Verbreitung der Fundorte der Neandertaler-Fossilien. Der Lebensraum der Neandertaler scheint auf Europa, den Nahen Osten und Zentralasien beschränkt zu sein.

viduen mit derselben Kombination seltsamer anatomischer Merkmale die Auffassung, die Pathologie könnte das Erscheinungsbild des Individuums aus dem Neandertal erklären. Weitere Entdeckungen von Neandertalergebeinen zeigen, daß derartige Geschöpfe ungefähr vor 150000 bis 34000 Jahren in weiten Teilen Europas und im Nahen Osten lebten. Welche Rolle sie auch immer in der menschlichen Vorgeschichte spielten, ihre Bevölkerungszahl war keineswegs unbedeutend. Noch wichtiger war, daß der holländische Wissenschaftler Eugene Dubois sogar noch primitiver wirkende Fossilien entdeckte, die Reste des sogenannten *Pithecanthropus erectus* auf Java in Indonesien. Mit einem kleineren Gehirn als der Neandertaler, aber der gleichen Robustheit der Skelettstruktur, wurden diese Fossilien schließlich als *Homo erectus* bekannt.

Eine kurze Reaktivierung

Jene, die vergeblich nach einer direkten Rolle des Neandertalers in der menschlichen Evolution gesucht hatten, beklagten oft das Fehlen hinreichend menschenaffenähnlicher Merkmale. Auf der Grundlage der nun vorhandenen Fossilien des *Pithecanthropus* wurde um die Jahrhundertwende eine Lösung des Problems von Gustav Schwalbe, einem Professor an der Universität Straßburg, vorgeschlagen. Schwalbe, Anhänger der Darwinschen Theorie, verwandte mehrere Jahre darauf, die Reste von *Pithecanthropus* und Neandertalern im Zusammenhang möglicher evolutionärer Verwandtschaft nochmals zu untersuchen. Wie Schwalbe erkannte, war *Pithecanthropus* mit seinem kleineren Gehirn und seinen ausgeprägten

Exkurs 2.1: Wandel der Auffassung von der Erdgeschichte

Wir sind es gewohnt, uns die Erdgeschichte als eine unaufhaltsame Anhäufung kleiner Veränderungen innerhalb langer Zeiträume vorzustellen. Dramatische Ereignisse, wie Vulkanausbrüche, Erdbeben und Flutwellen, bringen zwar augenblickliche örtliche Veränderungen hervor, aber die Struktur der Kontinente, das Emporwachsen von Gebirgen, die Ablagerung der festen Sedimente und deren Erosion durch die Elemente vollziehen sich mit unmerklicher Geschwindigkeit. All dies zusammen formt die wesentliche Gestalt der Erde. Wir wissen heute, daß langsamer, kumulierender geologischer Wandel den Rahmen schafft, in dem sich der allmähliche Prozeß der Evolution vollzieht. Früher dachte man anders.

Vor dreieinhalb Jahrhunderten erklärte Erzbischof James Usher (1581–1656), er habe aus den Angaben der Bibel errechnet, die Erdgeschichte hätte 4004 Jahre vor Christi Geburt begonnen. Die Schöpfung, die Sintflut und die nachfolgende Menschheitsgeschichte verliefen somit innerhalb von rund 6000 Jahren. Diese Weltsicht westlicher Intellektueller war daher im wesentlichen theologisch begründet. Bis ins späte 18. Jahrhundert wurde die Vorstellung, eine Art könne aussterben, als ein Verletzen des Schutzes angesehen, den der Schöpfer seinen Geschöpfen gewährt. Das Leben auf der Erde betrachtete man im Zusammenhang mit der „Großen Kette allen Seins", einer Einordnung der Organismen von der niedersten zur vollkommensten Form – die Menschen standen nur wenig tiefer als die Engel. Die Kette war als buch-stäbliche Beschreibung von Lebewesen gedacht, wie Gott sie geschaffen hatte, und ihre Geschlossenheit galt als entscheidend: Der Verlust eines einzigen Kettengliedes hätte alles zerstört. Fossile Knochen, einst als Naturspiele erklärt, fanden schließlich ihren Platz in dieser Weltsicht als Relikte von Geschöpfen, die bei der Sintflut, der in der Genesis beschriebenen Flutkatastrophe, verunglückt waren. Die Ablagerungen, in die die Fossilien eingebettet waren, nannte man Diluvium und die damals herrschende Theorie Diluvialtheorie.

Paradoxerweise hatten als eifrige Amateurgeologen tätige Geistliche neben dem sich steigernden Tempo der industriellen Revolution den Hauptanteil daran, daß sich diese Ansicht änderte. Im späten 18. Jahrhundert wurden durch Ausheben von Kanälen und Anlegen von Kohlegruben immer neue Sedimentschichten von Gestein samt ihren Fossilien freigelegt. Immer offensichtlicher wurde, daß die versteinerten Knochen von Arten stammten, die heute nicht mehr existieren. Manchmal ließ sich von den älteren zu jüngeren Sedimentschichten ein Fortschreiten der Formen verfolgen. Weil Noah alle lebenden Daseinsformen vor der Sintflut gerettet haben soll, mußte der biblische Bericht also unvollständig sein.

1808 meinte der Zoologe und Paläontologe Baron Georges Cuvier (1769–1832) vom Pariser Museum für Naturgeschichte, es hätte nicht nur eine, sondern zwei große Sintfluten gegeben. Die zweite dieser beiden entspräche der biblischen Sintflut. Diese als Katastrophenlehre bekanntgewordene Theorie wurde vom intellektuellen Europa freundlich aufgenommen, weil sie sowohl wissenschaftliche Beobachtungen respektierte als auch die Bibel verhältnismäßig ungeschoren ließ. Als das Wissen über die geologische und fossile Dokumentation zunahm, fand man weitere abrupte Wandlungen sowie den Verlust gewisser Arten. Dies ließ sich schließlich durch eine Serie von Überflutungen, nicht nur zweien, erklären. Adam Sedgwick (1785–1873), ein Mentor von Charles Darwin an der Universität Cambridge, war ein großer Befürworter der Katastrophenlehre und beschrieb die Erdgeschichte folgendermaßen: »Während aufeinanderfolgender Perioden wurden neue Stämme von Geschöpfen ins Leben gerufen, nicht nur als Nachkommen jener, die bereits vor ihnen existierten, sondern vollkommen neue als Beweise schöpferischen Eingreifens.« Statt einer einzigen Schöpfung, wie sie im Alten Testament beschrieben wird, mußte die Erdgeschichte als eine Folge von Schöpfungen gesehen werden. Diese intellektuelle Auffassung war, auf ihre Art, ebenso theologisch begründet wie die vorhergehende.

Eine derartige hektische Geschichte des Lebens auf der Erde mit etwa einem Dutzend Katastrophen paßte nur schlecht in den Zeitraum, die der Usherkalender dafür bereitstellte. Glücklicherweise (für die Katastrophenanhängerschaft) ermittelte Comte Georges de Buffon, Leiter des Jardin du Roi in Paris, ein revidiertes Alter der Erde, das auf Rechnungen beruhte, die von der Geschwindigkeit ihrer Abkühlung aus dem geschmolzenen Zustand ausgingen: 74832 Jahre. Das Leben erschien, als diese Zeit reichlich zur Hälfte abgelaufen war.

E.2.1.1 Ansicht der biblischen Sintflut aus der Lutherbibel von 1534. Die Katastrophentheorie nahm eine Serie weltumfassender Katastrophen an, die alle Lebensformen auslöschten und denen Wiederaustattungen mit neuen, fortgeschritteneren Organismen folgten.

Die Katastrophentheorie befand sich bald in Konkurrenz zu einer neuen Hypothese, dem Aktualismus, der die hauptsächlichen geologischen Züge der Erde als das Ergebnis täglich ablaufender, allmählicher Vorgänge und nicht als Folge gelegentlicher gewaltsamer Ereignisse ansah. Der Schotte James Hutton (1726–1797) legte die Saat zu den Ideen des Aktualismus; aber es war Charles Lyell (1797–1875), der diese Ideen untermauerte und faktisch der Begründer der modernen Geologie wurde. Beide Männer, von der Macht der Erosion beeindruckt, die sie beobachteten, argumentierten, daß, genügend Zeit vorausgesetzt, solche Kräfte in Grundzügen die Erdoberflächengestalt herausbilden könnten. Gemäß den Fürsprechern des Aktualismus werden die abrupten Veränderungen, die man in der geologischen Dokumentation erkennt, nur durch unvollständige Daten vorgetäuscht. Weitere Forschungen würden diese Lücken eines Tages schließen.

Lyell veröffentlichte sein Hauptwerk *The Principles of Geology* („Die Grundlagen der Geologie") in drei Bänden. Der erste Band erschien 1830. Der Aktualismus – besonders der Schluß, die Erde sei unvorstellbar alt – war wichtig für Charles Darwins Entwicklung der Theorie von der natürlichen Auslese, die auf der Ansammlung kleiner Veränderungen über lange Zeiträume hinweg beruhte. Darwin glaubte, die abrupten Umschwünge, die man in der prähistorischen Überlieferung findet, seien eine Folge von deren Unvollständigkeit und keine reale Naturerscheinung. Weder Lyell noch Darwin behandelten ernsthaft die Vorstellung von gelegentlichen Massenaussterben – anscheinend schienen sie ihnen zur Katastrophentheorie zu gehören. Als Folge davon wurde Massenaussterben erst in den allerletzten Jahrzehnten Gegenstand geologischer Forschung.

Tatsächlich erscheinen fünf große Aussterbeereignisse in der Dokumentation, bei denen bis zu 95 Prozent der existierenden Arten ausstarben. Zumindest eines dieser Geschehnisse, jenes zwischen der Kreidezeit und dem Tertiär vor 65 Millionen Jahren, wurde nahezu gewiß durch den Einschlag eines Asteroiden oder eines Kometen verursacht. Einige Forscher, insbesondere David Raup und Jack Sepkoski von der Universität Chicago, meinen nicht nur, daß die anderen vier ebenfalls die Folgen von Asteroideinschlägen waren, sondern auch, daß ähnliche, obgleich kleinere Einschläge sogar alle 30 Millionen Jahre die Erdgeschichte heimsuchten. Letztlich beruhten 60 Prozent aller Artentode auf Asteroideinschlägen, meint Raup. Sollte er recht haben, könnte die moderne Geologie in gewissem Ausmaß wieder zu einer Katastrophentheorie gelangen. Diesmal allerdings ohne theologischen Inhalt.

2.3 Eugene Dubois war überzeugt, auf Java frühmenschliche Fossilien zu finden, und hatte 1890 tatsächlich Erfolg. Er nannte seine Funde *Pithecanthropus erectus*, bekannt als *Homo erectus*.

Oberaugenwülsten eindeutig primitiver – das heißt menschenaffenähnlicher – als die modernen Menschen. Andererseits waren die Neandertaler, obgleich weniger primitiv als der *Pithecanthropus*, von den modernen Menschen verschieden. Während Huxley die anatomischen Unterschiede zwischen Neandertalern und modernen Menschen so betrachtet hatte, daß hier keine signifikante biologische Differenz vorläge, sah Schwalbe das anders. Er schloß, daß *Pithecanthropus* und Neandertaler jeweils Stufen eines stetigen Fortschreitens von primitiven zu modernen menschlichen Wesen waren. Indem er sich für eine gerade Linie des Wandels im Laufe der Zeit aussprach, ein Muster, das als unilineare

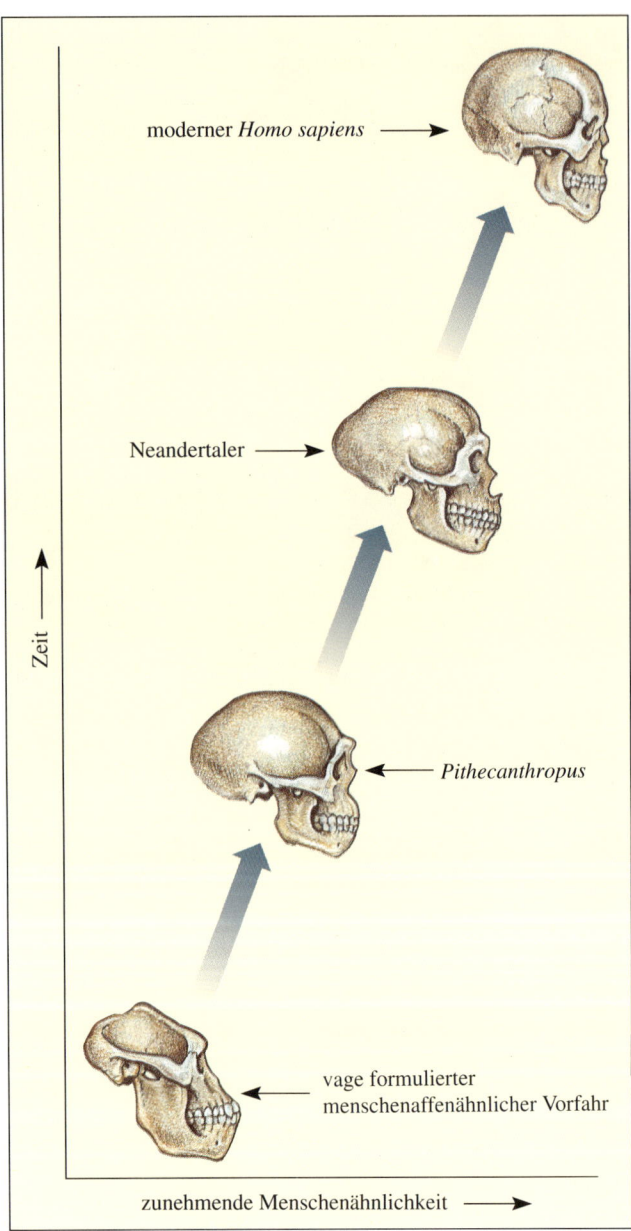

2.4 Um die Jahrhundertwende entwickelte Gustav Schwalbe die Hypothese einer unilinearen Evolution, nach der die Evolution des modernen Menschen von einem menschenaffenähnlichen Vorfahren ausgehend über die Zwischenstufen *Pithecanthropus* und Neandertaler verlief. Auch Hrdlička unterstützte dieses Modell.

Evolution bekannt ist, schloß sich Schwalbe Schaaffhausens ursprünglicher Auffassung über den Neandertaler an.

Schwalbes Vorschlag wurde von einigen Wissenschaftlern des kontinentalen Europas und weit enthusiastischer von britischen Anthropologen begrüßt. Aber diese spezielle Wiedergeburt der Idee eines unilinearen Fortschreitens des Stammbaumes, ohne Seitenzweige und mit Verzicht auf jedes Buschwerk, sollte kurzlebig sein. Kurz vor dem Beginn des Ersten Weltkrieges schlossen zwei gesonderte, aber verwandte Ereignisse den Neandertaler von der Ahnenschaft des Menschen aus, die ihn diesmal zwar nicht in das anthropologische Abseits stellten (als krankhaftes Individuum), sondern zu evolutionärer Bedeutungslosigkeit (als ausgestorbener Seitenzweig am menschlichen Stammbaum) verurteilten. Diese Vorkommnisse waren 1908 die Entdeckung (mit anschließender Fehlinterpretation) des berühmten Neandertalerskeletts von La Chapelle-aux-Saints und 1912 das Auffinden (mit anschließender Fehlinterpretation) von Teilen eines fossilen Schädels, der als Piltdown-Mensch (Seite 59 und 62) bekannt wurde.

Ein wissenschaftliches Programm wird entwickelt

Die Bedeutung des Neandertalers von La Chapelle-aux-Saints, der in einer Höhle nahe einem Dorf dieses Namens in der Dordogne in Frankreich ausgegraben wurde, beruhte auf seiner Vollständigkeit. Zum ersten Mal hatten die Anthropologen die Gelegenheit, die Anatomie des Neandertalers bis ins Einzelne mit derjenigen moderner Menschen und anderer Formen, die man für deren Vorfahren hielt, zu vergleichen.

Sir Arthur Keith (1866–1955), einer der prominentesten britischen Anthropologen in den ersten Jahrzehnten dieses Jahrhunderts, war lange davon überzeugt, daß die Gestalt des modernen Menschen schon sehr alt ist. Nach seiner Meinung mußte es

sehr viel Zeit erfordert haben, bis sich ein so spezialisiertes Tier wie *Homo sapiens*, besonders aber eine so hochentwickelte Struktur wie sein Gehirn, herausbilden konnte. Dennoch trat Keith, wie verschiedene seiner bedeutenden Kollegen, eine kurze Zeit für die Hypothese Schwalbes von einer unilinearen Entwicklung ein. Keith änderte seine Ansicht jedoch schließlich durch den Eindruck, den zwei Skelette auf ihn machten: der 1888 östlich von London freigelegte, aber erst 1910 fachkundig untersuchte Mensch von Galley Hill und der Ipswich-Mensch, 1911 nahe der Stadt Ipswich in Ostengland entdeckt.

Beide Skelette waren zweifellos anatomisch modern und doch, nach den Sedimenten, in denen sie gefunden wurden, zu urteilen, schienen sie sehr alt zu sein, so alt wie die Neandertaler. (Wie sich später herausstellte, waren diese beiden Individuen nach ihrem Tod begraben worden und daher in tiefe, alte Ablagerungen geraten – ein Phänomen, das man intrusive Bestattung nennt. Keith und andere machten einfach den Fehler anzunehmen, die Träger der Skelette hätten zu der Zeit gelebt, als sich die Sedimente ablagerten, in denen ihre Knochen ruhten.) Anfänglich dachte man aber, diese modernen Individuen und die primitiveren Neandertaler hätten gleichzeitig existiert – in diesen Fall, folgerte Keith, konnten die Neandertaler keine Vorfahren des heutigen Menschen, sondern mußten ein ausgestorbener Seitenast sein.

Der fragmentarische Charakter der damals bekannten Neandertalerfossilien erlaubte aber das Gegenargument, die mutmaßlichen primitiven Aspekte der Neandertaleranatomie seien übertrieben worden. Dies ließ die Möglichkeit offen, daß der Neandertaler dennoch Teil eines evolutionären Fortschreitens in Richtung des modernen Menschen war, das über solche Formen wie den Menschen von Galley Hill und den Ipswich-Menschen verlief. Schwalbes unilineares Schema könnte durchaus intakt bleiben und seine Ablehnung durch Keith ein Fehler sein. Diese Auseinandersetzung ließ sich nur durch die Entdeckung eines vollständigen Neandertalerskeletts beilegen.

49

2.5 Das Tal der Dordogne im Südwesten Frankreichs war lange Brennpunkt archäologischer Forschungen mit seinen zahlreichen Fundorten von Neandertalern und modernen Menschen sowie, nicht zu vergessen, vielen Höhlenmalereien.

»Es war genau ein solches Skelett, das im August 1908 von drei geistlichen Historikern ausgegraben wurde, den Abbés J. und F. Bouyssonie und L. Bardon«, schrieb Michael Hammond, ein Wissenschaftshistoriker von der Toronto-Universität, und meinte damit die Entdeckung der Reste von La Chapelle-aux-Saints. Die folgende Analyse des außergewöhnlichen Skeletts durch den bekannten Paläontologen Marcellin Boule sollte einen grundlegenden Einfluß auf das Forschungsprogramm der Anthropologie der folgenden vier Jahrzehnte ausüben.

Die Höhlenmenschenkarikatur

Das Skelett von La Chapelle-aux-Saints wurde Anfang November 1908 an das Museum für Naturgeschichte in Paris geschickt, wo Boule als der überragende Intellekt residierte. Die École d'Anthropologie wäre naheliegender gewesen, aber die Abbés Bouyssonie und Bardon waren natürlicherweise keine Freunde der antiklerikalen Tradition dieser Schule. Sie suchten den Rat eines anderen Giganten der französischen prähistorischen Wissenschaft, des Abbé Henri Breuil, der seinen geistlichen Kollegen versicherte, das Skelett wäre bei seinem Freund Boule in guten Händen – ein Ratschlag, der möglicherweise den Verlauf der Geschichte der Anthropologie beeinflußt hat.

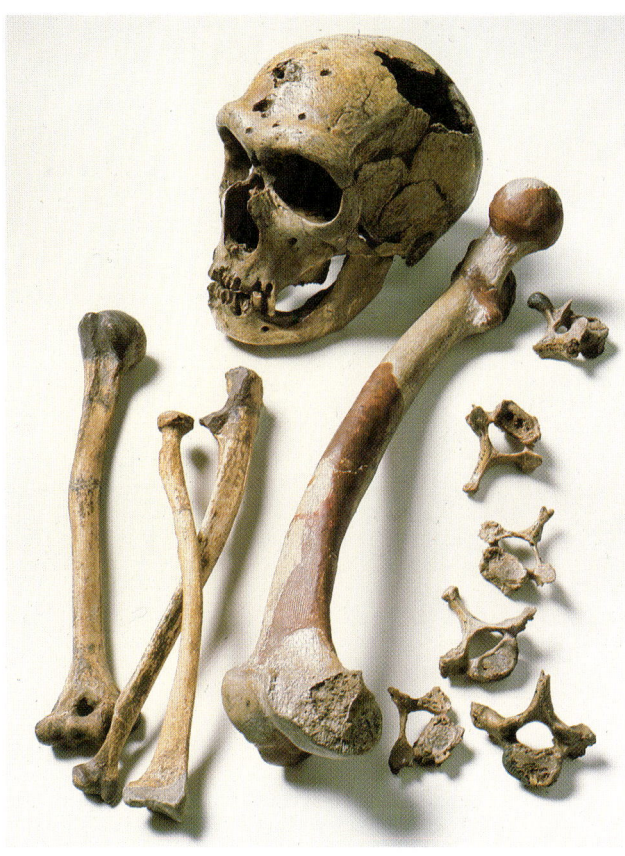

2.6 Das 1908 bei La Chapelle-aux-Saints in Frankreich gefundene Neandertaler-Skelett spielte in der Meinungsbildung über das Menschliche dieser Art eine bedeutende Rolle.

von primitiv benutzt, auch wenn genaugenommen keine affenähnlichen Merkmale vorhanden waren. In diesem Fall waren die wenigen Charakteristika, von denen man wirklich sagen konnte, sie ähnelten denjenigen eines Menschenaffen, die ausgeprägten Oberaugenwülste, das vorspringende Gesicht und der lange, flache Schädel mit fliehender Stirn. Boule gab folgende anatomische Einschätzung: »Es scheint mir, [daß] ... die Gruppe Neandertal-Spy-La-Chapelle-aux-Saints einen niederen Typ repräsentiert, der den Menschenaffen näher steht als irgendeiner anderen menschlichen Gruppe. Morphologisch scheint sie genau zwischen dem *Pithecanthropus* von Java und den primitiveren lebenden Rassen zu stehen, was, wie ich schnell sagen will, meiner Meinung nach nicht die Existenz einer direkten genetischen Abstammung beweist.«

In den folgenden Jahren vervollständigte Boule seine Analyse und lieferte eine ausführliche, detaillierte Beschreibung nebst Interpretation, deren Inhalt er von Zeit zu Zeit in Sitzungen der Akademie und in einer Serie wissenschaftlicher Veröffentlichungen bekanntgab. Das Bild, das Boule vom Alten Mann von La Chapelle-aux-Saints – und folglich von allen Neandertalern – zeichnete, war das eines mit gebeugten Knien und abgeknickter Hüfte dahinlatschenden Halbidioten, eine Deutung, der viele der prominentesten britischen Anthropologen einschließlich Arthur Keith und Sir Grafton Elliot Smith (1871–1937) rasch zustimmten.

Innerhalb eines Monats, nachdem er das Skelett erhalten hatte, präsentierte Boule auf einer Sitzung der Akademie der Wissenschaften seine ersten Beobachtungen. Er schätzte das Alter des Individuums bei seinem Tod auf 50 bis 55 Jahre. Dadurch wurde das Skelett rasch als der Alte Mann von La Chapelle-aux-Saints bekannt. »[Die Schädelkapsel] erstaunt zunächst durch ihre sehr beträchtlichen Dimensionen, bedenkt man die geringe Größe seines alten Besitzers. Danach überrascht uns sein tiergleiches Aussehen, oder, um es besser auszudrücken, die allgemeine Häufung äffischer oder pithecoider Merkmale.« Der Ausdruck pithecoid (vom griechischen Wort für Affe abgeleitet) wurde oft in der Bedeutung

»Sein kurzer, dicklicher und klobig gebauter Körper wurde in einem halbgebeugten Watschelgang auf kurzen, kräftigen, halbgebeugten Beinen von eigenartig anmutsloser Form dahingeschleppt«, schrieb Sir Grafton Elliot Smith in seinen *Essays on the Evolution of Man* („Essays über die Evolution des Menschen", 1924), wobei er sich weitgehend auf Boules Veröffentlichungen stützte. »Sein dicker Hals beugte sich von seinen breiten Schultern aus nach vorn, um den massiven, flachen Kopf zu tragen, der vorwärts gerichtet war, so daß er mit Hals und Rücken zusammen eine ununterbrochene Krümmung bildete, im Gegensatz zu dem Wechselspiel der Kurven, welche die Anmut des wirklich aufrechtgehenden *Homo*

2.7 Der französische Paläontologe Marcellin Boule hatte in den ersten Jahrzehnten dieses Jahrhunderts großen Einfluß und vertrat die Ansicht, die Neandertaler seien keine Vorfahren der heutigen Menschen.

sapiens hervorbringen. Die schweren, überhängenden Oberaugenwülste und die fliehende Stirn, das große, grobe Gesicht mit seinen großen Augenhöhlen, breiter Nase und zurückgezogenem Kinn vereinigen sich zu einem abstoßenden Bild, das höchstwahrscheinlich durch eine zottelige Haarbedeckung eines Großteils des Körpers noch weiter verunstaltet wurde.« Natürlich gab es keinerlei Hinweise darauf, wie behaart die Neandertaler tatsächlich waren. Elliot Smith ließ seiner Phantasie darüber freien Lauf, wie die ungehobelte Bestie, die »zu irgendeiner anderen Art als zu *Homo sapiens* gehörte«, ausgesehen haben mußte. (Schon 1864 war von William King, Geologieprofessor am irischen Queens College in Galway, ein besonderer Artname geprägt worden, nämlich *Homo neanderthalensis*.)

Der Anthropologe Loring Brace von der Universität von Michigan bemerkte in einer 1964 erschienenen klassischen Arbeit, »Boule … beschrieb die Neandertaler mit Ausdrücken, die seitdem Journalisten und Wissenschaftlern als Grundlage der Karikatur des Höhlenmenschen dienten.« Boule schuf Zeichnungen vom Neandertaler, die man als Prototypen der Portraits aus Comic Strips ansehen kann. »Weil er ein solches Geschöpf nicht im menschlichen Stammbaum akzeptieren wollte, löste er das Problem zur allgemeinen Zufriedenheit, indem er erklärte, die Neandertaler … seien nachkommenlos ausgestorben«, bemerkte Brace. Boules Analyse ergab ein Bild der evolutionären Geschichte des Menschen, das alles andere als unilinear war. Der Neandertaler war ein – ausgestorbener – Seitenast.

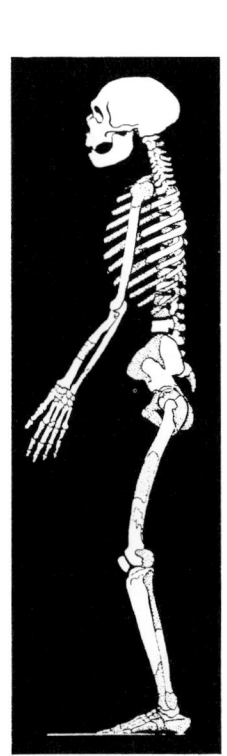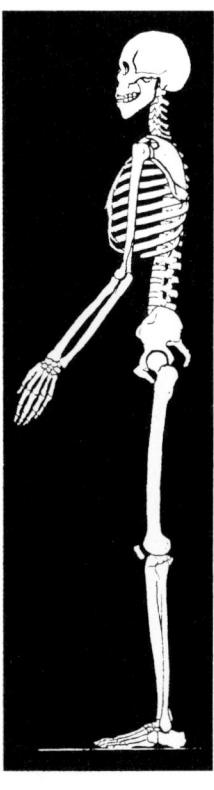

2.8 Marcellin Boules Untersuchung des Skeletts von La Chapelle-aux-Saints verführte ihn dazu, den Neandertaler als kniegebeugt und gebückt einhergehend zu betrachten – eine Karikatur des Höhlenmenschen. Er illustrierte seine Meinung durch eine Skizze, die in seinem 1923 erschienenen Buch *Hommes fossiles* („Fossile Menschen") publiziert wurde.

Ein Konsens ist erreicht

Boule und seine Anhänger hatten eine klare Vorstellung davon, welcher Art Geschöpf der Neandertaler war, obgleich solche Ausdrücke wie „Vieh", „ungehobelt" und „abstoßend" heute nicht gerade wissenschaftlich klingen. In seinem 1923 publizierten *Les Hommes fossiles* („Fossile Menschen") gab Boule zu, daß »der Mann von La Chapelle-aux-Saints ein Gehirn so groß wie das der zivilisiertesten modernen Rassen besaß«. Dennoch, als er die allgemeine Form des Neandertalerschädels mit derjenigen eines

Schimpansen und eines heutigen Franzosen verglich, stieß er auf nennenswerte Unterschiede. Insbesondere bemerkte er, daß der Gesichtsschädel des Schimpansen in Seitenansicht fast genauso groß wie der Hirnschädel ist, während beim Franzosen die Gesichtsregion verhältnismäßig klein bleibt. Die Neandertaler, schrieb Boule, stehen zwischen beiden. Der Neandertalerschädel ist lang und flach wie der des Schimpansen. Aus diesen allgemeinen Ähnlichkeiten in der Form der Schädel von Schimpansen und Neandertalern schloß Boule auf eine Ähnlichkeit ihrer kognitiven Fähigkeiten – oder wenigstens, daß die Neandertaler die geistigen Fähigkeiten des heutigen Franzosen nicht erreichten: »Somit verschwindet das Paradoxon oder wird doch stark gemildert, das sich anscheinend aus dem Umfang des absoluten Volumens des Schädels von La Chapelle-aux-Saints ergibt, berücksichtigt man die vielen Anzeichen einer strukturellen Unterlegenheit.« Damit überzeugte Boule sich selbst, daß »wenn alles andere gleich ist, das Gehirn relativ kleiner bleibt als die Gehirne moderner großköpfiger Menschen«.

Elliot Smith, vielleicht der bedeutendste Neurologe seiner Zeit, stimmte mit Boules Einschätzung überein. »Viele jüngere Autoren haben über die Bedeutung der erheblichen Größe seines Gehirn gerätselt, weil sie sahen, daß die Hirnkapazität des Neandertalers diejenige der heutigen Europäer übertraf«, schrieb er in seinen *Essays on the Evolution of Man*. »Aber ... die Entwicklung des Gehirns des Neandertalers betraf nur bestimmte seiner Teile und war unausgewogen. Der Bereich des Organs, der einen herausragenden Anteil an der geistigen Überlegenheit hat, war nicht nur relativ, sondern auch tatsächlich kleiner als bei *Homo sapiens*.« Mit anderen Worten, nach Elliot Smith war die Stirnregion des Gehirns kleiner als bei modernen Menschen (eine Behauptung, die spätere Studien nicht bestätigt haben).

Elliot Smith spekulierte, das große Gehirn des Neandertalers »beruhte vor allem auf der Entwicklung jener Hirnregionen, deren Aufgabe es vermutlich war, allein die Resultate von Erfahrungen zu speichern und nicht zum Erlangen der großen Geschicklichkeit der Hand und solchem Wissen beizutragen, das von manueller Tätigkeit herrührt«. Die Neandertaler, schrieb er, standen »klar auf einer niedrigeren Ebene« als moderne Menschen, eine Tatsache, auf der ihr »Versagen im Wettbewerb mit dem Rest der Menschheit« beruhte. Sehr rasch und mit inbrünstigem Enthusiasmus akzeptierte das anthropologische Establishment Boules Charakterisierung des Neandertalers und erklärte die Art zu einer evolutionären Spezialisierung, die nirgendwohin führte.

2.9 Arbeiter an der Piltdown-Fundstätte in Sussex, England (etwa 1912–1913). Von links nach rechts: Robert Kenward, jr. (stehend), Charles Dawson (sitzend), „Venus" Hargreaves (Mitte) und Arthur Smith Woodward sowie die Gans „Chipper".

Der Piltdown-Mensch erscheint

Boules Beschreibung des Neandertalers beließ den modernen Menschen ohne Vorfahren. 1912 erschien das berühmteste „Fossil" aller Zeiten, das dieses Vakuum in unserer evolutionären Vergangenheit ausfüllte – der Piltdown-Mensch.

Charles Dawson (1864–1916), ein Amateurarchäologe, fand zwischen 1908 und 1911 einige Stücke eines menschlichen Schädels in einer Kiesgrube nahe dem Dorf Piltdown im Süden Englands. Im Mai 1912 brachte er die Bruchstücke in das Britische Museum in London, um sie untersuchen zu lassen. Sir Arthur Smith Woodward (1864–1944) meinte, die Fossilien könnten tatsächlich wichtig sein, und half Dawson bei weiteren Ausgrabungen. Pierre Teil-

hard de Chardin (1881–1955), der französische Geistliche und Anthropologe, beteiligte sich ebenfalls an der Suche. Weitere Schädelfragmente sowie das Bruchstück eines Unterkiefers wurden entdeckt. Smith Woodward untersuchte die Fossilien und berichtete darüber am 12. Dezember 1912 auf einer Sitzung der Geologischen Gesellschaft in London. Nach seiner Beschreibung deuteten die Schädelbruchstücke auf ein großes Gehirn von modernem Aussehen, doch mit einigen primitiven Zügen hin. Der Kiefer, sagte er, sei menschenaffenähnlich – vorspringend, wie bei Schimpansen und Gorillas – zeige aber einige fortgeschrittene Züge. Insgesamt verrieten die Fossilien ein Stadium der menschlichen Evolution vor dem Erreichen der jetzigen Form.

Die Kombination von großem Gehirn und menschenaffenähnlichem Unterkiefer, die in alten Ablagerungen gefunden wurde, ergab eine Ahnenform, die sich gut in die damals vorherrschende Theorie einfügte. Smith Woodward drückte die Überzeugung eines großen Teils der britischen anthropologischen Gemeinschaft aus, als er sagte, die Entdeckung »unterstützt die Theorie, daß [der Neandertaler] ein degenerierter Ableger des frühen Menschen war und vermutlich ausstarb; während der überlebende Mensch direkt aus einer jener primitiven Quellen entsprungen sein könnte, für die der Piltdown-Schädel den ersten aufgefundenen Beweis liefert«.

Die vorherrschende Theorie war aus verschiedenen Argumentationslinien hervorgegangen. Die erste war Boules Ablehnung des unilinearen Musters der menschlichen Vorgeschichte und seine Schlußfolgerung, der Neandertaler sei ein spezialisierter Ableger dieser Vorgeschichte gewesen. Dies bedeutete, daß weiterhin eine frühe Form mit verschiedenen primitiven Merkmalen gesucht werden mußte, besonders solchen, die auch bei Menschenaffen vorkommen. Die zweite war Keiths Ansicht, die moderne Menschenform habe eine außerordentlich lange Vorgeschichte, die letztlich bis zu einem menschenaffenähnlichen Ahnen zurückreiche. Die dritte war Elliot Smiths Überzeugung, daß die Vergrößerung des Gehirns die Haupttriebkraft der menschlichen Evolution darstellte. Beispielsweise schrieb er 1924:

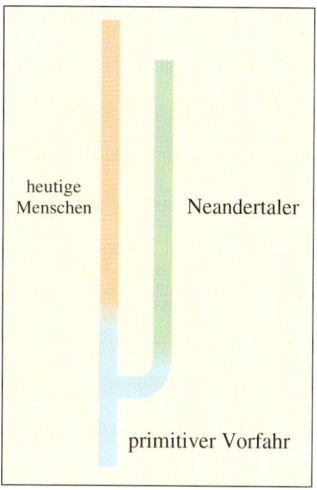

2.10 In den frühen Jahren des 20. Jahrhunderts dominierte die Prä-*sapiens*-Hypothese. Besonders unterstützt wurde sie von dem britischen Anthropologen Sir Arthur Keith und dem französischen Anthropologen Marcellin Boule. Sie behauptete, es habe eine frühe Verzweigung in der menschlichen Stammesgeschichte gegeben; ein Zweig führte zu den Neandertalern, der andere zu den modernen Menschen.

»Das Gehirn erreichte, was man menschlichen Status nennen könnte, als Kiefer und Gesicht noch viel von der Ungeschliffenheit der äffischen Vorfahren des Menschen bewahrten.« Und letztendlich hatte William Sollas, Professor für Geologie an der Universität Oxford, die Vorstellung von einer Mosaikevolution entwickelt: Verschiedene Körperteile können sich mit unterschiedlichen Geschwindigkeiten verändern.

Obgleich das britische anthropologische Establishment – in dem Keith, Elliot Smith und Smith Woodward den Ton angaben – das Piltdown-Material als greifbare Beweise für seine Theorien enthusiastisch begrüßte, äußerten Wissenschaftler in den Vereinigten Staaten und des kontinentalen Europas Zweifel. Kritiker stellten die Frage, ob die Fossilien nicht von zwei gesonderten Geschöpfen stammten, einem Menschen und einem Menschenaffen. Boule, der das allgemeine evolutionäre Muster unterstützte, das Keith verkündete, war ein solcher Kritiker. Alle deutschen Anthropologen waren skeptisch, während in den Vereinigten Staaten Aleš Hrdlička, Kurator für physische Anthropologie am Museum of Natural History der Smithsonian Institution und Gründer der American Association of Physical Anthropologists, sowie Henry Fairfield Osborn, Direktor des American Museum of Natural History, an die Echtheit der

Funde glaubten. Gerrit Miller von der Smithsonian Institution in Washington D.C. war ein Kritiker. 1915 sagte er prophetisch: »Absichtliche Bosheit könnte kaum erfolgreicher sein als die Zufälle, die bei der Ablagerung die Fossilien so zerbrachen, daß es individuellem Urteil überlassen bleibt, wie die Teile zusammenzufügen sind.« Weil dem Unterkiefer das Gelenk zum Schädel fehlte, ließe sich nicht überprüfen, ob beide tatsächlich zusammenpassen.

Der zweite Richtungswechsel ist vollendet

Trotz unterschiedlicher Meinungen zur Interpretation der vorhandenen Fossilien wurde der Piltdown-Mensch unaufhaltsam ein Bestandteil des Beweismaterials, das die neue Auffassung von der menschlichen Vorgeschichte stützte. Boules Charakterisierung des Skeletts von La Chapelle-aux-Saints war das zweite wesentliche Beweisstück für die neue Ansicht, die als die Prä-*sapiens*-Theorie bekannt war. Nach den Worten des Wissenschaftshistorikers Frank Spencer behauptete diese Theorie, daß »es eine frühe Spaltung in der menschlichen Abstammungslinie gegeben hatte, die zum frühen Erscheinen einer relativ modernen Skelettform sowie zu einem archaischeren Hominiden geführt hatte, der in der Fossildokumentation durch den Neandertaler repräsentiert wird«. Mit der Herausbildung dieser Auffassung, deren Kern es ist, daß sie Verzweigungen annimmt, war der zweite Richtungswechsel vollendet.

Tiefe genetische Wurzeln

Seit ihrem Beginn im zweiten Jahrzehnt unseres Jahrhunderts dominierte die Prä-*sapiens*-Theorie praktisch das Denken der Anthropologen für fast 50 Jahre, trotz verschiedener kraftvoller Bemühungen, sie zu stürzen. Aleš Hrdlička versuchte in den zwanziger Jahren die Hypothese von der Unilinearität wiederzubeleben, einem Evolutionstyp, den er

durch die Erfahrungen seiner Studien unter Léonce Manouvrier (1850–1927) an der Pariser École d'Anthropologie in den späten neunziger Jahren des vergangenen Jahrhunderts akzeptieren lernte. Er stützte seine Auffassung von der, wie er sie nannte, „Neandertaler-Phase des Menschen" auf zwei Argumente. Erstens gab es entgegen der populären wissenschaftlichen Meinung eine erhebliche Variabilität unter den verfügbaren Neandertalerexemplaren, die sich, wie er nahelegte, als Zeichen evolutionären Fortschreitens ansehen lassen. Zweitens lieferte seine Untersuchung der archäologischen Überlieferung keinen Hinweis auf den damals gemutmaßten Ersatz des Moustériens der Neandertaler durch das Aurignacien eindringender moderner Populationen. Die fortgeschrittenere Kultur entwickelte sich nach seiner Überzeugung *in situ*.

Trotz seiner starken, wenn auch etwas schroffen Persönlichkeit gelang es Hrdlička nicht, seine Kollegen von der Neandertaler-Phase des Menschen zu überzeugen. Grafton Elliot Smith meinte nach Hrdličkas großer Darstellung der unilinearen Theorie in seiner Huxley Memorial Lecture von 1927: »Die einzige Rechtfertigung, das Problem des Status des Neandertalers wieder offen zu machen, würde durch neue Tatsachen oder neue Ansichten von entweder destruktiver oder auch konstruktiver Natur gegeben sein.« Elliot Smith blieb bei seiner eigenen und Keiths Einschätzung der Fossilien und erklärte: »Ich denke nicht, daß Dr. Hrdlička irgendeinen triftigen Grund genannt hat, um die Ansicht zu verwerfen, daß *Homo neanderthalensis* eine von *H. sapiens* verschiedene Art ist.«

Neue Fossilien, die man während der zwanziger Jahre in Europa und Asien fand, »wurden einfach in die vorhandenen phylogenetischen Schemata eingepaßt, die nahezu ausnahmslos die Neandertaler als eine archaische und ausgestorbene Gruppe darstellten«, bemerkte Spencer. Dennoch, erklärte er, wurden diese und spätere Funde durch den deutschen Anatomen Franz Weidenreich genutzt, um »eine ausgeklügelte Ausschmückung von Hrdličkas Neandertaler-Hypothese zu begründen, die evolutionäre Parallelentwicklungen in verschiedenen Teilen der

Alten Welt einschloß, die durch getrennte neandertalerähnliche Stadien zu den modernen geographischen Varianten von *H. sapiens* führten«. Weidenreich begann seine Laufbahn 1899 unter Schwalbe an der Universität Straßburg, wodurch er dem unilinearen Muster der Evolution aufgeschlossen gegenüberstand. Später arbeitete er am Peking Union Medical College und als Direktor der fortlaufenden

Ausgrabungen in der Höhle von Chou-kou-tien, wo man den Peking-Menschen fand. Dadurch hatte er einzigartigen Zugang zu dem Material des Peking-Menschen, der damals als *Sinanthropus* bezeichnet wurde. (Er entsprach *Pithecanthropus* und heißt heute *Homo erectus*.)

Während er behauptete, die Anatomie des Neandertalers sei falsch rekonstruiert, beklagte sich Weidenreich darüber, daß »es für eine gewisse Gruppe von Autoren in früheren Jahren fast eine Art Sport geworden war, das Skelett des Neandertalers nach Besonderheiten abzusuchen, die man als „Spezialisierung" erklären und damit den abweichenden Kurs beweisen konnte, den die Evolution dieser Form genommen hatte«. Nach Weidenreich zeigte eine

2.11 Der deutsche Anatom Franz Weidenreich, dessen Karriere 1899 unter Gustav Schwalbe an der Universität Straßburg begann, war eine wichtige Persönlichkeit für die Entwicklung der Forschung über die *Pithecanthropus*- und später die *Sinanthropus*-Fossilien (auch *Homo erectus*), die an der Fundstelle des Peking-(Beijing)-Menschen in China ausgegraben wurden.

vorurteilslose Analyse der Anatomie, daß die Neandertaler aus den Pithecanthropinen hervorgingen und
ihrerseits die unmittelbaren Vorfahren der modernen
Menschen waren – ein Schema, das im groben
Umriß an das 40 Jahre ältere von Gustav Schwalbe
erinnerte. Weidenreichs Vorschlag wurde als das
Kandelaber-Modell des Ursprungs des modernen
Menschen bekannt: Schematisch dargestellt wirken
die regionalen Vorfahrenschaften wie nebeneinander
aufgestellte Kerzen. Weidenreichs Modell, das in den
vierziger Jahren ausgearbeitet wurde, ist der Vorläufer zu einer der Hauptpositionen in der gegenwärtigen Debatte.

Weidenreich war sich dessen bewußt, daß man seine
Vorstellung, jede moderne geographische Population
führe durch die Stadien der Neandertaler und Pithecanthropinen zurück zu ihren Wurzeln, dahingehend
auslegen konnte, die modernen Rassen hätten gesonderte Ursprünge, ja wären vielleicht sogar verschiedene Arten. »Dies ist nicht meine Ansicht«, schrieb
er 1949. »Alle verfügbaren Dokumente zeigen, daß
der Mensch als Einheit abzweigte, die danach innerhalb der bereits bestehenden Anpassungen sich in
getrennte Linien aufspaltete … Ich betrachte alle
Hominiden, einschließlich der heutigen Menschheit,
als Angehörige einer einzigen Art.«

1962 näherte sich allerdings der Anthropologe
Carleton Coon von der Universität von Pennsylvania
einer Auffassung, vor der Weidenreich gewarnt
hatte. Coon behauptete nämlich nicht nur, die Rassenunterschiede seien sehr alt, sondern auch, daß
einige Rassen ihren *sapiens*-Status früher als andere
erreichten. Er schrieb: »*Homo erectus* entwickelte
sich nicht ein-, sondern fünfmal zu *Homo sapiens*,
wobei jede Subspezies oder Rasse innerhalb ihres
eigenen Territoriums die kritische Schwelle von
einem noch recht dummen zu einem vernünftigeren
Zustand überschritt.« Die Vorstellung, heutige rassische Gruppen wären genetisch wenigstens eine
Million Jahre voneinander getrennt und einige
hätten sich erst in relativ junger Zeit herausgebildet,
provozierte die Schlußfolgerung, zwischen den
Rassen bestünden tiefgreifende biologische Unterschiede.

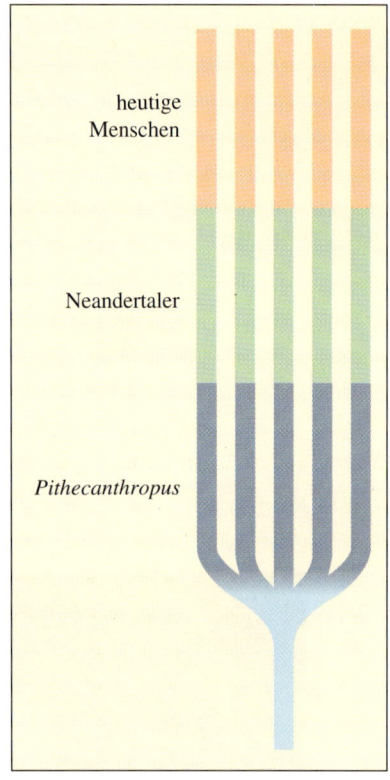

2.12 In den vierziger Jahren entwickelte Franz Weidenreich das
„Kandelaber-Modell" für die Entstehung des modernen Menschen,
wonach geographisch verschiedene Populationen, die sich auf der
Pithecanthropus (*Homo erectus*)-Stufe befanden, getrennt voneinander ein neandertaloides Stadium bis zum modernen Menschen
durchliefen.

Die Auswirkungen
der neuen Synthese

Trotz der Bemühungen Weidenreichs setzte sich die
unilineare Auffassung nur schwer wieder durch.
Schließlich brach aber das Zusammenwirken mehre-
rer Ereignisse die Hegemonie der Prä-*sapiens*-
Theorie, die nun durch mehrere miteinander konkur-
rierende Theorien ersetzt wurde. Das erste dieser
Ereignisse war die Entwicklung der Synthetischen
Theorie der Evolution; das zweite die Entlarvung der

Piltdown-„Fossilien" als Produkt eines üblen Streiches; das dritte die Neubewertung des Skeletts von La Chapelle-aux-Saints.

Während der späten dreißiger und frühen vierziger Jahre durchlief die Evolutionsforschung eine Revolution, welche die gesonderten Wissenschaften der Genetik, der Populationsbiologie und der klassischen Morphologie zu einer Auffassung des Evolutionsvorgangs zusammenführte, die gewöhnlich als Neodarwinismus oder als Synthetische Theorie der Evolution charakterisiert wird. Julian Huxley, der Enkel von Thomas Henry Huxley, veröffentlichte 1924 die Schrift: *Evolution: The Modern Synthesis* („Evolution: Die moderne Synthese"), ein Text, der zum Meilenstein wurde. Andere an dieser Revolution beteiligte Forscher waren Theodosius Dobzhansky, Ernst Mayr und George Gaylord Simpson. Während die Paläoanthropologie traditionell eher deskriptiv, typologisch arbeitete, förderte nun die Synthetische Theorie eine mehr evolutionäre, populationsbiologische Herangehensweise. Dieser Methode gelten besondere anatomische Merkmale irgendeines Individuums wenig. Ihr geht es um die anatomische Vielfalt innerhalb der Populationen. Eine Tagung, die 1950 in Cold Spring Harbor im Staate New York stattfand, markierte formal die Vereinigung von Synthetischer Theorie und Paläoanthropologie.

Eine Folge des neuen Denkens war die Entwicklung einer Vorstellung, die als Prä-Neandertaler-Hypothese bekannt wurde – eine Idee, die in den zwanziger Jahren wurzelte und in den Fünfzigern klar ausgesprochen wurde. Der italienische Anthropologe Sergio Sergi (der Sohn von Giuseppe Sergi) und der amerikanische Anthropologe Clark Howell wiesen unabhängig voneinander darauf hin, daß es im evolutionären Kontext nicht anginge, alle Neandertaler zusammenzufassen. Immer neue Funde offenbarten, daß die Anatomie der Neandertaler-Populationen in Westeuropa markanter ausgeprägt war als bei östlichen Bevölkerungsgruppen. Erstere bezeichnet man gewöhnlich als „klassische" Neandertaler. Vielleicht, so meinten Howell und Sergi, repräsentieren einige der weniger extremen Exemplare – aus Europa und dem Nahen Osten – die Ahnenpopulationen der

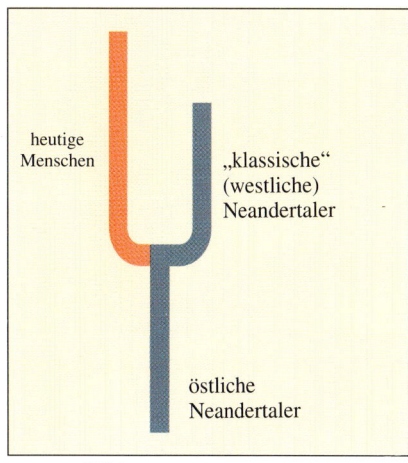

2.13 Die Prä-Neandertaler-Hypothese, die in den fünfziger Jahren unabhängig voneinander von dem italienischen Anthropologen Sergio Sergi (dem Sohn von Giuseppe Sergi) und dem amerikanischen Anthropologen Clark Howell entwickelt wurde, besagt, daß nicht alle Neandertaler zusammengefaßt werden sollten. Eine neandertalerähnliche Form – so die Hypothese – könnte sowohl Vorfahr des „klassischen" Neandertalers Westeuropas als auch des modernen Menschen gewesen sein.

„klassischen" Neandertaler und der modernen Menschen. Zu den mutmaßlichen Prä-Neandertalern gehörten die Fossilien berühmter Fundstätten wie Swanscombe, Steinheim, Fontechevade, Krapina, Teshik Tash, Tabun und Skhul. Letztlich befreite die Prä-Neandertaler-Hypothese einige neandertalerähliche Populationen aus ihrer evolutionären Bedeutungslosigkeit – während sie den „klassischen" Neandertalern dieses Schicksal bereitete.

Fälschung entlarvt, Fälscher unbekannt

Als die Piltdown-Fossilien 1912 erstmals den Anthropologen gezeigt wurden, schienen sie auf eine moderne Form hinzuweisen, die schon früh in der menschlichen Vorgeschichte auftrat und mit den herrschenden theoretischen Vorstellungen harmonisierte. Obgleich die Prä-*sapiens*-Theorie, die aus der

Analyse dieser Fossilien hervorging, fortbestand, blieben weitere greifbare Belege zu ihrer Unterstützung aus. Ein zweites, 1915 entdecktes Piltdown-Exemplar konnte in einigen Fällen Zweifel an der Identität des Originalfossils ausräumen. Aber weitere Beispiele kamen nicht ans Tageslicht; es gab keine neuen Fälle einer modernen Form aus der frühmenschlichen Vorgeschichte.

Allmählich betrachtete man die Piltdown-Fossilien als eine Art Rätsel – isoliert und zunehmend im Widerspruch zu anderen Belegen. In den frühen fünfziger Jahren waren viele Pithecanthropinen (*Homo erectus*) gefunden worden. Sie zeigten sich eindeutig primitiver als Piltdown und doch von jüngerem Alter. Darüber hinaus hatte man in Südafrika die Australopithecinen entdeckt. Sie wurden als frühe Angehörige der menschlichen Familie akzeptiert und waren dennoch in vieler Hinsicht menschenaffenähnlich, obgleich man annahm, sie seien nur wenig älter als der Piltdown-Mensch mit seiner sehr modernen Form. Das Paradoxon wurde 1953 gelöst, als Joseph Weiner, ein Anatom der Universität Oxford, bewies, daß die Piltdown-Fossilien Fälschungen waren. Die Schädelfragmente stellten sich relativ modern dar, während das Material des Unterkiefers von einem Menschenaffen stammte – von einem Orang-Utan, wie man später herausfand.

Der Urheber der Fälschung bleibt ein Rätsel, obgleich jeder der Hauptbeteiligten an der Entdeckung und Untersuchung der Fossilien im Laufe der Jahre als Missetäter verdächtigt wurde, einschließlich Charles Dawson, der 1916 verstarb. Man fand keine eindeutigen Beweise, die das Rätsel lösen könnten. Alle Ankläger waren gezwungen, sich auf Indizienbeweise zu berufen, die niemals völlig überzeugten. Jedoch schloß der Nachweis, daß Piltdown eine Fälschung war, ihn als Faktor in der Reihe der Zeugen der fossilen Menschheitsgeschichte endgültig aus.

Ein Einblick in Boules Motive

Obgleich in den frühen fünfziger Jahren Piltdown den Fürsprechern der Prä-*sapiens*-Theorie verlorenging, blieb ihre zweite Stütze, die bizarre Anatomie der Neandertaler, intakt. Die Anthropologen ergriffen weiterhin Partei für die Ansicht, daß »der europäische Neandertaler ein spezialisierter und abgestorbener Zweig des menschlichen Stammbaumes war«, wie es Frank Spencer ausdrückte. »Während der fünfziger Jahre wurde die Prä-*sapiens*-Theorie vor allem durch die Bemühungen von Henri Vallois, Boules Nachfolger am Musée de l'Homme und am Institut für Paläontologie des Menschen in Paris, gefördert.« Louis Leakey, dessen Mentor Arthur Keith gewesen war, unterstützte sie damals ebenfalls und blieb im wesentlichen bis zu seinem Tod 1972 bei dieser Haltung. Doch begann seit Mitte der fünfziger Jahre auch diese zweite Säule der Prä-*sapiens*-Theorie zu bröckeln.

Unter den Vorzeichen von Boules in den fünfziger Jahren noch verbreiteten Vorstellung vom Neandertaler als Höhlenmensch, der mit gebeugten Knien und abgeknickter Hüfte dahinbuckelt, untersuchten William Straus von der Johns-Hopkins-Universität und A. J. E. Cave vom St. Bartholomew's Hospital Medical College in London das Skelett von La Chapelle-aux-Saints aufs Neue. Sie fanden, daß dieser Neandertaler vermutlich mit einem leichten Buckel ging, aber daß dies die Folge einer schweren Arthritis der Wirbelsäule war. Die Halswirbel glichen nicht denen eines Schimpansen, wie Boule behauptet hatte, noch war das Becken in irgendeiner Weise menschenaffenähnlich, und die Füße zeigten keine Anzeichen, daß sie zum Greifen dienten.

Cave und Straus waren so von dem modernen anatomischen Erscheinungsbild des Skeletts beeindruckt, daß sie im Bericht über ihre Neuuntersuchung sagten: »Vorausgesetzt er wäre vorher gebadet, rasiert und in moderne Kleider gesteckt worden, würde er in der New Yorker Untergrundbahn wohl kaum mehr Aufmerksamkeit auf sich ziehen als irgendein anderer Fahrgast.« Die beiden Anatomen gaben sich hier einer Übertreibung hin; so modern der Neandertaler in mancher Hinsicht gewesen sein mag, die Robustheit seines Skeletts und das vorspringende Mittelgesicht würden sicher die Aufmerksamkeit erregen und als ungewöhnlich empfunden werden, sogar in der IRT.

Die Rehabilitierung des Neandertalers wurde effektiv abgeschlossen durch Loring Brace und seine einflußreiche Arbeit *The Fate of the ‚Classic' Neanderthals* („Das Schicksal der ‚klassischen' Neandertaler") aus dem Jahre 1964. Hierin bemerkte er, daß »die Interpretation der Fossildokumentation der Hominiden unvermeidlich durch das Meinungsklima gefärbt wurde, das zur Zeit der Entdeckung der wesentlichen Beweisstücke vorherrschte« – eine Bemerkung, deren Richtigkeit in diesem Band wiederholt bestätigt wird. Brace, der das Skelett von La Chapelle-aux-Saints neu untersuchte, schloß, daß Boule anatomische Eigenschaften beschrieben hatte, die einfach nicht existierten. »Es gibt nicht die Spur eines Beweises dafür, daß Neandertaler ungewöhnlich auseinanderstrebende große Zehen besaßen, oder daß sie gezwungen waren, wie Orangs auf der Außenkante ihrer Füße zu laufen; es gibt keinerlei Hinweis darauf, daß sie unfähig waren, ihre Kniegelenke voll durchzudrücken; es gibt keinen Beweis dafür, daß ihrer Wirbelsäule die Biegungen fehlten, die für eine vollkommen aufrechte Haltung nötig sind; es gibt keinen Beleg dafür, daß ihr Kopf auf einem besonders kurzen und dicken Hals vorwärts geschleudert wurde; und es gibt keinen Beweis dafür, daß das Gehirn dem der modernen Menschen qualitativ unterlegen war.« (Diese letzte Beobachtung wurde später ausführlich durch Ralph Holloway, einem Anthropologen an der Columbia-Universität, bestätigt, der zu den weltbesten Experten über moderne und fossile Hominidengehirne gehört. Auf einer 1984 in New York abgehaltenen anthropologischen Tagung stellte er fest, daß seine Untersuchung der mutmaßlich primitiven Merkmale des Neandertalerhirns zeigte, daß sie »einfach nicht existieren«.)

Brace bestätigte eindrucksvoll die Arbeit von Cave und Straus und führte sie weiter. Wieder verwies er darauf, daß der bedeutende Anatom Boule offen-

sichtlich die Einwirkungen von Krankheiten auf das Skelett ignoriert hatte. Berücksichtigt man die Pathologie, so wird offensichtlich, daß das Rückgrat des Neandertalers durchaus jene gekurvte Linie aufwies, welche die aufrechte Haltung des modernen Menschen bewirkt. Aber Boule mißachtete diesen Faktor und zog es vor, die Anatomie auf eine Weise zu beschreiben, daß sie die Neandertaler von den modernen Menschen entfernte. »Ich konnte nicht einmal die Spur eines Hinweises darauf finden, daß Boule sich etwas aus den Fingern sog oder seine Forschungsergebnisse in betrügerischer Weise fehlinterpretierte«, schloß Michael Hammond. »Boule betrachtete Wissenschaft aufrichtig als „eine der hauptsächlichen Quellen des Glücks", wenn sie „von jener inneren Flamme gelenkt wird", der „Liebe zur Wahrheit". Seine Rekonstruktion von La Chapelle-aux-Saints war sein bedeutendster Beitrag zu dieser Suche nach Wahrheit. Er glaubte, daß dabei die beste verfügbare wissenschaftliche Technik genutzt worden war, und daß seine Schlüsse von den Dokumenten selbst diktiert wurden.«

Wenn Boule weder verlogen noch dumm war, wie läßt sich dann seine Fehleinschätzung erklären? Gleich allen Wissenschaftlern, so bemerkte Brace, wurde auch Boule von einer vorherrschenden Theorie darüber, wie die Welt funktioniert, geleitet. In diesem Fall hing sein konzeptioneller Blickwinkel von dem Muster der Evolutionsgeschichte ab, der sich durch seine Beziehung zu Albert Gaudry herausgebildet hatte. Gaudry war sein Freund, Lehrer und Chef am Museum für Naturgeschichte. Boule folgte Gaudry 1902 als Professor der Paläontologie an diesem Museum. Bei ihrer gemeinsamen Arbeit über verschiedenste fossile Säugetiere hatten beide wiederholt Verzweigungsmuster gefunden, die darauf hinwiesen, daß viele Arten plötzlich aufhörten, einen Beitrag zur endgültigen Geschichte ihrer Gruppe zu leisten. »La Chapelle-aux-Saints krönte diese Studien, weil es zeigte, daß in der menschlichen Familie Arten wie der Neandertaler, die man vorher für Ahnen gehalten hatte, in Wahrheit Parallelentwicklungen waren. Sie repräsentierten Sackgassen«, bemerkt Hammond. Mit anderen Worten, aufgrund seiner Erfahrungen mit anderen Säugerfamilien

Exkurs 2.2: Anatomie einer Fälschung

Der Piltdown-Mensch war eine der kühnsten wissenschaftlichen Fälschungen. Technisch mangelhaft ausgeführt, wurde das Fossilmaterial dennoch von vielen prominenten Anthropologen als wichtiger Beweis für die Existenz einer modernen Menschenform im Altpleistozän akzeptiert. Allerdings, als man weitere früh-menschliche Fossilien in Asien und Afrika entdeckte, wurde der Piltdown-Mensch mit seinem großen Schädel, dem ein menschenaffenähnlicher Unterkiefer angefügt war, immer mehr zur Anomalie für die sich entwickelnden Hypothesen über die menschliche Vorgeschichte.

In einer Kiesablagerung nahe dem Dorf Piltdown in Sussex wurden insgesamt neun Schädelfragmente ausgegraben, die zum großen Teil aus der linken Hälfte der Schädelkapsel bestanden. Ein Teil der rechten Seite eines menschenaffenähnlichen Unterkiefers wurde ebenfalls entdeckt. Er trug zwei Molaren, aber das Kinn und das Gelenk zum Schädel fehlten. Die Höhle für den Eckzahn war vorhanden, aber der Zahn selbst fehlte. (Später wurde in den Ablagerungen ein großer Eckzahn entdeckt, der genau in die Höhle paßte, wodurch das menschenaffenähnliche Erscheinungsbild des Kiefers verstärkt wurde.)

Weiterhin fand man an dieser Stelle Fossilien von Säugetieren – einschließlich Biber, Rothirsch und Pferd, die auf ein altpleistozänes Alter hinwiesen, sowie einige grobe Steinwerkzeuge. Charles Dawson sagte, daß die Kiesschicht Teil einer in der Region gut bekannten Schichtenfolge war, deren altpleistozänes Alter feststand, das somit dem der fossilen Fauna entsprach.

Sollten die menschlichen Reste ebenfalls aus dem Altpleistozän stammen, wären sie älter als die eines jeden damals bekannten hominiden Fossils – insbesondere des *Pithecanthropus* und des Neandertalers. Darüber hinaus offenbarten die moderne Form des Schädels und die daraus erschlossene Größe des Gehirns ein fortgeschritteneres evolutionäres Stadium als diese Fossilien. Der wissenschaftlichen Welt im Dezember 1912 verkündet, erhielten diese Piltdown-Fossilien den Namen *Eoanthropus dawsoni* („Dawsons Morgenrötemensch").

Um die Piltdown-Fossilien rankten sich verschiedene Streitpunkte. Der wichtigste war, ob Schädel und Kiefer tatsächlich zum gleichen Individuum gehörten, oder ob es sich um gesonderte Überbleibsel eines Menschen und eines Affen handelte, die rein zufällig in die gleichen Ablagerungen geraten waren. Die Mehrheit der britischen Anthropologen akzeptierte, daß die Fossilien von einem einzigen Individuum stammten, während nach der vorherrschenden Meinung auf dem Kontinent und in den Vereinigten Staaten der Piltdown-Mensch eine Chimäre aus Mensch und Affe war. Als Dawson 1915 berichtete, er habe zwei Schädelbruchstücke und einen Molaren an einem zweiten, zwei Meilen von Piltdown entfernten Fundort entdeckt, schien die britische Position gefestigt. Die Formen des Schädelknochens und des Zahnes glichen genau denen des ersten Piltdown-Individuums.

Die Entlarvung der Fälschung war ein langsamer Prozeß. Sie begann mit Fragen nach dem Alter der Piltdown-Fossilien. 1935 erkannte man, daß Dawson

sich mit dem altpleistozänen Alter der Kiesschicht von Piltdown geirrt hatte. Tatsächlich stammte sie aus dem Jungpleistozän. Dies würde den Piltdown-Menschen bedeutend jünger machen, als man ihn bisher eingeschätzt hatte, und, vom menschenaffenähnlichen Unterkiefer abgesehen, besser zu den vorherrschenden Theorien passen. Aber es gab noch weitere Folgerungen aus dieser Offenbarung. Stammte der Kies tatsächlich aus dem Jungpleistozän, wie sollte man dann die altpleistozäne fossile Fauna erklären? Offensichtlich mußte sie woanders hergekommen sein. In diesem Fall wurde das Problem der Zusammengehörigkeit des menschenähnlichen Schädels mit dem menschenaffenähnlichen Unterkiefer wieder aktuell.

Kenneth Oakley (1911–1981), ein Anthropologe der Abteilung Naturgeschichte am Britischen Museum, startete ein Forschungsprogramm, um das Rätsel des Alters der Fossilien zu lösen. Er entwickelte ein Verfahren zu Datierung von Fossilien auf der Grundlage ihres Fluorgehalts. Fossilien nehmen Fluor aus dem Boden auf, in dem sie ruhen. Je länger sie dort liegen, desto mehr Fluor sammelt sich in ihnen an. Oakleys Methode erforderte eine aufwendige chemische Analyse und war weiterhin dadurch erschwert, daß verschiedene Böden einen unterschiedlichen Fluorgehalt aufweisen. Dies beeinflußt die absolute Menge des Elements, das von den Fossilien aufgenommen werden kann. Deshalb waren Vergleiche von Fossilien aus verschiedenen Fundstellen unzulässig, aber Vergleiche innerhalb eines einzelnen Fundorts gültig. In den späten vierziger Jahren hatte sich Oakley davon überzeugt, daß die Methode funktionierte und sich auf die

Piltdown-Fossilien anwenden ließ. 1949 führte er dies dann auch durch.

Die Ergebnisse waren eindeutig. Einige Exemplare der fossilen Fauna stammten aus dem Altpleistozän (mit 2,3 Prozent Fluor), wie man es schon aufgrund ihres Entwicklungsstandes vermutet hatte, während die Piltdown-Fossilien (mit nur 0,2 Prozent Fluor) zweifelsfrei aus dem Jungpleistozän oder der Gegenwart stammten. Unglücklicherweise war die Methode nicht empfindlich genug, um mögliche Altersunterschiede zwischen den fossilen Fragmenten des Piltdown-Menschen zu erkennen. Oakley bemerkte, als er, um Material für den chemischen Test zu bekommen, die Zähne anbohrte, daß das Dentin unterhalb der dunkelbraunen Oberfläche rein weiß aussah, genau wie ein »frischer Zahn aus dem Boden«. Knochen und Zähne färben sich gewöhnlich wie das übrige Sediment, aber bei echten Fossilien dringt die Farbe in das Material ein.

Dies war der Stand der Dinge bis Juli 1953, als die Wenner-Gren Foundation eine Anthropologentagung in London organisierte. Eine Unterhaltung zwischen Oakley und Joseph Weiner (1915–1982) veranlaßte letzteren, das Undenkbare zu denken, nämlich, daß man die Piltdown-Fossilien einfach deshalb nicht verstehen konnte, weil es sich bei ihnen um eine Fälschung handelte. Am folgenden Tag untersuchte Weiner zusammen mit seinem anthropologischen Fachkollegen Wilfrid Le Gros Clark Abgüsse der Fossilien und fand sofort einen Hinweis auf Betrug. Er zeigte sich im Abnutzungsmuster der Zähne. Normalerweise müßte der erste Molar stärker abgekaut sein als der zweite. Jedoch waren beide gleich stark genutzt. Die abgekauten Oberflächen beider Molaren sollten eine gemeinsame Ebene bilden, aber sie waren gegeneinander versetzt. Die mikroskopische Untersuchung offenbarte unregelmäßige Kratzer, als wären die Zähne mittels eines Schleifmittels künstlich abgetragen.

Dies alles war so offensichtlich, warum hatte bisher noch niemand diese Hinweise auf eine Täuschung bemerkt? »Sie haben niemals danach gesucht«, schrieb Le Gros Clark. »Niemand hat vorher den Piltdown-Kiefer mit der Möglichkeit im Sinn untersucht, es könnte sich um eine Täuschung, um eine wohlüberlegte Fälschung handeln.«

Mit einer empfindlicheren Methode zur Fluorbestimmung konnte Oakley später zeigen, daß die Schädelfragmente aus dem Jungpleistozän stammten, während der Kiefer relativ jung war. Die Farbe der „Fossilien" wurden mit einer farbähnlichen Substanz, vielleicht Van-Dyck-Braun, erzeugt. 1982 zeigte Jerrold Lowenstein, ein Biochemiker an der Universität von Kalifornien in San Francisco, mit Hilfe empfindlicher immunologischer Methoden, daß der Unterkiefer von einem Orang-Utan stammte. Den oder die Fälscher konnte man nie mit Gewißheit identifizieren.

E.2.2.1 Das berühmte Gemälde von John Cooke zum Piltdown-Menschen. Der Mann mit weißem Kittel ist Arthur Keith (Mitte), zu seiner Linken (sitzend) William Plane Pycraft und Edwin Ray Lankester; zu seiner Rechten Arthur Swayne Underwood. Hinten (von links nach rechts) Frank Orwell Barlow, Grafton Elliot Smith, Charles Dawson und Arthur Smith Woodward.

erwartete Boule, Beweise für eine baumähnliche Evolutionsgeschichte der Menschen zu finden, und das tat er.

Der von Gaudry entwickelte konzeptionelle Weg zu evolutionären Mustern, dem Boule folgte, bedeutete eine Herausforderung an die damals vorherrschende Doktrin von der unilinearen Evolutionsgeschichte, deren Hauptvertreter Gabriel de Mortillet (1821–1898) war. Als bekannter Archäologe und Paläontologe entwickelte Mortillet die Idee, eine einzige große Eiszeit sei für die evolutionäre Umbildung der Neandertaler in moderne Menschen verantwortlich gewesen. Parallel dazu erarbeitete er ein Schema der kulturellen Evolution für den gleichen Zeitraum. Beide Modelle erwiesen sich als viel zu einfach; Boule wurde ein scharfer Kritiker ihrer Geologie, Archäologie und Anthropologie.

1888 griff Boule die glaziale (eiszeitliche) Geologie in Mortillets Modell an, schildert Hammond, »und während der folgenden Jahre beschrieb er Mortillets theoretisches Schema als „eine Fata Morgana von Doktrinen" und als „eine Mumie, die er täglich mit neuen Binden umwickelte", um sie vor wissenschaftlicher Kritik zu schützen«. Ein Jahr später starb Mortillet. Danach nahm Boule zusammen mit seinem Freund, dem Abbé Breuil, die archäologischen Ideen ihres verstorbenen Gegners auseinander. »Dies bedeutete, daß alles, was 1908 von Mortillets Klassifikation übrigblieb, die geradlinige paläontologische Leiter war; und auch diese wurde von Boule demoliert.« Evolutionärer Wandel, so behauptete Boule, »erfolgt nicht so einfach, wie man es im Anfangsstadium dieser Wissenschaft glaubte; jene unilinearen Reihen erscheinen uns immer ungewöhnlicher, und falls sie existieren, ist es außerordentlich schwierig, sie zu finden oder ihnen eine zeitlang auf den Fersen zu bleiben«.

Die Vertreibung des Neandertalers aus der direkten Abstammungsreihe der Menschheitsgeschichte durch Boule war insofern an der Demontage eines im Frankreich des späten neunzehnten Jahrhunderts sehr einflußreichen evolutionären Forschungsprogramms beteiligt. Wie Brace feststellte, war sie auch ein Bei-

spiel dafür, wie theoretische Vorurteile die Interpretation von Tatsachen färben, ein Phänomen, das allen Wissenschaften gemein, aber in der Paläoanthropologie besonders ausgeprägt ist.

Die Ein-Arten-Hypothese gibt ihren Geist auf …

In den späten Sechzigern unseres Jahrhunderts hatten die Neandertaler in den Augen vieler ihren rechtmäßigen Platz als unmittelbare Vorfahren der modernen Menschen wieder eingenommen. Die unilineare Theorie wurde letztlich erfolgreich zurück ins Leben gerufen, diesmal als eine Handvoll konkurrierender Theorien: einschließlich der Prä-Neandertaler-Hypothese und einer Abwandlung der Prä-*sapiens*-Hypothese. Zweifellos hatte Loring Braces Arbeit *The Fate of the ‚Classic' Neanderthals* dabei eine Schlüsselrolle gespielt. Er schloß: »Ich vermute, daß es das Schicksal des Neandertalers war, den modernen Menschen hervorzubringen, und daß er dann, wie es oft Angehörigen der älteren Generation in dieser sich verändernden Welt ergeht, von seinen eigenen Nachkommen, dem *Homo sapiens*, als Karikatur verkannt, abgelehnt und verleugnet wurde.« Während der ersten Hälfte dieses Jahrhunderts in Europa und Asien entdeckte Fossilien wurden nun von Brace und seinen Anhängern angesichts der unilinearen Theorie als Beweis für die (parallele) Evolution zum *Homo sapiens* in vielen verschiedenen Teilen der Alten Welt gewertet.

Brace argumentierte, die adaptive Nische des Menschen sei „eine kulturelle Nische". Anderen Wissenschaftlern wäre »die Tatsache entgangen, daß Kultur eher noch als Klima der Hauptfaktor war, den man zur Einschätzung des Selektionsdruckes, der auf den Menschen einwirkte, berücksichtigen muß«. Frank Spencer meint: »Die Hypothese von Brace ist eine kunstvolle Neudarstellung von Hrdličkas Vorschlag, daß die Veränderungen in der Kauweise ein wesentlicher Prozeß hinsichtlich späterer Muster der Schädelfunktion bei den Hominiden waren. … Mit der

2.14 Die Entdeckung des *Homo erectus*-Schädels KNMER 3733 im Jahre 1975 zwang Loring Brace und Milford Wolpoff, ihre Ein-Arten-Hypothese aufzugeben. Der Schädel war gleichaltrig mit dem extrem robusten *Australopithecus boisei*-Schädel KNMER 406 (rechts). Die anatomischen Unterschiede zwischen beiden waren zu groß, um als Ausdruck innerartlicher Variation gewertet zu werden, wie es die Ein-Arten-Hypothese gefordert hätte.

Einführung spezialisierter Werkzeuge im Mittel- und Jungpaläolithikum, die Aufgaben übernahmen, welche vorher von den Schneidezähnen ausgeführt wurden, kam es im Schädel- und Gesichtsskelett zu einer zunehmenden Befreiung von Belastungen, die letztlich eine Serie von morphologischen Veränderungen auslöste, die das Erscheinungsbild der modernen Schädelstruktur hervorriefen.« Mit anderen Worten, überall in der Alten Welt geschahen ähnliche anatomische Modernisierungen als Antwort auf die allgemeine Einführung einer weiterentwickelten Technologie; und in einem allgemein technologischen Gefüge verliert anatomische Abwandlung manches von ihrer ehemaligen Bedeutsamkeit.

Nach Braces sogenannter Ein-Arten-Hypothese existierte zu jeder gegebenen Periode in der menschlichen Evolution jeweils nur eine Art – der konsequente Ausdruck des unilinearen Musters. Brace fügte dem ursprünglichen Drei-Stadien-Schema Schwalbes noch ein weiteres hinzu. Nun las man: Australopithecinen, Pithecanthropinen, Neandertaler, moderne Menschen. Milford Wolpoff, ebenfalls von der Universität von Michigan, schloß sich Brace als energischer Fürsprecher der Hypothese an. Beide behaupteten, das Ausmaß der anatomischen Unterschiede, die sich zwischen den Populationen innerhalb jedes engen Zeitabschnitts der Vorgeschichte zeigten, lag vom Beginn dieser Entwicklung bis zum heutigen Tag immer im Rahmen innerartlicher Variabilität.

Obgleich Brace viele von einem unilinearen Evolutionsmuster in der jüngeren menschlichen Vorgeschichte überzeugt hatte, akzeptierten nur wenige diese Vorstellung für den gesamten Verlauf der menschlichen Evolution. Die meisten Anthropologen interpretierten die Breite der anatomischen Vielfalt, die sich an den Fossilien zeigte, als Anzeichen für die Koexistenz mehrerer Arten. Wie wir gesehen haben, gab es beispielsweise vor zwei Millionen Jahren wenigstens drei – und vielleicht sogar doppelt soviele – Hominidenarten. Mitte der siebziger Jahre waren Brace und Wolpoff mehr oder weniger die einzigen Anhänger der Ein-Arten-Hypothese für die gesamte menschliche Stammesgeschichte. Erst mit der Entdeckung eines *Homo erectus*-Schädels 1975 in der Gegend um den Turkana-See gaben die Wissenschaftler aus Michigan ihre Hypothese auf. Der Schädel war groß (das Hirnvolumen näherte sich 900 Kubikzentimetern), das Gesicht kurz und die Backenzähne klein. Wichtig war, daß er in Ablagerungen gleichen Alters – etwa 1,5 Millionen Jahre – gefunden wurde wie die, aus denen man die robusten Australopithecinen hervorgeholt hatte. Deren kleines Gehirn (etwa 450 Kubikzentimeter), vorspringendes Gesicht und enorme Backenzähne zeigten, daß sie sich vom *Homo erectus*-Schädel drastisch unterscheiden. Innerhalb einer einzelnen Art würde sich

solche Variabilität niemals finden, gaben auch Brace und Wolpoff schließlich zu.

... aber nicht vollständig

Wolpoff, heute einer der Hauptprotagonisten in der derzeitigen Diskussion über den Ursprung des modernen Menschen, besteht dennoch darauf, daß die unilineare Hypothese für die späteren Stadien der menschlichen Vorgeschichte zutrifft. Eine mit den Namen Schaaffhausen, Schwalbe, Hrdlička, Weidenreich und Brace verknüpfte wissenschaftliche Tradition besteht insofern weiter. Im folgenden Kapitel werden wir sehen, wie die moderne Fassung dieser Tradition sich gegen die moderne Version der Ablehnung des Neandertalers als direkten Ahnen des modernen Menschen behauptet. Und wir werden erfahren, wie nahe die gegenwärtige Auffassung einem dritten Meinungsumschwung gekommen ist.

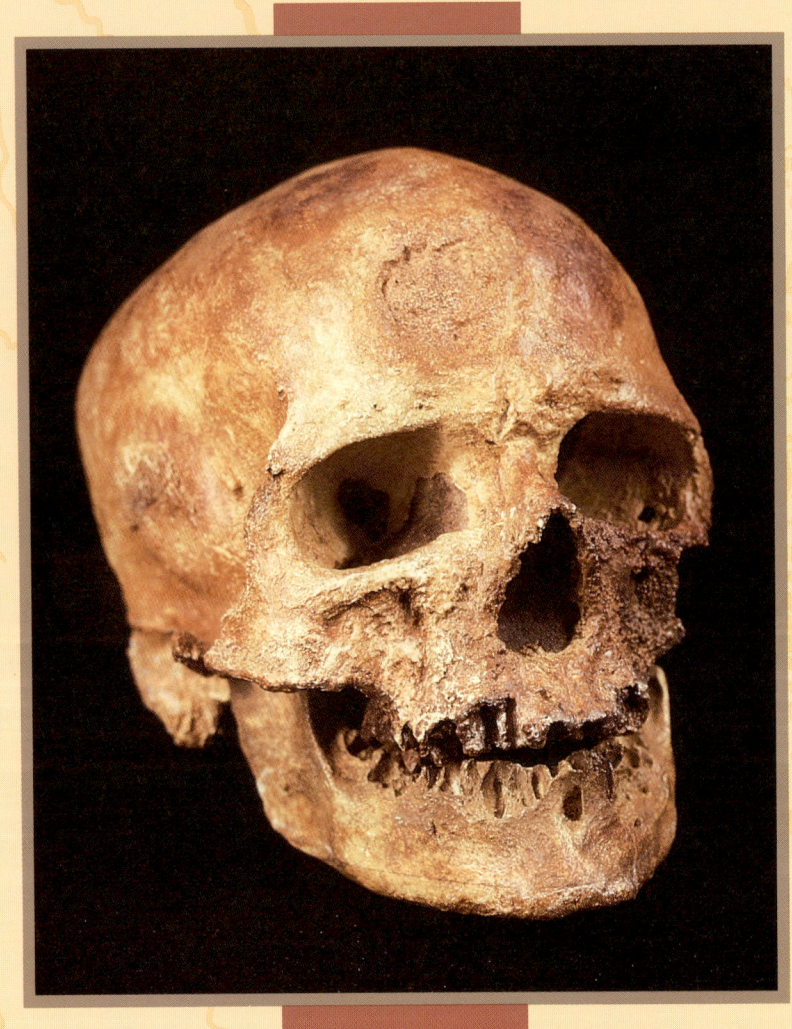

3.1 Ein Cro-Magnon-Schädel (Cro-Magnon I), 1868 bei Les Eyzies in Frankreich gefunden und auf ein Alter von 30 000 Jahren datiert.

3

Zwei
Modelle

Die Jahrestagung der American Association for the Advancement of Science (AAAS) von 1990 servierte die gewohnt reiche Auswahl eines intellektuellen Menus, von den jüngsten Entdeckungen in der Neurobiologie und der Besorgnis über den Verlust biologischer Vielfalt bis hin zu den Geheimnissen des frühen Universums und der modernen Volkswirtschaft. Vor einem dicht gefüllten Auditorium wurde der prüfende Blick der Wissenschaft mitten am Sonntagnachmittag auf die fossile Dokumentation für den Ursprung des modernen Menschen gelenkt, präsentiert von den Paläoanthropologen, die am besten mit den Unzulänglichkeiten vertraut waren, die dieser (fossilen) Quelle innewohnen.

Das Programm schien eine ausgeglichene Würdigung der fossilen Daten zu versprechen, die als »der einzige direkte Anhaltspunkt mit der Macht der Widerlegbarkeit« charakterisiert wurden. Tatsächlich aber wiederholte ein halbes Dutzend Redner, angeheuert von Milford Wolpoff von der Universität von Michigan, beständig einen einzigen Standpunkt und deklarierten die entgegengesetzte Interpretation durch ihre Beweise als vernichtet. Natürlich ist es keine absolute Forderung, daß wissenschaftliche Symposien für Vortragende auf beiden Seiten einer Streitfrage gleichgewichtige Chancen einräumen. Aber allgemein ist für wissenschaftliche Tagungen, wie die der AAAS, solche Einseitigkeit ungewöhnlich. »Es war als Verkaufsschlager gedacht«, gab Wolpoff später gegenüber einem Reporter des Magazins *Discover* zu: »Wir planten die ganze Sache, probten sie und feilten an jedem Wort.« Er erklärte, die wissenschaftlichen Ideen, die hinter der multiregionalen Evolutionshypothese seiner Arbeitsgruppe stehen, seien kompliziert und daher einer größeren Öffentlichkeit nicht gut vermittelt worden. Das Symposium habe man eingerichtet, um diesem Problem abzuhelfen – man wollte weniger andere Anthropologen überzeugen, als vielmehr die eigenen Vorstellungen allgemein bekannt machen.

Falls die Punkte, die sie in den Zeitungsausgaben des folgenden Tages einschließlich der Londoner *Times*

machten, irgendein Maßstab sein sollten, erreichten sie ihr Ziel. »Eine Gruppe von Fossilienspezialisten sagte, daß Studien an Schädeln und anderen Überresten menschenähnlicher Geschöpfe, die in Asien und Europa gefunden wurden, gezeigt haben, daß die Garten-Eden-Theorie falsch sein muß«, hieß es in einem Bericht. (Die Garten-Eden-Theorie – auch als „Jenseits-von-Afrika"-Hypothese (Arche-Noah-Modell) bekannt – ist eine Bezeichnung für die von Wolpoff und seinen Kollegen so heftig attackierte Theorie). »Fossilien sind echte Beweise«, so wurde in einem anderen Artikel einer der Redner zitiert, »und sie sprechen nicht für diese Theorie«. Ein dritter Bericht erklärte die Garten-Eden-Theorie als »in dieser Woche auf dem jährlichen Gipfeltreffen der Wissenschaftler der Nation unter Beschuß«.

Wissenschaftliche Diskussionen werden natürlich niemals durch das Gewicht der öffentlichen Meinung beigelegt. Das kann nur durch die Anhäufung einer Masse unwiderlegbarer Beweise geschehen. Dennoch sind einige Streitfragen natürlich von größerem Interesse für das allgemeine Publikum als andere: Der Ursprung des modernen Menschen fesselt natürlich die Aufmerksamkeit der Öffentlichkeit. Daneben kann die Sprache der Debatte unterschwellige Vorlieben widerspiegeln. Anspielungen auf den Garten Eden Schlagworte wie »Killer-Afrikaner überschwemmen Europa und Asien« offenbaren dem Beobachter, daß hier mehr als trockene wissenschaftliche Tatsachen auf dem Spiel stehen. Eine Theorie über den Ursprung des modernen Menschen ist in Wirklichkeit eine Beschreibung, wie sich unsere unmittelbaren Vorfahren verhielten. Fragen der Rasse und nach Rassenunterschieden sind hier selbstverständlich, so daß es vielleicht unvermeidlich ist, wenn die Diskussion gelegentlich wortreich und leidenschaftlich zugeht (siehe hierzu Exkurs 3.1).

Wie wir in den vorhergehenden Kapiteln gesehen haben, kam in den vergangen Jahren wissenschaftliches Beweismaterial ans Licht; manches betraf die Fossilien selbst, anderes entstammte der Genetik, einer verhältnismäßig jungen Erkenntnisquelle für jene Anthropologen, die sich für die späteren Stadien der menschlichen Vorgeschichte interessieren. Wis-

3.2 Milford Wolpoff von der Universität von Michigan ist ein starker
Fürsprecher der Hypothese von der multiregionalen Evolution.

senschaft gedeiht auf neuen Tatsachen, die jedoch keinen Konsens garantieren. Der Effekt in diesem Fall beinhaltete beides, die Klärung und die Polarisierung der gegensätzlichen Positionen. Der Mittelweg der Standpunkte wurde wirksam eliminiert. Dies ist eine Situation, in der sich die Debatte über den Ursprung des modernen Menschen zur Zeit befindet. Zwei sich gegenseitig ausschließende Argumente beanspruchen gegenwärtig Beachtung.

Drei Dokumentquellen werden angeführt, um diese Argumente zu stützen und zu überprüfen. Die Fossilien selbst, die, behaftet mit anatomischen Merkmalen, im Prinzip hinsichtlich evolutionärer Verwandtschaft über Raum und Zeit hinweg interpretierbar sein sollten, sind der Gegenstand dieses Kapitels. Die molekularen Spuren der Stammesgeschichte, die jeder von uns in seinen Genen trägt, werden Thema des folgenden Kapitels sein. Kapitel 5 wird den Ver-

Exkurs 3.1: Die menschliche Vielfalt

Homo sapiens ist geographisch weit verbreitet, und zwar schon seit vielen zehntausend Jahren. Wie bei allen solchen Arten entwickelte sich lokale geographische Vielfalt auf phänotypischem und genotypischem Niveau. Aber sie ist bemerkenswert gering. Die ursprünglich geographischen Varianten sind traditionell als Rassen bekannt und bilden als solche einen widersprüchlichen und konfusen Gegenstand in der Anthropologie, vorwiegend aus sozialen Gründen.

Die Vorstellung, gewisse Rassen seien anderen überlegen – oft in nicht näher genannten Bereichen ihrer Errungenschaften und Moral – wurde in der Vergangenheit von Anthropologen ausdrücklich unterstützt. Beispielsweise schrieb Henry Fairfield Osborn vom American Museum of Natural History 1926: »Die Evolution des Menschen ist gebremst oder rückwärtsschreitend … in den tropischen und subtropischen Regionen.« Roy Chapman Andrews, ebenfalls vom American Museum, stimmte dem zu: »Der [evolutionäre] Fortschritt der verschiedenen Rassen war ungleichmäßig. … Einige entwickelten sich in einem unglaublichen Tempo zu den Herren der Welt«, schrieb er 1948.

Ausdrücklich rassistische Äußerungen dieser Art, die während der ersten Hälfte des Jahrhunderts unter den Anthropologen üblich waren, wichen Ansichten, die oft sogar das Vorhandensein von Rassen in Frage stellen. Die frühere Vorstellung von „Typen" – mit der Bedeutung von reinen, isolierten Gruppen – wurde fallengelassen zugunsten einer kontinuierlichen Variation über die Populationen hinweg. Geographische Populationen können anhand spezifischer anatomischer Merkmale identifiziert werden, die aber auch bei anderen Populationen erscheinen. Für das Verschwimmen der Grenzen zwischen den geographischen Gruppen sind vor allem Wanderungen von Bevölkerungen in historischer und prähistorischer Zeit verantwortlich.

Die Evolution geographisch charakteristischer Züge wertet man gewöhnlich als Anpassung an spezifische örtliche Bedingungen oder seltener als Ergebnis von Gendrift. Solche Anpassungen wurden für geographisch weitverbreitete Tier- und Pflanzenarten ausgiebig dokumentiert. Bei den Menschen ist die Hautfarbe ein offensichtlich variables Merkmal, vermutlich eine Anpassung an die jeweils herrschende Intensität des Sonnenlichtes, die die Vorteile des Schutzes in Gebieten mit starker UV-Strahlung und die Notwendigkeit der Produktion von Vitamin D (das sich in belichteter Haut bildet) in Regionen mit niederer UV-Intensität reflektiert. Dennoch bleiben, wie der Genetiker Richard Lewontin von der Harvard-Universität hervorhebt, diese

mutmaßlichen Vorteile Annahmen, weil der Überlebenswert von dunkler und heller Haut in verschiedenen Breiten niemals geprüft wurde.

Im 19. Jahrhundert erkannte man zwei ganz allgemeine Einwirkungen der Umwelt auf die Körperform. Die erste, als Bergmannsche Regel bekannt, besteht darin, daß Individuen in kälteren Regionen eines Artareals einen verhältnismäßig massigen Körper haben. Die zweite, Allensche Regel genannt, führt dazu, daß in diesen kalten Gebieten vorspringende Körperteile – Glieder, Finger und Ohren – relativ kurz sind. Beide Effekte sind klare Anpassungen an die Kälte und verringern den Wärmeverlust. Sie zeigen sich sowohl bei menschlichen Populationen als auch bei anderen Säugetieren. Menschengruppen, die seit zahllosen Generationen unter heißen und trockenen Bedingungen lebten, wie die Massai in Ostafrika, neigen zu einem leichten Körperbau mit verlängerten Gliedern. Seit Jahrtausenden kalten Umwelten angepaßte Bevölkerungen, wie die Eskimos, sind gedrungen gebaut und haben kurze Extremitäten.

Viele anatomische Eigentümlichkeiten, die manchmal für Rassenmerkmale gehalten wurden, entziehen sich einfachen Erklärungen als Anpassung. Die Haarstruktur ist ein Beispiel, ebenso das Vorhandensein oder Fehlen der Epikanthusfalte (Mongolenfalte) des oberen Augenlides (verbreitet bei asiatischen Völkern), die Form der Lippen und der Brustwarzen. Solche Eigenschaften könnten genausogut durch neutrale Gendrift in Bevölkerungen bestimmter geographischer Regionen fixiert worden sein.

Anatomische Unterschiede zwischen rassischen Gruppen lassen sich nicht bezweifeln. Schon seit Jahrhunderten umstritten ist jedoch die Frage nach Verhaltensunterschieden, besonders nach Unterschieden der intellektuellen Fähigkeiten. Dieses Problem war für sehr lange Zeit durch das Einbringen kulturell bedingter Wertungen (Eurozentrismus) und reiner Vorurteile sehr verworren, so daß keine eindeutige Antwort möglich ist. Rassische Unterschiede im Intellekt sind prinzipiell möglich als das Resultat von Anpassungsvorgängen, die einen Typ von Fähigkeiten gegenüber anderen bevorzugten. Bisher sind allerdings keine allgemein akzeptierten signifikanten Unterschiede zwischen geographischen Rassen nachgewiesen worden, speziell nicht beim sogenannten IQ.

Aus beiden vorherrschenden Modellen zum Ursprung des modernen Menschen ergeben sich unterschiedliche Folgerungen für den Ursprung der Rassenunterschiede. Das multiregionale Modell behauptet, die Bevölkerungen geographisch verschiedener Gebiete hätten sich bereits vor einer Million Jahren etabliert. Bedeutsame rassische Unterschiede könnten sich im Laufe dieser langen Zeit trotz eines gewissen Genflusses herausgebildet haben. Unter den Anthropologen gibt es erhebliche Meinungsunterschiede darüber, was die Fossildokumentation über die Vorfahrenschaft der modernen geographischen Bevölkerungsgruppen aussagt. Das „Jenseits-von-Afrika"-Modell, aus dem ein junger Ursprung der modernen Populationen folgt, die aus Abkömmlingen einer *Homo sapiens*-Population hervorgingen, die sich in Afrika entwickelte, fordert nur flache rassische Wurzeln.

Die Variabilität zwischen modernen Populationen ist erheblich geringer als diejenige zwischen denen des archaischen *sapiens* vor etwa 250 000 Jahren. Die einfachste Erklärung hierfür ist, daß die modernen Populationen sich alle kürzlich aus einer einzigen Ahnenpopulation entwickelten.

Eine junge gemeinsame Vorfahrenschaft der modernen Menschen und somit auch seiner lokalen geographischen Populationen wird zudem durch grundlegende genetische Tatsachen nahegelegt. Das allgemeine Ausmaß der genetischen Variabilität in der Mitochondrien-DNA zwischen Populationen heutiger Menschen ist bedeutend geringer als dasjenige zwischen Populationen von Menschenaffen. Wir nehmen an, Menschen und Menschenaffen hätten sich vor fünf Millionen Jahren voneinander getrennt. Wenn sich die modernen Menschen vor einer Million Jahren herausbildeten, sollte die Variabilität ihrer Mitochondrien-DNA ungefähr ein Fünftel von derjenigen betragen, die man unter den Menschenaffen findet. Tatsächlich beträgt sie nur ein reichliches Zehntel.

Außerdem sind, wie Lewontin vor zwei Jahrzehnten feststellte, moderne geographische Populationen genetisch einander außerordentlich ähnlich. Lewontin untersuchte Varianten für 17 verschiedene Gene, einschließlich solcher für Blutgruppen und verschiedene Enzyme, innerhalb von sieben großen geographischen Gruppen: Kaukasier, Schwarzafrikaner, Mongolide, Südasiaten, Indianer, Ozeanier und australische Aborigines. Das Resultat, das damals eine große Überraschung bedeutete, sich aber als robust erwies, war, daß die große Mehrheit der genetischen Variabilität – 85 Prozent – *innerhalb* der einzelnen rassischen Gruppen selbst und nicht zwischen ihnen gefunden wird.

haltensfaktor untersuchen: Werkzeugtechnologie, Anhaltspunkte auf Subsistenzformen und verschiedene Lebensweisen. Wir werden anfangen zu erkennen, wie überraschend schwierig es ist, das Herzstück unseres Interesses erst einmal zu definieren: Was bedeutet eigentlich „moderne Menschen"?

Vier Hypothesen

»Vor 20 Jahren, als ich meine Doktorarbeit begann, gab es vier Haupthypothesen über den Ursprung der modernen Menschen«, erinnert sich Christopher Stringer vom Museum of Natural History in London. Eine war die Neandertaler-Phase-Hypothese oder auch unilineare Hypothese, die, wie wir im vorherigen Kapitel gesehen haben, in jüngster Zeit von Loring Brace entwickelt wurde. Die zweite, als Spektrum-Hypothese bekannte, wandelte diese ab, indem sie stärkere Wechselbeziehungen der verschiedenen Populationen untereinander annahm, was die Unterscheidung zwischen ihnen verwischte. Die dritte, das Prä-Neandertaler-Modell von Clark Howell und Sergio Sergi, sah eine frühe, allgemein verbreitete Neandertaler-Population, die sich relativ spät verzweigte, wodurch die „klassischen" Neandertaler Westeuropas entstanden – die schließlich ausstarben – und die modernen Menschen. Viertens gab es noch das Prä-*sapiens*-Modell, das auf Marcellin Boule zurückgeht, aber durch seinen Landsmann Henri Vallois und von Louis Leakey fortgeführt wurde. In diesem Modell wird eine frühe Aufspaltung angenommen zwischen der echten *sapiens*-Abstammungsreihe, aus der die modernen Menschen hervorgingen, sowie der Entwicklungslinie, die zu anderen Gruppen wie *Homo erectus* und den Neandertalern führte.

Ein Modell, auf das Stringer in seiner Doktorarbeit nicht einging, war die Vorstellung von einem einzigen Ursprungszentrum des modernen Menschen, von dem aus dann eine Wanderung in die übrige Alte Welt hinein einsetzte. Der Wissenschaftler, der sich am meisten mit dieser Hypothese befaßte, die man damals, nicht zuletzt wegen der spärlichen fossilen

3.3 Christopher Stringer vom Museum of Natural History in London ist ein starker Fürsprecher der „Jenseits-von-Afrika"-Hypothese.

Überlieferung und ungewisser Datierung, noch unvollkommen formuliert hatte, war William Howells von der Harvard-Universität. Doch zwei Jahrzehnte später war sie eine von zwei tragenden Hypothesen. Afrika galt als das Zentrum des Ursprungs und Stringer als ihr Hauptfürsprecher, zumindest vom Gesichtspunkt der Fossilien her.

Stringer bezeichnet die heutigen vier Haupthypothesen als „Zwangsjacken", die auf die Forschung ebenso wie die dürftige Fossildokumentation und die ungewisse Chronologie Druck ausüben. Eine andere

„Zwangsjacke" war »die Überzeugung vieler Forscher, technologischer Wandel sei der einzig mögliche Motor gewesen, der die Evolution des modernen Menschen vorantrieb«. Der Grund hierfür ist leicht zu erkennen. Europa beherrschte lange Zeit die archäologische Überlieferung aus diesen späteren Epochen der menschlichen Vorgeschichte, zum Teil wegen der selektiven Konservierung (nur gewisse Fossilteile überdauerten den geologischen Zeitraum), vor allem aber aufgrund ihrer langen Fund- und Forschungstradition. Darüber hinaus schien, wie wir in Kapitel 5 noch detaillierter sehen werden, die europäische Fossildokumentation ein klares Zeichen der Geburt des modernen Menschen zu beherbergen: die Überleitung vom Mittel- zum Jungpaläolithikum.

Ursprung der „Jenseits-von-Afrika"-Hypothese

Vor rund 40 000 Jahren wurde die seit langem eingeführte und relativ begrenzte Abschlagtechnologie ersetzt durch eine außerordentlich verfeinerte und sich rasch entwickelnde Blattechnologie des Jungpaläolithikums. Sie beinhaltet auch einen umfassenden Gebrauch von Knochen und Geweih als Rohmaterial. Daneben tauchten Hinweise auf Körperschmuck auf, ebenso der sogenannte künstlerische Ausdruck auf Gebrauchsgegenständen und an Höhlenwänden. Die Bevölkerung des Jungpaläolithikums – moderne Menschen – platzte anscheinend mit dramatischem Effekt in die Szene und drängte das weniger kultivierte mittelpaläolithische Volk in den Hintergrund. Europäische Forscher sahen in alldem natürlich einen Beweis für den Ursprung des modernen Menschen – ein Ereignis, von dem nur wenige überrascht waren, daß es auf ihrem eigenen Kontinent stattfand. Die heutige wissenschaftliche Meinung ist aber eine andere.

»Wenn Sie sich wirklich für den *Ursprung* des modernen Menschen interessieren, dann ist Westeuropa so etwas wie ein Stauwasser«, meinte Fred Smith, ein Anthropologe von der Northern Illinois-

Universität. »Eines ist klar, nämlich, daß die tatsächliche Handlung sich andernorts abspielte.« In gleicher Richtung machte sich kürzlich Arthur Jellinek von der Universität von Arizona Gedanken über den Impuls, vorgeschichtliche Fundstellen aufzuspüren: »Ich wüßte gern, wie unsere Meinung von der Evolution des modernen Menschen aussähe, wenn die industrielle Revolution und die ihr nachfolgende intellektuelle Neugier in China, Java oder Indien eingesetzt hätte nebst nur wenigen außergewöhnlichen Fossilien aus dem geographisch toten Winkel Westeuropas.« Das archäologische Signal aus dem Europa vor 40 000 Jahren ist stark und klar. Aber nahezu gewiß zeigt es ein Ereignis innerhalb der Geschichte des modernen Menschen an und nicht ihren Ursprung. Doch die Geschichte entfaltete sich wie geschehen, und der eurozentrische archäologische Blickwinkel wurde erst vor kurzem verworfen. Der starke Eindruck des dramatischen technologischen Wandels als ein notwendiges Zeichen vom Ursprung moderner Menschen behält aber in gewissem Maß seinen Einfluß.

Die Hypothese, die Stringer jetzt vertritt – nämlich die von einem rezenten, alleinigen Ursprung moderner Menschen in Afrika –, hat eine lange Vorgeschichte. »Ich wurde 1964 von Braces polemischen Artikel in der Fachzeitschrift *Current Anthropology* zu der Auffassung angeregt, daß die Neandertaler tatsächlich in vielen früheren Untersuchungen ungerecht behandelt wurden«, erinnert er sich an seinen ersten Vorstoß zu diesem Thema. Deshalb nutzte er die Faktorenanalyse, eine statistische Methode, um Anatomien zu vergleichen und verwandtschaftliche Beziehungen auf der Grundlage von Meßergebnissen an einer Serie fossiler Merkmale zu erschließen. Dieses Verfahren war damals sehr beliebt, nicht zuletzt weil die statistische Behandlung über den Ruf einer objektiveren und leistungsfähigeren wissenschaftlichen Methode verfügte als die Beurteilung anatomischer Ähnlichkeiten allein auf der Grundlage von Beobachtungen. »Wie viele andere dachte ich, die Faktorenanalyse könne uns die Objektivität geben, die wir suchten«, sagt Stringer. »Ich bräuchte nur die Daten in den Computer zu geben und würde dann rasch die Antworten erhalten!«

75

Stringer unternahm 1971 eine dreimonatige Reise durch Europa, um die Daten zu sammeln, mit denen er seinen Computer füttern wollte. Schädel, die man in Europa, im Nahen Osten und in Nordafrika gefunden hatte, waren sein Ziel. »Fast überall wurde ich trotz meines fehlenden wissenschaftlichen Status und meines unkonventionellen Äußeren zwar sehr höflich empfangen«, erinnert er sich, »aber dennoch merkte ich, daß manches wichtige Material für Studienzwecke absolut unzugänglich war.« Gewöhnlich gab es hierfür einleuchtende Gründe, beispielsweise, das Exemplar sei nach auswärts zur Untersuchung verliehen. Aber der Kurator eines großen Pariser Museums versuchte Stringer daran zu hindern, ein besonders wichtiges Exemplar zu sehen, und behauptete, es befände sich augenblicklich in einem anderen Laboratorium. Stringer wußte, daß das nicht stimmte. Er konnte das Material nur durch List und mit Hilfe eines sympathisierenden Forschers derselben Institution untersuchen. Aus solchen Handlungen besteht der seltsame Leumund der Paläoanthropologie.

Als Stringers Computeranalyse abgeschlossen war, gab es zwar Antworten, aber keine klare Schlußfolgerung. Neben der verstärkten Entwicklung verschiedener Züge der Anatomie bei den westeuropäischen Neandertalern offenbarte die statistische Untersuchung ähnliche (anatomische) Übertreibungen bei einigen neandertalerähnlichen Exemplaren aus dem Nahen Osten: beispielsweise an jenen von Ahmud in Israel. Andere nahöstliche Exemplare, wie die aus der Skhul-Höhle, ähnelten weitgehend den jungpaläolithischen Menschen Europas. Ein klares Zeichen war jedoch die morphologische Kluft zwischen den Neandertalern und den Individuen aus dem Jungpaläolithikum. Infolgedessen meinte Stringer, er könne die einfache unilineare Hypothese von Brace ablehnen, nach der sich die Neandertaler zu den Menschen des Jungpaläolithikums entwickelten. Als er die vor den Neandertalern lebenden Exemplare untersuchte, vor allem jene von Swanscombe (England) und Fontechevade (Frankreich), erschienen sie ihm zu archaisch oder neandertalerähnlich, um Vallois' und Leakeys Prä-*sapiens*-Hypothese zu stützen. Diese Hypothese forderte die Existenz moderner Formen zu einem frühen Zeitpunkt in der Überlieferung. Derartiges konnte Stringer aber nicht finden. Nachdem das unilineare und das Prä-*sapiens*-Modell eliminiert waren, blieben als Möglichkeiten noch die Spektrum-Hypothese und die Prä-Neandertaler-Hypothese übrig.

Die Wichtigkeit guter Datierung

»Wenn ich auf die Arbeit an meiner Dissertation zurückblicke … wird es offensichtlich, daß sie an Naivität gegenüber der Fähigkeit der Faktorenanalyse litt, evolutionäre Probleme zu lösen«, meinte Stringer drei Jahrzehnte später. Obgleich sie von den physischen Anthropologen weiterhin genutzt und in begrenztem Maße bei direkten anatomischen Vergleichen als nützlich erachtet wird, erwies sich die Faktorenanalyse für die Suche nach schwierigen evolutionären Mustern als weniger aussagekräftig als erwartet. Aber es gab noch andere Schwierigkeiten. Ein nicht geringes Problem war die dürftige und schlecht datierte Fossildokumentation, mit der er es zu tun hatte. Die folgenden Jahre brachten dann sowohl bessere Altersangaben als auch neue Funde, wodurch die schwierige Aufgabe etwas leichter wurde. Als wesentlich erwiesen sich jedoch neue Techniken für anatomische Vergleiche.

Seit einigen Jahren hatte eine kleine Gruppe von Biologen eine Methode entwickelt, die unter dem Namen Kladistik bekannt ist. Sie stellt deshalb ein potentiell wirkungsvolles Verfahren zum Auffinden von verwandtschaftlichen Beziehungen zwischen Arten dar, weil sie die bezeichnenden anatomischen Ähnlichkeiten von den nicht bedeutsamen aussortiert. Die Technik beruht auf der Identifizierung anatomischer Merkmale, die eine Artengruppe ausschließlich als evolutionär verwandt zusammenfaßt. Im Verlauf der Stammesgeschichte erscheinen von Zeit zu Zeit neue Eigenschaften. Die Art, in der das neue Merkmal entsteht, und all ihre Nachkommen, die als einzige die Neuerung aufweisen, nennt man eine Klade. Die neue Eigenschaft wird als ein gemeinsames abgeleitetes Merkmal der Gruppe bezeichnet.

Ein Beispiel ist der Besitz von Fingernägeln, der Primaten als Abkömmlinge eines gemeinsamen Ahnen vereint. Dieses Merkmal ist daher nützlich, Primaten zu identifizieren. Aber weil alle Primaten Fingernägel haben, dient dieses Merkmal nicht zur Unterscheidung verschiedener Gruppen innerhalb der Primaten, beispielsweise nicht die Affen von den Halbaffen. Eine Neuerung, die *innerhalb* der Primaten erschien – zum Beispiel die Oberaugenwülste – identifiziert alle Hominoiden (Menschenaffen und Menschen) als Abkömmlinge eines einzigen Vorfahren innerhalb der Klade der Primaten. Weiterhin kennzeichnet die zweibeinige Fortbewegungsweise (Bipedie) Hominide als Nachkommen eines einzigen gemeinsamen Vorfahren innerhalb der Klade der Hominoiden. In den siebziger Jahren begannen die Anthropologen die kladistische Technik auf Fragestellungen hinsichtlich der evolutionären Verwandtschaft bei fossilen hominiden Artvertretern anzuwenden.

»Durch meinen Kontakt mit Wissenschaftlern wie Peter Andrews, Eric Delson, Jeff Schwartz und Ian Tattersall wurde ich mir des Beitrags bewußt, den die Kladistik für mein Verständnis der Daten leistete, die ich zu analysieren suchte«, erinnert sich Stringer. Als Folge davon begannen sich die Untersuchungsobjekte ganz von selbst in drei klar voneinander getrennte Gruppen zu ordnen. Die eine beinhaltete sowohl die frühen als auch die späten Neandertaler aus Asien und Europa. Die zweite umfaßte modernere Funde, einschließlich der Menschen aus dem Jungpaläolithikum, zwei Exemplare aus Israel (Skhul und Qafzeh) und eines aus Afrika (der Omo 1-Schädel aus Äthiopien). Die dritte Gruppe war primitiver und schloß den Petralonaschädel aus Griechenland, Broken Hill aus Sambia und Arago aus Frankreich ein. Das wichtigste war jedoch, daß jetzt ein Muster der Umwandlungen in der Form des Schädels und des Gesichts erkennbar wurde.

Vor einer halben Million Jahren folgte die allgemeine Kopfform einem einzigen Muster: Die Schädelwölbung war etwas gestreckt, breit, flach und von kleinem Volumen, das Gesicht breit, groß und flach. Dies kann man als Urform bezeichnen. Vor einer hal-

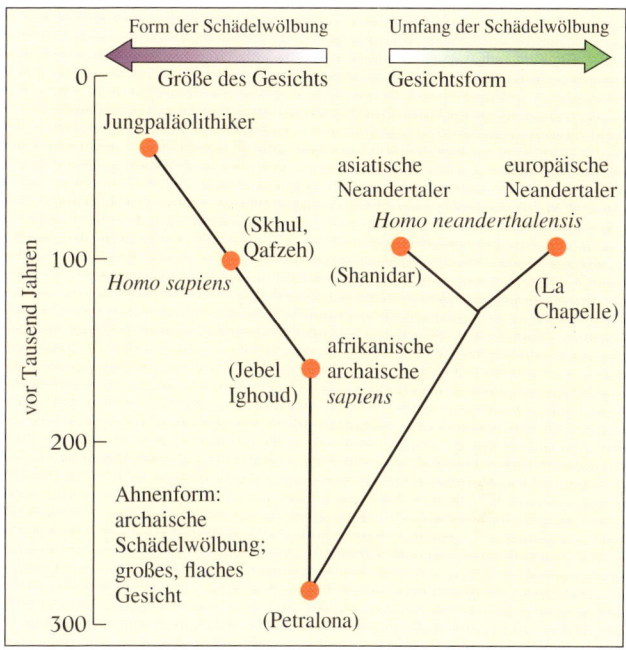

3.4 Die Evolution der Schädelform brachte in den späteren Stadien der menschlichen Vorgeschichte drei Muster hervor. Das Neandertaler-Muster trennte sich von dem des modernen Menschen, wodurch eine Vorfahrenbeziehung zwischen beiden unwahrscheinlich wird.

ben Million bis vor 50000 Jahren entwickelten sich drei verschiedene Muster. Im ersten, das zum modernen Menschen führte, wuchs die Schädelwölbung höher, schmaler und kürzer, während das Gesicht die gleiche allgemeine Form in etwas kleinerem Maßstab behielt. Bei den Neandertalern geschah das Umgekehrte: Die Schädelkapsel behielt ihre primitive Gestalt, obgleich im Volumen erweitert, während sich das Gesicht veränderte – es wurde oben schmaler und sprang in der Mitte deutlich vor. Die dritte Gruppe, die viel von der allgemeinen primitiven Form bewahrte, enthielt das berühmte Fossil von Jebel Ighoud in Nordafrika. Stringer schloß, daß die Exemplare von Skhul/Qafzeh und die asiatischen Neandertaler in entgegengesetzte Richtungen auszuscheren schienen, nämlich in Richtung der modernen Menschen und der europäischen Neandertaler, jede Gruppe für sich mit unterschiedlichem evolutionären Schicksal.

Anscheinend gab es keine genetische Kontinuität zwischen den modernen Menschen, die sich letztlich hier durchsetzten, und den archaischen Bevölkerungen (einschließlich der Neandertaler) Europas und des Nahen Ostens. Mit anderen Worten, die frühen Bevölkerungen in dieser Region der Welt waren nicht die Vorfahren derjenigen, die später dort lebten. Wie aber war das anderswo?

Das fossile Material außerhalb Europas ist spärlich. Aber aus dem, was Stringer sehen konnte, ergeben sich keine Hinweise auf eine Kontinuität von älteren zu modernen Populationen – abgesehen von Afrika. In Afrika wurde es offensichtlich, daß gewisse Individuen mit Merkmalen moderner Menschen (solche Exemplare wie Omo 1, Fragmente aus der Klasies River Mouth-Höhle in Südafrika und Border Cave) zu den ältesten dieses Typs auf der Welt gehören; wahrscheinlich sind sie sogar die ältesten.

Jahrelang wurde die Interpretation dieser Exemplare durch Unsicherheiten der Datierung gegeißelt. In jüngster Zeit nutzte man jedoch mit einigem Erfolg neue Datierungstechniken, wie Thermolumineszenz und Elektronenspinresonanz. Beide Verfahren hängen von der natürlichen Radioaktivität im Boden ab, die die Elektronen in „Zielmaterialien", wie Feuerstein und Zahnschmelz, auf ein höheres Energieniveau hebt. Je länger solches Material im Boden ruht, desto mehr angeregte Elektronen sammeln sich in ihm an und liefern so ein Maß für die Dauer, die seit der Einlagerung verging. Die Thermolumineszenztechnik mißt die Elektronen höherer Energie durch Freisetzen von Licht beim Erhitzen des Zielmaterials. Die Elektronenspinresonanz ermittelt die Elektronen mit hoher Energie direkter. Die neuen mit dieser Technik gewonnenen Daten festigen die Überzeugung, daß einige der frühen anatomisch menschlichen Exemplare in Südafrika nahezu 100 000 Jahre

3.5 Border Cave in Südafrika ist der Fundort einiger der frühesten anatomisch modernen menschlichen Fossilien (Schädelfragmente), die 80 000 Jahre oder älter sind.

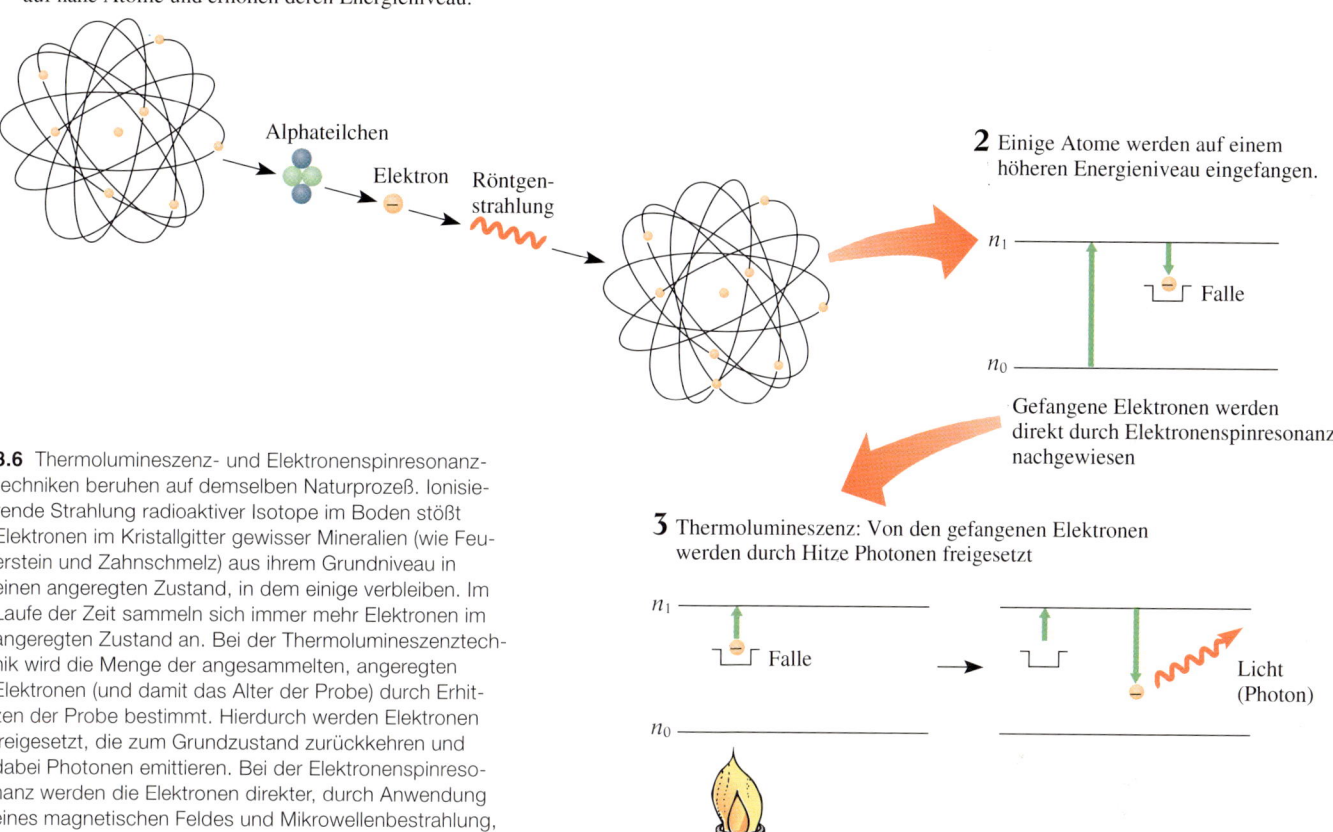

1 Produkte des radioaktiven Zerfalls stoßen auf nahe Atome und erhöhen deren Energieniveau.

Alphateilchen

Elektron   Röntgen-strahlung

2 Einige Atome werden auf einem höheren Energieniveau eingefangen.

n_1 Falle

n_0

Gefangene Elektronen werden direkt durch Elektronenspinresonanz nachgewiesen

3 Thermolumineszenz: Von den gefangenen Elektronen werden durch Hitze Photonen freigesetzt

n_1 Falle

n_0 Licht (Photon)

3.6 Thermolumineszenz- und Elektronenspinresonanz-techniken beruhen auf demselben Naturprozeß. Ionisierende Strahlung radioaktiver Isotope im Boden stößt Elektronen im Kristallgitter gewisser Mineralien (wie Feuerstein und Zahnschmelz) aus ihrem Grundniveau in einen angeregten Zustand, in dem einige verbleiben. Im Laufe der Zeit sammeln sich immer mehr Elektronen im angeregten Zustand an. Bei der Thermolumineszenztechnik wird die Menge der angesammelten, angeregten Elektronen (und damit das Alter der Probe) durch Erhitzen der Probe bestimmt. Hierdurch werden Elektronen freigesetzt, die zum Grundzustand zurückkehren und dabei Photonen emittieren. Bei der Elektronenspinresonanz werden die Elektronen direkter, durch Anwendung eines magnetischen Feldes und Mikrowellenbestrahlung, gemessen.

alt sind, was sie zu Zeitgenossen der Neandertaler in Europa und Asien macht (siehe hierzu Exkurs 3.2).

Vor zehn Jahren mußte Stringer seine Einschätzung jedoch auf sehr ungenauen Daten aus Afrika gründen. Sein Modell des afrikanischen Ursprungs stellte er erstmals 1982 auf einer großen anthropologischen Konferenz in Nizza der Öffentlichkeit vor. Stringers Hypothese beruhte auf drei Argumenten. Erstens, dem Nachweis eines frühen Erscheinens anatomisch moderner Menschen in Afrika, ungeachtet aller Ungewißheiten; zweitens, dem praktischen Fehlen entsprechender Nachweise in Europa und Asien; und drittens, der Annahme, die Skhul/Qafzeh-Fossilien aus dem Nahen Osten seien verhältnismäßig jungen

Ursprungs, nicht über 50 000 Jahre alt. Ende 1982 wurde die Hypothese in der Fachzeitschrift *Current Anthropology* publiziert.

Zu jener Zeit hatten auch andere begonnen, diese grobe Richtung einzuschlagen, obgleich keiner den Gedankengang so deutlich und ausschließlich äußerte wie Stringer. Forscher wie Desmond Clark, Reiner Protsch, Peter Beaumont, Philip Rightmire und Gunter Bräuer hatten alle auf Afrika als Entstehungsort des modernen Menschen verwiesen, aber jeder bezog auch einen beträchtlichen Einfluß aus anderen Regionen in unterschiedlichen Weisen mit ein. Stringer meinte nicht, die modernen Menschen hätten sich von Afrika aus über den Rest der Welt

Exkurs 3.2: Eine Revolution in der Datierung

Anthropologen und Archäologen müssen das Alter von menschlichen Fossilien und Artefakten kennen. Sonst wäre es unmöglich, das Muster der Wandlungen von Anatomie und Verhalten im Verlauf evolutionärer Zeiträume zu ermitteln. Wie wir in diesem Kapitel sehen, revolutionierte die kürzliche Einführung zweier neuer Datierungstechniken in die Paläoanthropologie die Interpretation von Evolutionsreihen im Nahen Osten, die für den Ursprung des modernen Menschen bedeutsam sind.

Die Forscher haben zwei Möglichkeiten, das Alter von Fossilien und Artefakten zu ermitteln: direkte oder indirekte Methoden. Erstere ergeben das Alter der Gegenstände selbst – letztlich die bevorzugte Wahl. Es gibt hier jedoch Probleme. Vor allem existieren für den größten Teil des Untersuchungsmaterials – urzeitliche Fossilien und Steinwerkzeuge – keine Verfahren zur direkten Datierung. Einige Methoden, wie die Carbon-14-Methode und die Elektronenspinresonanz, lassen sich direkt auf Zähne oder junge Fossilien anwenden und natürlich auf Pigmente der Malereien an Felsvorsprüngen und Höhlenwänden. Die Thermolumineszenz kann man direkt für alte Tongefäße und Feuersteinwerkzeuge nutzen.

In der Praxis dominieren gewöhnlich indirekte Methoden. Mit ihrer Hilfe erhält man das Alter eines Fossils oder Artefakts, indem man irgend etwas datiert, was mit ihm verbunden ist. Dies mag beispielsweise ein nichtmenschlicher fossiler Zahn aus der gleichen stratigraphischen Schicht (geologische Ablagerungsschicht) sein, den man für die Elektronenspinresonanz nutzt. Thermolumineszenz kann mit menschlichen Fossilien assoziierte Feuersteinwerk-

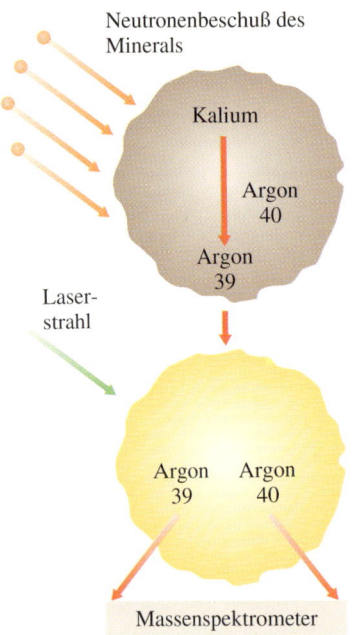

Neutronenbeschuß des Minerals

Kalium

Argon 40

Argon 39

Laserstrahl

Argon 39   Argon 40

Massenspektrometer

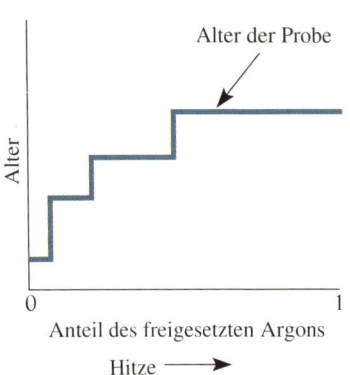

Alter der Probe

Alter

0   Anteil des freigesetzten Argons   1

Hitze ⟶

E.3.2.1 Die Kalium-Argon-Datierungstechnik beruht auf dem langsamen radioaktiven Zerfall des seltenen Isotops Kalium-40 zu Argon-40, einem inerten Gas. Indem man die Akkumulation von Argon-40 in einer Mineralprobe mißt, läßt sich ihr Alter abschätzen, soweit die absolute Menge des Kaliums ebenfalls bekannt ist. (Das Verhältnis des häufigen, stabilen Isotops Kalium-39 zum radioaktiven Kalium-40 ist konstant.) Durch Bestrahlen der Probe mit Neutronen wird das Kalium-39 zu Argon-39 umgewandelt. Erhitzen auf hohe Temperaturen setzt nun beide Argonisotope frei. Eines liefert die Grundlage für die Bestimmung des Kaliumgehalts, das andere einen Hinweis auf das Alter der Probe.

Eine Probe kann stufenweise bei steigenden Temperaturen erhitzt werden. Zuerst wird Argon aus den äußeren Schichten der Mineralkörner freigesetzt. Falls das Mineral während seiner Lebensdauer nie auf natürliche Weise erhitzt wurde, zeigt das auf diese Weise gewonnene Altersspektrum eine horizontale Linie, die sein Alter angibt. Eine Probe, die natürlicher Erhitzung ausgesetzt war, kann einiges von ihrem Argon-40 verloren haben, wodurch ein unnatürlich junges Alter für die äußeren, entgasten Schichten erhalten wird. Letztlich zeigt sich das wirkliche Alter am Plateau, welches das Gas liefert, das aus dem Zentrum der Probe stammt.

zeuge datieren. Die Altersbestimmung von Fossilien und Artefakten vermag auch durch Informationen über das evolutionäre Stadium der mit ihnen zusammen aufgefundenen nichtmenschlichen Fossilien zu erfolgen, eine als Faunenkorrelation bekannte Technik.

Die häufigste indirekte Methode, soweit sie angewandt werden kann, ist die Datierung der unter und über dem

betreffenden Objekt liegenden Ablagerungsschichten. Weil sich die stratigraphischen Schichten von unten nach oben ablagern, sind die unteren die älteren und die oberen die jüngeren. Ein Gegenstand, der unterhalb einer Schicht, die als 1,2 Millionen Jahre alt datiert wurde, und oberhalb einer anderen, deren Alter man mit 1,3 Millionen Jahre ermittelte, gefunden wurde, muß ein zwischen beiden Werten liegendes Alter haben.

Die heutigen Anthropologen profitieren von verschiedenen Datierungstechniken, die oft auf dem stetigen Zerfall von Radioisotopen beruhen. Die am meisten genutzte ist die Kalium-Argon-Methode, die auf dem Zerfall des Radioisotops Kalium-40 zum stabilen Isotop Argon-40 basiert. Mineralien, die

Kalium enthalten, sammeln ständig Argon-40 an, wodurch sich eine Methode ergibt, den Ablauf der Zeit zu ermitteln. Ein entscheidendes Problem bei all diesen Bemühungen ist das „Stellen der Uhr auf Null". Dies geschieht bei kaliumhaltigen Mineralien, die während eines Vulkanausbruchs hervorgeschleudert wurden. Unter den hierbei herrschenden hohen Temperaturen wird Argon-40 aus dem Kristallgitter freigesetzt. Argon-40, das man in vulkanischem Material findet, hat sich also seit dem Ausbruch gebildet. Aus diesem Grund sind die Ablagerungen, die für indirekte Datierung von Fossilien ausgewählt wurden, gewöhnlich Schichten vulkanischer Asche.

Die Kalium-Argon-Datierung nutzte man erstmals 1960 für ein anthropologisches Problem, als das Alter der Vulkanasche oberhalb des berühmten *Zinjanthropus*-Schädels, den Mary Leakey in der Olduwai-Schlucht fand, bestimmt wurde. Es zeigte sich, daß der Schädel über 1,75 Millionen Jahre alt war statt der 0,75 Millionen, die man mit anderen Mitteln erschlossen hatte. Eine Revolution der Datierung war im Gange.

Die hauptsächlichsten Datierungstechniken, worüber die Anthropologen anfänglich verfügten, überließen sie einem frustrierenden Problem. Die Radiokarbondatierung konnte bis auf ein Alter von 30000 bis 40000 Jahren ausgedehnt werden, während die Verläßlichkeit des Kalium-Argon-Verfahrens unterhalb etwa einer Million Jahre abnimmt. Der Ursprung des modernen Menschen fällt in diese Lücke. Thermolumineszenz und Elektronenspinresonanz können diese Periode erfassen. Daher gab es, seitdem man in den Mittachtzigern erstmals begann, sie zu nutzen, ein weiteres Potential für eine Datierungsrevolution.

Beide Techniken beruhen auf der natürlichen Bestrahlung der Kristall-struktur eines Zielmaterials, das Zahnschmelz oder Feuerstein sein kann. Die Quelle der Strahlung sind Uranisotope, Thorium und Kalium, die im Boden, aber auch im Zielmaterial selbst vorkommen. Die Strahlung bewirkt ein gelegentliches Anstoßen von Elektronen aus ihrem Grundzustand heraus in einen angeregten Zustand. Die meisten fallen wieder auf ihr Grundniveau zurück, aber einige bleiben wegen Unsauberkeiten der Kristallstruktur auf höheren Niveaus gefangen. Im Laufe der Zeit sammeln sich angeregte Elektronen auf die gleiche Weise wie Argon-40 in kaliumhaltigen Mineralen in vulkanischer Asche an. Genau wie die Kalium-Argon-Uhr durch Erhitzen beim Vulkanausbruch auf Null gestellt werden kann, so auch die Uhr der angeregten Elektronen, und zwar ebenfalls durch Erhitzen. Zu den mit dieser Technik datierten Materialien gehören dem Feuer ausgesetzte Tongefäße und Feuersteinartefakte, die glücklicherweise zur Zeit ihrer Benutzung Hitze (beispielsweise einer Herdstelle) ausgesetzt wurden. Die Kristallstruktur des Zahnschmelzes wird während seiner Bildung auf Null gestellt.

Thermolumineszenz und Elektronenspinresonanz unterscheiden sich in den Mitteln, mit denen sie die Menge der gefangenen angeregten Elektronen anzeigen. Bei der ersteren wird das Zielmaterial erhitzt, wodurch die Elektronen aus ihrem angeregten Zustand herausgestoßen werden, wieder auf ihr Grundniveau zurückfallen und dabei Licht emittieren: ein Photon pro Elektron. Die abgegebene Lichtmenge ist ein Maß dafür, wieviele Elektronen im angeregten Zustand gefangen sind und wieviel Zeit dafür gebraucht wurde.

Werden die Elektronen im angeregten Zustand gefangen, bilden sie paramagnetische Zentren und erzeugen charakteristische Signale, die als Elektronenspinresonanz (ESR) bekannt sind. Die Signale werden nachgewiesen, indem man die Probe einem variablen äußeren Magnetfeld und Mikrowellen aussetzt. Bei einer kritischen Stärke des Magnetfeldes werden Mikrowellen absorbiert. Die Absorptionsstärke wird von der Anzahl der gefangenen Elektronen bestimmt. Daher ist die Stärke des ESR-Signals ein Maß für die Zeit, die verging, seit das Zielmaterial auf Null gestellt wurde.

Bei beiden Techniken muß das Ausmaß der inneren und äußeren Strahlung bestimmt werden, der die Materialprobe ausgesetzt war. Dies geschieht, indem man im umgebenden Boden und in der Materialprobe selbst die betreffenden Radioisotope feststellt. Eine Komplikation ist dabei die Neigung des Urans, in die Zahnmineralien einzuwandern, während der Zahn im Boden liegt. Dadurch ändert sich die innere Strahlungsdosis. Dies läßt sich zwar rechnerisch berücksichtigen, vergrößert aber die Unsicherheit der Elektronenspinresonanzdaten. Bisher erwiesen sich Knochen als ungeeignet für die Analyse, zum Teil, weil sie mehr Uran absorbieren als Zähne, aber auch, weil ihr Mineralgehalt nur 40 bis 60 Prozent ausmacht gegenüber den 96 Prozent des Zahnschmelzes. Die Vielschichtigkeit der Veränderungen in den Mineralien und amorphen Substanzen des Knochens während der Fossilisierung führt dazu, daß die ESR-Werte für eine verläßliche Datierung unbrauchbar sind.

Die Thermolumineszenzdatierung läßt sich nicht auf Zahnschmelz anwenden, weil die von der Hitze ausgelösten chemischen Veränderungen ebenfalls Energie in Form von Licht freisetzen, was die Messung stört. Elektronenspinresonanz-Datierung kann man nicht für Feuersteine oder Töpferei nutzen, weil die Kristallgitter dieser Materialien für das Hervorbringen eines klaren ESR-Signal durch gefangene angeregte Elektronen zu ungeordnet sind.

verbreitet und dabei alle vorhandenen Bevölkerungen prämoderner Menschen verdrängt. Eine solche Vorstellung sollte später aus der Genetik erwachsen. Aber er hielt Kreuzungen zwischen einwandernden und bereits seßhaften Populationen für relativ selten. Jedenfalls war nun das sogenannte „Jenseits-von-Afrika"-Modell geboren: die Vorstellung, anatomisch moderne Menschen seien irgendwo im südlich der Sahara gelegenen Teil Afrikas entstanden mit einem nachfolgenden Bevölkerungsschub in die übrigen Teile der Alten Welt. Hier könnte es durch Kreuzung

mit ansässigen Populationen archaischer *sapiens*-Völker zu einem gewissen Genfluß gekommen sein.

Stringer verdeutlicht, daß das „Jenseits-von-Afrika"-Modell nur als Muster zu verstehen ist. Über biologische Prozesse sagt es nichts. »Die Wahrscheinlichkeit, daß ein Artbildungsvorgang (Speziation) beteiligt war, erscheint mir hoch«, sagt er, »aber das ist nicht das *sine qua non* des Modells«. Die anatomisch modernen Menschen sind anscheinend schon früh, vor 10000 Jahren, in Afrika erschienen. Dem folgte

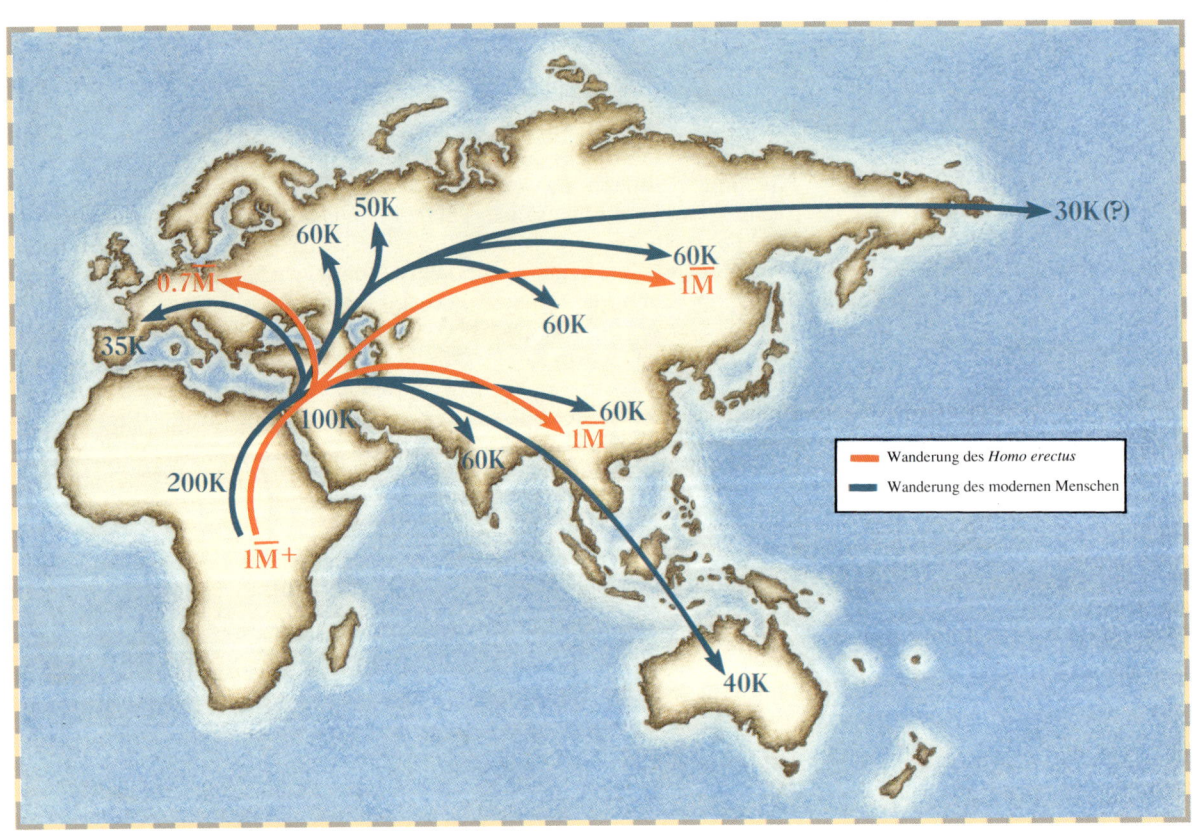

3.7 Auf der Grundlage der Datierungen von Fossilien, die in verschiedenen Teilen der Alten Welt gefunden wurden, läßt sich eine Karte der von Afrika ausgehenden Wanderungen konstruieren. Wir erkennen zwei Wanderungen: die des *Homo erectus* vor etwa einer Million Jahren und eine zweite von Populationen moderner Menschen, die vor 100000 Jahren begann. (K = vor 1000 Jahren, M = vor Millionen Jahren.)

während der nächsten 70000 Jahre das Verschwinden der archaischen Formen und die Etablierung der modernen Menschen in der übrigen Welt. Ob dieser Wandel das Ergebnis der neuentwickelten Sprache, überlegener Technologie, neuer Formen in der Sozialorganisation oder eines schärferen Intellekts war, was den *Homo sapiens* gegenüber den archaischen *sapiens*-Völkern in Vorteil brachte, das „Jenseits-von-Afrika"-Modell geht hierauf nicht ein. Es braucht auch nicht solche Dinge zu bezeichnen, um gültig zu sein. »Jene, die wissen wollen, was diese Verdrängung möglich machte und welche Faktoren die Ausbreitung vorantrieben, bevor sie billigen, daß es diesen Vorgang überhaupt gab, stellen die falschen Fragen«, argumentiert Stringer. »Seit über einem Jahrhundert haben die Wissenschaftler akzeptiert, daß die Dinosaurier rasch ausstarben; die wirklichen Gründe dafür kommen erst jetzt ans Tageslicht. In gleicher Weise akzeptieren wir, daß der aufrechte Gang sich innerhalb der hominiden Abstammungsreihe vor über vier Millionen Jahren entwickelte, ohne eine klare Vorstellung davon zu haben, wie und warum dies geschah.«

Genflußmöglichkeit

Einige Kritiker des Modells spielen sich jedoch auf mit Mutmaßungen darüber, was geschehen sein muß – oder besser, was einfach nicht geschehen konnte. Beispielsweise meinte Geoffrey Pope von der Universität von Illinois auf der Tagung der AAAS, 1990, daß wenn die Menschen aus Afrika in Asien „eingefallen" wären, dann würde eine „Rambo-artige Technologie" in der archäologischen Überlieferung erscheinen. »Es fehlt jeder Hinweis auf das plötzliche Auftreten neuer Werkzeuge irgendwelcher Art … im pleistozänen Europa oder in Afrika«, sagte er. »Wenn einfallende, anatomisch moderne *Homo sapiens* tatsächlich technologische Innovationen mitbrachten, dann hinterließen sie jedenfalls keine Spur davon in der archäologischen Dokumentation der von ihnen besiedelten Region.« Ähnlich schreckt Geoffrey Clark von der Arizona State University vor der Idee einer großen Bevölkerungsbewegung

zurück. »Ich glaube einfach nicht, daß die körperliche Wanderung von Völkern eine nennenswerte Rolle in der menschlichen Makroevolution spielte«, meinte er kürzlich. Tatsächlich ist der Ausdruck Wanderung, wie er oft in diesem Zusammenhang gebraucht wird, wahrscheinlich irreführend, und zwar deshalb, weil er den Eindruck heraufbeschwört, die Menschen hätten sich in der Absicht, neue und ferne Länder zu kolonisieren, zu einer Reise aufgemacht. Viel wahrscheinlicher ist, daß die Ausbreitung und Verteilung von Populationen langsam und unregelmäßig, den ökologischen Angeboten folgend, vonstatten ging – ebenso, wie es viele Male bei anderen Tierarten geschah. Wir sollten uns an die einfache Rechnung erinnern, daß eine bescheidene „Wanderung" von 32 Kilometern pro Generation eine Bevölkerung aus dem subsaharischen Afrika in nur 10000 Jahren nach Westeuropa bringen könnte.

Auch Milford Wolpoff stellt Vermutungen darüber an, was geschehen sein „muß" und benutzt sie dann, um diese Möglichkeit zu verwerfen oder wenigstens zu diskreditieren. »Es gibt keine andere Möglichkeit dafür, daß eine menschliche Population alle anderen ersetzen und ihre Gene auslöschen konnte, außer durch Gewalt«, erzählte er einem Reporter vom Magazin *Discover*. »Diejenigen, die Verdrängung befürworten, müssen sich einig werden über das, was sie sagen.« Wie wir aber später sehen werden, ist Gewalt weder die einzige noch die wahrscheinlichste Möglichkeit.

Wolpoff und seine Kollegen sind natürlich nicht einfach Gegner des „Jenseits-von-Afrika"-Modells. Sie sind enthusiastische Fürsprecher seiner hauptsächlichsten Alternative, des Modells von der multiregionalen Evolution. Diese Deutung geht auf Schwalbes unilineare Sicht der Menschheitsgeschichte zur Zeit der Jahrhundertwende zurück, noch genauer, auf Weidenreichs Modellversion aus den vierziger Jahren und ihrer Wiederbelebung durch Brace in der Mitte der Sechziger. Die endgültige Festlegung der modernen Fassung geschah 1984 in einer Arbeit von Wolpoff und Wu Xin Zhi vom Institut für Paläontologie und Paläoanthropologie in Peking sowie Alan Thorne von der Australian National University in

Canberra. Vor dem Hintergrund von Muster, Prozeß und Biologie ist sie vom „Jenseits-von-Afrika"-Modell so verschieden wie nur möglich. Anstatt, wie im „Jenseits-von-Afrika"-Modell dargestellt, an einem begrenzten geographischen Ort entstanden zu sein, soll *Homo sapiens* überall in der Alten Welt durch graduellen stammesgeschichtlichen Wandel aus dort bereits vorhandenen archaischen Populationen hervorgegangen sein. Nennenswerte Wanderungen waren dazu nicht nötig, noch gab es ein Verdrängen von Bevölkerungsgruppen durch evolutionär weiterentwickelte Menschen.

Das Wolpoff/Wu/Thorne-Modell ist jedoch nicht so extrem wie gewisse frühere Formen der unilinearen Hypothese, die eine vollständige Isolierung der geographisch getrennten Gruppen (Rassen) seit einer Million Jahren annahmen – das einstmals von Carleton Coon vorgeschlagene Modell, welches auf eine tiefe genetische Trennung zwischen den lebenden Rassen hinausläuft. Das heutige Modell rechnet mit gelegentlichen Kontakten zwischen verschiedenen Populationen, wodurch ein gewisser Genfluß unter ihnen gewährleistet und ein Netzwerk evolutionärer Verbindungen aufrechterhalten wurde – ein entschei-

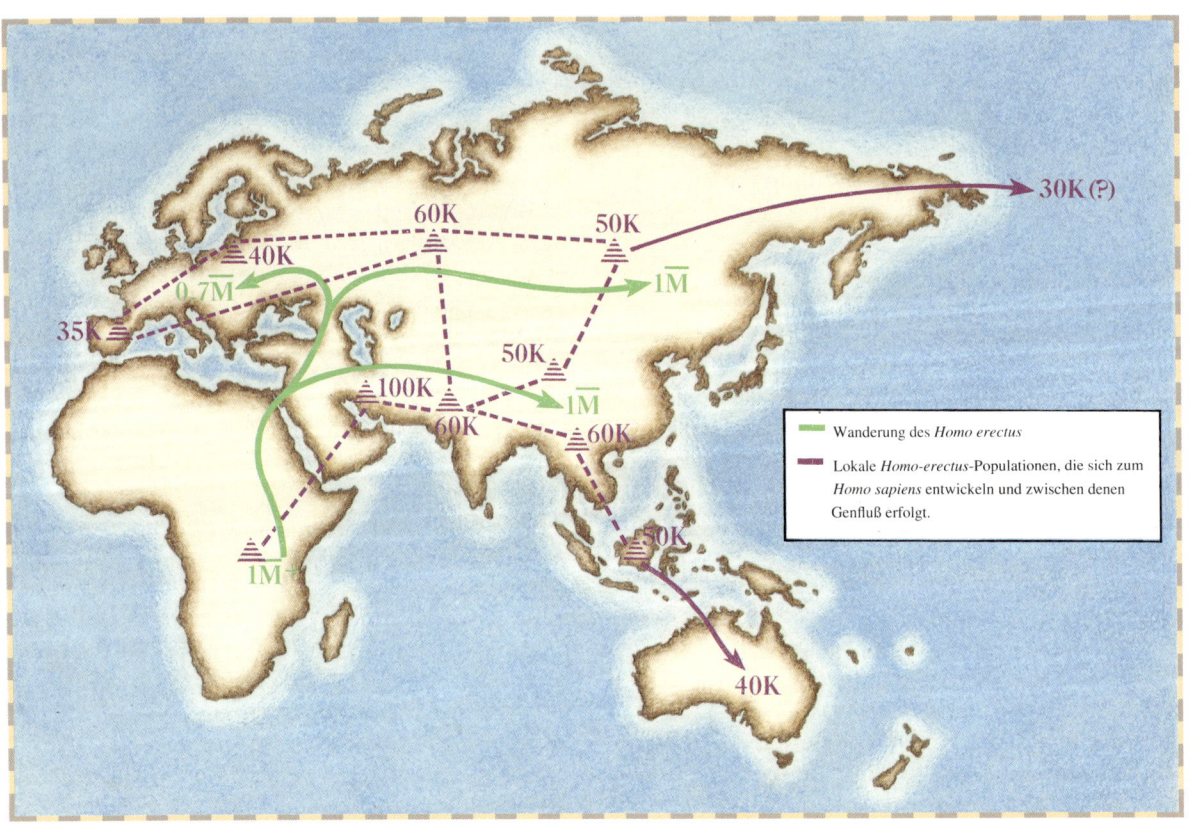

3.8 Populationen des *Homo erectus* verließen Afrika und sollen sich nach dem Modell der multiregionalen Evolution lokal zum *Homo sapiens* entwickelt haben. Zwischen ihnen gab es einen signifikanten Genfluß. (K = vor 1000 Jahren, M = vor Millionen Jahren.)

dendes konzeptionelles Element. Ist eine Art geographisch weit verbreitet, wie es zu diesem Zeitpunkt der menschlichen Geschichte der Fall war, könnten Populationen durch Gebirge, Flüsse oder andere physische Barrieren wirkungsvoll voneinander isoliert sein. Der Genfluß zwischen ihnen wird dadurch erschwert, und die genetischen Unterschiede zwischen ihnen vermehren sich.

Eine solche Abtrennung findet man bei gewissen Tierarten im Südosten der Vereinigten Staaten. Hier schufen historische und gegenwärtige physische Barrieren unterschiedliche Populationen nahe der Atlantik- und der Golfküste. John Avise und seine Kollegen von der Georgia State University vollendeten kürzlich eine Übersicht der Mitochondrien-DNA von 19 Tierarten aus dem Süßwasser, von der Küste und aus dem Meer. Unter anderem handelte es sich um den Schwarzen Zackenbarsch, die Strandammer, die Amerikanische Auster und den Pfeilschwanzkrebs. In praktisch jeder Mitochondrien-DNA zeigte sich ein tiefgreifender Unterschied zwischen den Populationen am Atlantik und am Golf von Mexiko. »Es ist jetzt völlig klar, daß man die meisten Arten nicht als monotypische Einheiten ansehen kann, sondern vielmehr als eine Reihe geographisch voneinander verschiedener Populationen«, die in der Lage sind, sich erfolgreich zu vermehren (und untereinander zu kreuzen), folgern Avise und seine Kollegen. Für eine mehrere Kontinente bevölkernde Art, wie es *Homo erectus* war, sollten die Barrieren für den Genfluß sogar noch wirkungsvoller sein, als Avises Untersuchung uns offenbarte.

Dennoch behauptet das Wolpoff/Wu/Thorne-Modell von der multiregionalen Evolution, daß, obwohl geographisch abgesonderte menschliche Populationen einige artspezifische Merkmale entwickelten, ausreichend Kontakt zwischen ihnen bestand – insbesondere durch den Austausch von Partnern. Hierdurch waren sie in der Lage, sich übereinstimmend zu entwickeln, wie unvollkommen dies auch gewesen sein mag. »Das Modell der multiregionalen Evolution fordert, daß sowohl lokale genetische Kontinuität als auch Genaustausch eine Rolle gespielt haben«,

erklärten kürzlich Wolpoff und Thorne. »Multiregionale Evolution beginnt mit dem Grundsatz, daß sich einige der Züge, durch die sich die großen Menschengruppen, wie Asiaten, Australier oder Europäer, unterscheiden, über einen langen Zeitraum hinweg weitgehend dort entwickelten, wo wir sie heute finden.« Zwar gibt es eine afrikanische Urquelle für all diese Gruppen, sagen Wolpoff und Thorne, aber diese betrifft die von Afrika ausgehende Bevölkerungsexpansion des *Homo erectus* vor wenigstens einer Million Jahren. Regionale Unterschiede begannen sich an den Endpunkten der Wanderungen überall in Afrika, Asien und Europa abzuzeichnen; hieraus gingen die heutigen Rassenmerkmale hervor.

Der Übergang von *Homo erectus* zum archaischen *sapiens* und zu *Homo sapiens* wird als ein Prozeß gesehen, der sich überall in der Alten Welt vollzog. Dabei sorgten ausreichende Wechselbeziehungen zwischen den Populationen für eine annähernde Gleichzeitigkeit. Um die Sache etwas anschaulicher zu machen, zitieren Wolpoff und Thorne eine Beschreibung, die sich einst Richard Leakey und der Autor einfallen ließen: »Man kann sich eine Handvoll Kieselsteine vorstellen, die in einen Tümpel geworfen werden. Jeder Kiesel löst sich ausweitende Wellenringe aus, die früher oder später auf ebensolche Ringe stoßen, die von anderen Kieseln in Bewegung gesetzt wurden. Der Tümpel vertritt die Alte Welt mit ihrer ursprünglichen *sapiens*-Population.« In dieser Analogie bedeutet jeder Punkt, an dem ein Kiesel auf das Wasser trifft, den Entstehungsort eines bestimmten modernen Merkmals, von denen es sehr viele gibt, wie Wolpoff und Thorne bemerken: »Die Wellenringe bezeichnen die Ausbreitung dieser modernen Merkmale, und dort, wo sie aufeinandertreffen, bilden sich einmalige, interaktive Muster, die zu der bereits vorhandenen, geographisch unterschiedlichen Natur der Populationen beitragen. Während weiterhin Kiesel geworfen werden, verschmelzen auf diese Weise mehr und mehr moderne Eigenschaften. Dies legt nahe, daß es keinen spezifischen morphologischen Rubikon gibt, der das Erscheinen der modernen Menschen markiert.«

Der Prozeß, den sie geltend machen, soll in der Alten Welt durch den Effekt des Technologiegebrauchs vorangetrieben worden sein. Er befreite anatomische Merkmale von biologischen Zwängen. Der Körper wurde weniger durch die Anforderungen des täglichen Lebenskampfs in Form von kräftigen Muskeln und großen Zähnen gestaltet, sondern nun übernahmen Werkzeuge die Hauptlast im Kontakt mit der Umwelt. Daher setzten sich archaische Menschen überall dort in Richtung der Modernität in Bewegung, wo sie eine größere Abhängigkeit von Technologie zuließen. Ihre Anatomie wurde weniger robust und entwickelte die Merkmalskonstellation, die den *Homo sapiens* charakterisiert. Regionale Unterschiede blieben durch ein gewisses Ausmaß von Isolation erhalten, während gleichzeitig ein weltweiter genetischer Zusammenhang durch mehr oder weniger starken Genfluß erreicht wurde. In diesem Modell gibt es keine bedeutende Mutation, die eine Schlüsselneuerung hervorrief, wie sie die „Jenseits-von-Afrika"-Theoretiker unterstellen. Statt dessen meinen Wolpoff und seine Kollegen, Evolution erfolge durch Umverteilung bereits existierender Gene zwischen den Populationen im Laufe der Zeit – allerdings mit einer gewissen Unerbittlichkeit über die Marschroute zum *Sapiens*tum. Die Haupttriebkraft soll die Kultur sein.

Dispute über Anatomie

Diese beiden Modelle dominieren heute das Spektrum der Erklärungen. Von unterschiedlichen Mustern und Prozessen ausgehend, machen sie deutlich verschiedene Entwürfe davon, was in der Fossildokumentation der menschlichen Vorgeschichte gefunden werden sollte. Wäre das „Jenseits-von-Afrika"-Modell richtig, müßten drei grundsätzliche Vorhersagen zutreffen: Zum einen müßten anatomisch moderne Menschen in einer bestimmten geographischen Region (Afrika) deutlich früher erscheinen als in anderen; zum anderen dürfen Fossilien, die den Übergang von archaischen zu modernen Bevölkerungen erkennen lassen, nur in Afrika gefunden werden; und schließlich muß eine derartige regionale

Kontinuität anatomischer Züge von alten zu modernen Populationen außerhalb Afrikas fehlen. Die drei entsprechenden Erwartungen des Modells der multiregionalen Evolution sind: Erstens, anatomisch moderne Menschen müßten überall in der Alten Welt annähernd gleichzeitig erscheinen; zweitens, zwischen der archaischen und modernen Anatomie vermittelnde Fossilien sollten in allen Teilen der Alten Welt gefunden werden; drittens, in jeder Region der Alten Welt wäre eine Kontinuität von alten zu modernen Populationen erkennbar.

Wir haben bereits gesehen, wie Stringers Forschungen ihn zur „Jenseits-von-Afrika"-Hypothese führten. Er sah ein frühes Auftreten des modernen *Homo sapiens* in Afrika, fand keine vermittelnden Fossilien außerhalb dieses Kontinents und konnte außerhalb Afrikas auch keine regionale Kontinuität von alten zu modernen Menschen erkennen. Die kürzliche Ermittlung eines hohen Alters – etwa um 100 000 Jahre – früher moderner Formen in Afrika war für Stringer, wie auch für andere Wissenschaftler, ein wichtiger Faktor in dieser Gleichung. »Vor einigen Jahren war ich ein Anhänger der Idee, die Morphologie des modernen Menschen habe sich anscheinend weltweit etwa gleichzeitig entwickelt«, sagt Fred Smith. »Ich behauptete, daß es keinen richtigen Beleg für ein Ursprungsgebiet gab, in dem der moderne Mensch früh erschien. Nun müssen wir zugestehen, daß gute annehmbare Beweise dafür existieren, daß die modern-menschliche Anatomie in Afrika früher auftrat als in Europa.« Dennoch sieht Smith in einem großen Teil der Alten Welt eine weitreichende Vermischung von Populationen, als sich die frühen Modernen von Afrika her ausbreiteten. Jedoch stimmt er mit Stringer überein, daß in Westeuropa, der Heimat der „klassischen" Neandertaler, eine Populationsverdrängung vorkam.

Smiths Position vermittelt daher zwischen dem „Jenseits-von-Afrika"-Modell und dem Modell der multiregionalen Evolution, indem sie Elemente beider umschließt. Die gleiche Stellung nimmt Erik Trinkaus von der Universität von Neumexiko, einem berühmten Erforscher des Ursprungs der modernen

Menschen, ein. Jedoch findet in der gegenwärtigen hochangespannten und polarisierten Diskussion der konzeptionelle Mittelweg in der Öffentlichkeit kaum Beachtung.

Natürlich unterscheidet sich Wolpoffs Interpretation der Fossildokumentation von denjenigen Stringers, Smiths und Trinkaus'. Nicht nur, daß strikte Multiregionalisten die Interpretation und Datierung der mutmaßlich früh-modernen Fossilien aus Afrika in Frage stellen, sie deuten auch auf Beweise für eine unilineare Evolution in der gesamten Alten Welt. »Ich sehe überall Kontinuität«, sagt Wolpoff, »und sogar in Westeuropa, denke ich, gab es hin und wieder Kreuzungen zwischen Neandertalern und modernen Menschen. Sie sehen einen Haufen von Nean-

dertaler-Merkmalen bei modernen Menschen«. Diese reichen von offensichtlichen Aspekten der Anatomie wie Form und Größe der Nase zu weniger deutlichen Details des Schädels. Wolpoff bemerkt, daß beispielsweise die Hälfte der Neandertaler eine bestimmte Konfiguration der Öffnung im Unterkiefer besaß, durch welche der Mandibularnerv eintritt. Ungefähr ein ebensogroßer Anteil der früh-modernen Menschen im gleichen Lebensraum hatte denselben Bau dieses Kanals, obgleich er in jüngeren Populationen seltener wurde. Wie auch immer, argumentiert Wolpoff, der springende Punkt ist, daß dieses Merkmal bei fossilen afrikanischen Unterkiefern, die 100 000 bis 200 000 Jahre alt sind – dem vermuteten Ursprungszeitraum der modernen Menschen –, tatsächlich fehlt.

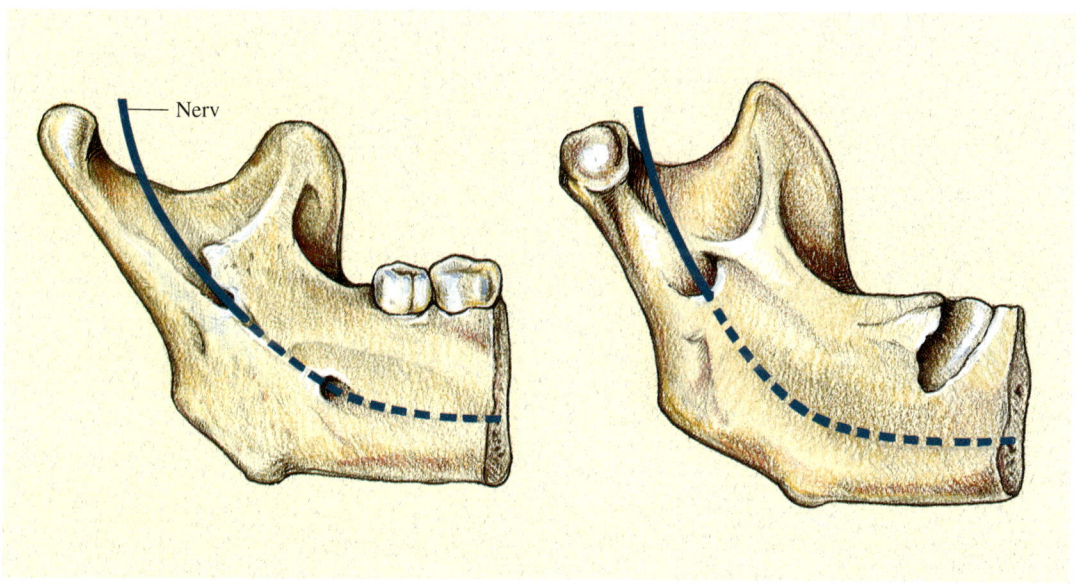

3.9 Eine mögliche Verbindung zwischen Populationen von Neandertalern und modernen Europäern könnte die Anatomie des Unterkiefers zeigen. Anhänger der Hypothese von der multiregionalen Evolution weisen darauf hin, daß bei den meisten lebenden und fossilen Menschen der Rand der Öffnung des Kanals für den Mandibularnerv eingekerbt ist (links), während er bei den meisten Neandertalern von einem knöchernen Grat umschlossen war (rechts). Einige spätere Populationen zeigten dieses Neandertalermerkmal ebenfalls, was auf eine gewisse, wenn auch begrenzte, genetische Kontinuität hindeutet.

»Die Schlußfolgerung ist klar«, versichern Wolpoff und Alan Thorne. Wenn die frühen modernen Populationen aus Afrika die archaischen Populationen in Europa verdrängten, »dann muß sich dieses Merkmal zweimal entwickelt haben – einmal bei den Neandertalern und nochmals im europäischen Zweig des [modernen afrikanischen] Stammbaumes«. Eine viel naheliegendere Interpretation sei, sagen Wolpoff und Thorne, daß »sich die Neandertaler mit anderen Formen kreuzten und so einen genetischen Beitrag zu späteren europäischen Bevölkerungsgruppen leisteten«. Dieses Beispiel vermutlicher regionaler Kontinuität der Anatomie ist nach Wolpoff und Thorne eines von vielen: »In jeder Region der Welt haben wir Verbindungen zwischen lebenden Populationen und ihren örtlichen Vorfahren entdeckt, deren Reste in der Fossildokumentation des betreffenden Gebiets erhalten blieben.« Von allen untersuchten Gebieten »liefert Asien die überzeugendsten Beweise«.

Die Multiregionalisten argumentieren beispielsweise, in Nordasien ließen sich verschiedene Eigentümlichkeiten des Schädels – die Form des Gesichts, die Gestalt der Backenknochen und die schaufelförmigen Schneidezähne – von 750 000 Jahre alten Fossilien über den berühmten Peking-Menschen von Chou-kou-tien bis hin zu modernen chinesischen Populationen verfolgen. Das am meisten hervorgehobene Beispiel stammt jedoch aus Australasien. »Die indonesischen Fossilien lassen sich in einer anatomischen Reihe anordnen, die zu keiner Zeit irgendwelche Anzeichen einer Unterbrechung durch afrikanische Einwanderer zeigt«, sagen Wolpoff und Thorne. »Die Reihe beginnt vor einer Million Jahren mit den Überresten des Java-Menschen – einem Vertreter der 1891 entdeckten Hominidenart *Homo erectus* – und endet mit etwa 10 000 Jahre alten Relikten von Australiern.« Die frühe javanische Population von *Homo erectus* hatte lange vorspringende Gesichter, massive abgerundete Backenknochen und große Zähne – Merkmale, die sich in der allgemeinen Morphologie und im Detail bis in moderne Populationen verfolgen lassen, bemerken Wolpoff und Thorne.

All dies mag sich als guter Beweis für eine regionale Kontinuität der Anatomie herausstellen. Aber,

behauptet Stringer, viele der angeführten anatomischen Merkmale sind ursprünglich, das heißt, man findet sie in zahlreichen alten Populationen und kann sie daher nicht als diagnostische Hinweise auf besondere geographische Regionen werten. »Es trifft zu, daß einige moderne asiatische Populationen die höchste Häufigkeit schaufelförmiger Schneidezähne auf der Welt haben«, führt er als Beispiel an. »Und wenn Sie die Fossilien des Peking-Menschen betrachten, sind sie [die Schneidezähne] alle schaufelförmig. Das sieht nach guter Kontinuität aus. Aber wenn Sie den Neandertaler betrachten, erweisen sich dessen Schneidezähne ebenfalls alle als schaufelförmig, soweit sie nicht zu stark abgenutzt sind. Man findet dieses Merkmal in Europa schon vor den Neandertalern. Man findet es bei *Homo erectus* in Afrika. Wie charakteristisch ist die Form der Schneidezähne dann für asiatische Bevölkerungen? Überhaupt nicht.« Stringer würde bei vielen anderen Eigentümlichkeiten, denen man bei asiatischen und anderen Populationen regionale Kontinuität zuschreibt, ebenso argumentieren.

Mit Australasien sieht es jedoch anders aus, nicht zuletzt weil die dortige fossile Überlieferung so dürftig ist. Obgleich Wolpoff und Thorne von einer »anatomischen Reihe, die zu keiner Zeit irgendwelche Anzeichen einer Unterbrechung durch afrikanische Einwanderer zeigt« sprechen, ist diese Folge tatsächlich nur punktuell bevölkert. Sie beginnt mit dem Java-Menschen vor ungefähr 700 000 Jahren, überspringt dann 100 000 Jahre zu den Exemplaren von Ngandong und setzt sich anschließend in der australischen Fossildokumentation fort, die vor etwa 30 000 Jahren beginnt. Diese anatomische Reihe ist eher Lücke als Inhalt. Dennoch finden einige der anatomischen Besonderheiten des Java-Menschen in den historischen australischen Populationen ihr Echo. Eine Schwierigkeit bildet die enorme anatomische Vielfalt, die zwischen den frühesten und den 10 000 Jahre alten australischen Populationen auftritt. Manche Bevölkerungsgruppen waren morphologisch außerordentlich robust, mit starken Schädelknochen und ausgeprägten Oberaugenwülsten; bei anderen waren diese Merkmale weniger deutlich. Im Laufe der Zeit verringerte sich die

Kow Swamp (etwa 10 000 Jahre alt)

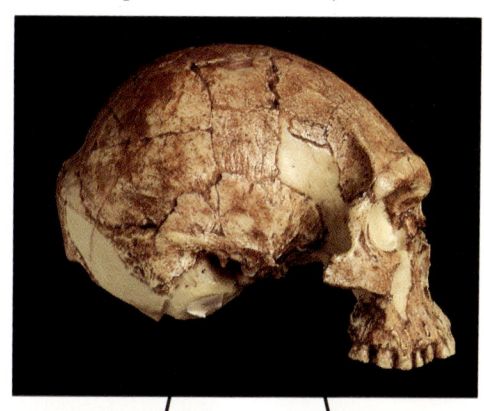

Willandra Lakes
(Oberes
Pleistozän)

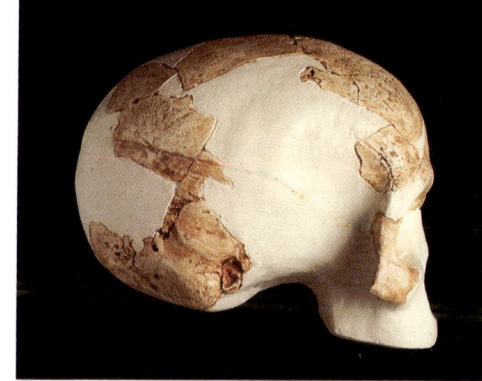

Border Cave
(Oberes
Pleistozän)

Sangiran
(Mittleres
Pleistozän)

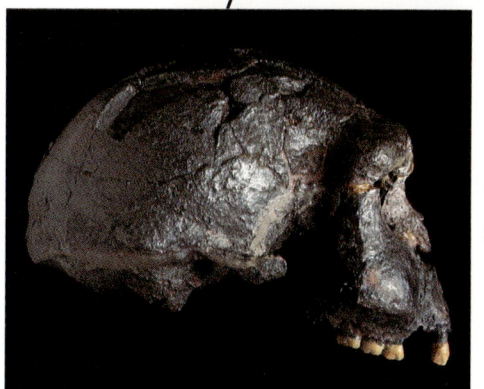

3.10 Ein Argument für die Hypothese von der multiregionalen Evolution, wie es von ihren Anhängern
angeboten wird. Die fortschreitenden Veränderungen
bei den Schädeln von australasiatischen Fundstellen
(Sangiran, Willandra Lakes und Kow Swamp) legen
nahe, daß sich moderne Menschen im Laufe von
hunderttausenden von Jahren in Australasien entwickelten. Anatomische Eigentümlichkeiten des
Schädels von Border Cave in Südafrika schließen
einen afrikanischen Vorfahren für die jüngsten australischen Populationen aus.

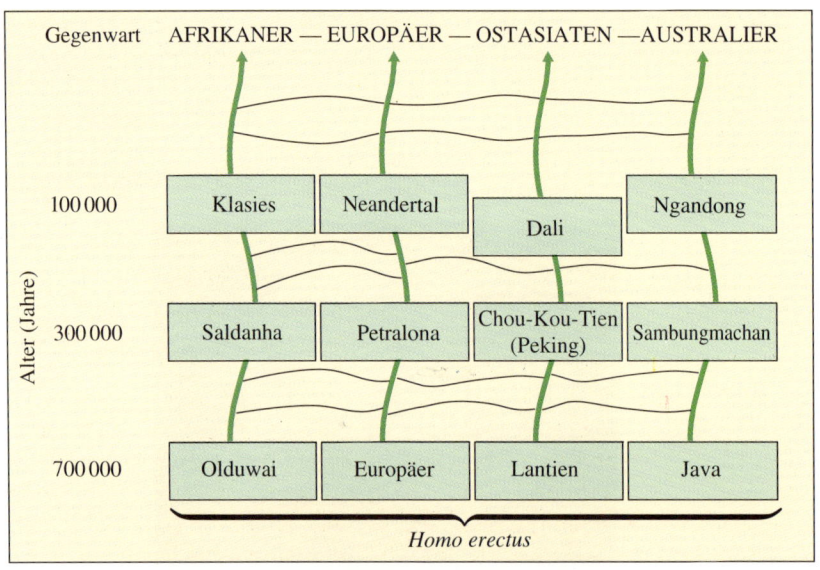

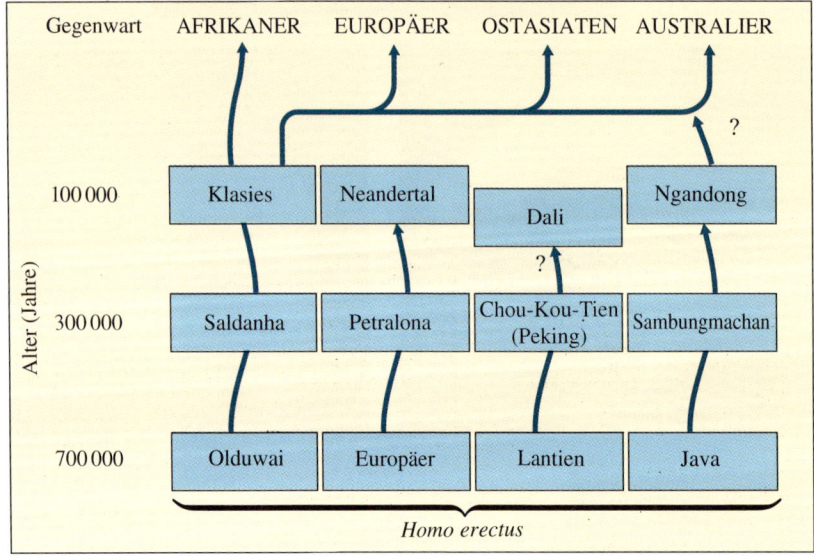

3.11 Ein Vergleich von Evolutionsmodellen: Im Modell von der multiregionalen Evolution (oben) sollen moderne regionale Besonderheiten
von alten Populationen ererbt sein, die im gleichen Gebiet lebten. Die
Einheit aller modernen Menschen soll durch Genfluß zwischen zeitgleichen Populationen zustandegekommen sein (horizontale Linien).
Das „Jenseits von Afrika"-Modell (unten) behauptet, die heutigen
regionalen Unterschiede seien erst kürzlich in Populationen entstanden, deren Ursprung in Afrika lag. Damals bereits in Europa, Asien
und Australien lebende Bevölkerungen wurden durch diese eindrin-
genden afrikanischen Populationen ersetzt.

Robustheit. Wurde Australien zweimal besiedelt, einmal von robusten und dann von grazilen Menschen? Oder wies die frühe Bevölkerung eine ungewöhnlich hohe anatomische Variationsbreite auf?

Für Multiregionalisten ist die Erklärung einfach: Die Australier leiten sich von einer alten Abstammungsreihe ab. Sie tragen »das Zeichen des alten Java«, wie es Wolpoff einmal ausdrückte. Auch Stringer hält die örtliche Herausbildung dieser Charakteristika für eine echte Möglichkeit. Er gibt zu, daß auch er noch keine vollständige Erklärung für die Evolutionsgeschichte dieser Region hat.

Eine andere Region, die sich als besonders wichtig für die Ausformung der Vorstellungen über das Ursprungsmuster der modernen Menschen erwies, ist der Nahe Osten, insbesondere Israel. Aus einer Reihe von Höhlen am Berg Carmel, einer Fundstätte nahe

Nazareth und einer anderen in der Nähe des Sees Genezareth, haben Forscher seit 1930 viele fragmentarisch erhaltene fossile Individuen gefunden. Einige von ihnen waren bestattet worden, und alle stammen aus jenem interessanten Zeitraum, der den Ursprung der modernen Menschen umfaßt. Manche dieser Fossilien wirken sehr neandertalerähnlich, nämlich die von Tabun, Amud und Kebara. Andere, etwa von Skhul und Qafzeh, wirken deutlich moderner, obgleich sie relativ robust sind. Bis vor kurzem entsprach die Interpretation dieser Individuen völlig dem unilinearen Modell: Die Menschen aus Tabun, Amud und Kebara galten als Angehörige von Populationen, die sich zu frühen modernen Menschen entwickelten, denjenigen von Skhul und Qafzeh. Dieses Bild zerbrach Ende der achtziger Jahre, als neue Datierungen für verschiedene Fossilien einen glatten Übergang von Neandertalern zu modernen Menschen unmöglich machten.

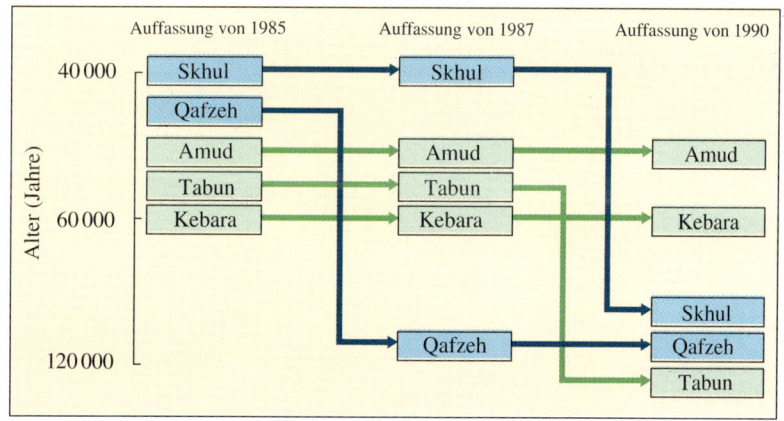

3.12 Veränderte Daten verändern die Hypothesen: Bis in die Mitte der achtziger Jahre unseres Jahrhunderts nahm man an, die Neandertaler-Populationen (grün) des Nahen Ostens hätten vor den dortigen modern-menschlichen Bevölkerungen gelebt (links). Neue Datierungen, die 1987 gewonnen wurden (durch Thermolumineszenz und Elektronenspinresonanztechniken), ordneten einige moderne Populationen vor den Neandertalern ein, wodurch das vermutete Abstammungsverhältnis in Frage gestellt wurde (Mitte). Weitere Datierungen ergaben eine frühe Gleichzeitigkeit von Modernen und Neandertalern, was ebenfalls dem ursprünglich vermuteten Abstammungsverhältnis widerspricht (rechts).

Weitere Beweise

Die Neandertaler dieser Region hielt man für über 50 000 Jahre alt, eine Auffassung, die 1987 von Hélène Valladas und verschiedenen ihrer Kollegen am Centre de faibles radioactivités in Gif-sur-Yvette, Paris, bestätigt wurde. Die Forscher wandten die Thermolumineszenz auf Feuersteinartefakte an, die zusammen mit den Relikten der Neandertaler aus der Kebara-Höhle geborgen wurden. Sie erhielten ein Alter von nahezu 60 000 Jahren. Die große Überraschung kam zu Beginn des folgenden Jahres, als das Labor für moderne *sapiens*-Fossilien von Qafzeh das Alter von sage und schreibe 92 000 Jahren ermittelte. Stringer bemerkte in einem Kommentar zu den veröffentlichten Ergebnissen: »Diese Daten zeigen, daß in diesem Gebiet einige *Homo sapiens* den Neandertalern vorausgingen, was die konventionelle Evolutionsreihe auf den Kopf stellt.« Wenn im Nahen Osten moderne Menschen vor den Neandertalern lebten, können die Neandertaler nicht deren Vorfahren gewesen sein. Die unilineare Interpretation fällt angesichts dieser Beweise in sich zusammen – natürlich nur dann, wenn die neuen Daten korrekt sind.

1989 wurden weitere neue Altersangaben ermittelt. Diesmal ergaben sich für Skhul (frühe Moderne) und Tabun (Neandertaler) 100 000 beziehungsweise 120 000 Jahre. Diese Daten zeigen, daß die Neandertaler schon früh in dieser Region lebten. Vermutlich waren sie Einwanderer aus Europa. Obgleich die ersten modernen Menschen etwa 20 000 Jahre später

3.13 Die Kebara-Höhle in Israel war ein wichtiger Fundort menschlicher Fossilien, insbesondere von Neandertalern.

erschienen, ist ein Vorfahren-Nachkommen-Verhält-nis zwischen beiden unwahrscheinlich. Das stärkste Argument zugunsten dieser Folgerung ist das Erscheinen von Neandertalern vor 60 000 Jahren bei Kebara. Hätten sich die Neandertaler in dieser Region zu modernen Menschen entwickelt, was nach der Hypothese von der multiregionalen Evolution der Fall sein sollte, dann dürfte man hier nach dem Erscheinen des modernen Menschen keine Neander-taler mehr erwarten. Die Kebara-Fossilien sind aber 40 000 Jahre jünger als die von Skhul.

Die „Jenseits-von-Afrika"-Interpretation dieser Fos-silien und ihrer Daten besagt, daß die Neandertaler

vor 120 000 Jahren von Europa in den Nahen Osten kamen. Anatomisch moderne Menschen wanderten vor 100 000 Jahren in dieses Gebiet ein. Beide Popu-lationen lebten dann etwa 40 000 Jahre lang neben-einander. Die Anatomie des Exemplars von Kebara ist die des „klassischen" Neandertalers. Sie zeigt keine Anzeichen von Kreuzung mit anatomisch mo-dernen Menschen und ist sogar eines der robustesten und charakteristischsten Neandertalerskelette, das wir kennen. Gleichermaßen weisen frühe moderne Fossilien aus Israel und dem Libanon, die zwischen 30 000 und 40 000 Jahren alt sind, keine Eigenschaf-ten auf, die man einer vorausgehenden Bastardisie-rung mit Neandertalern zuschreiben könnte.

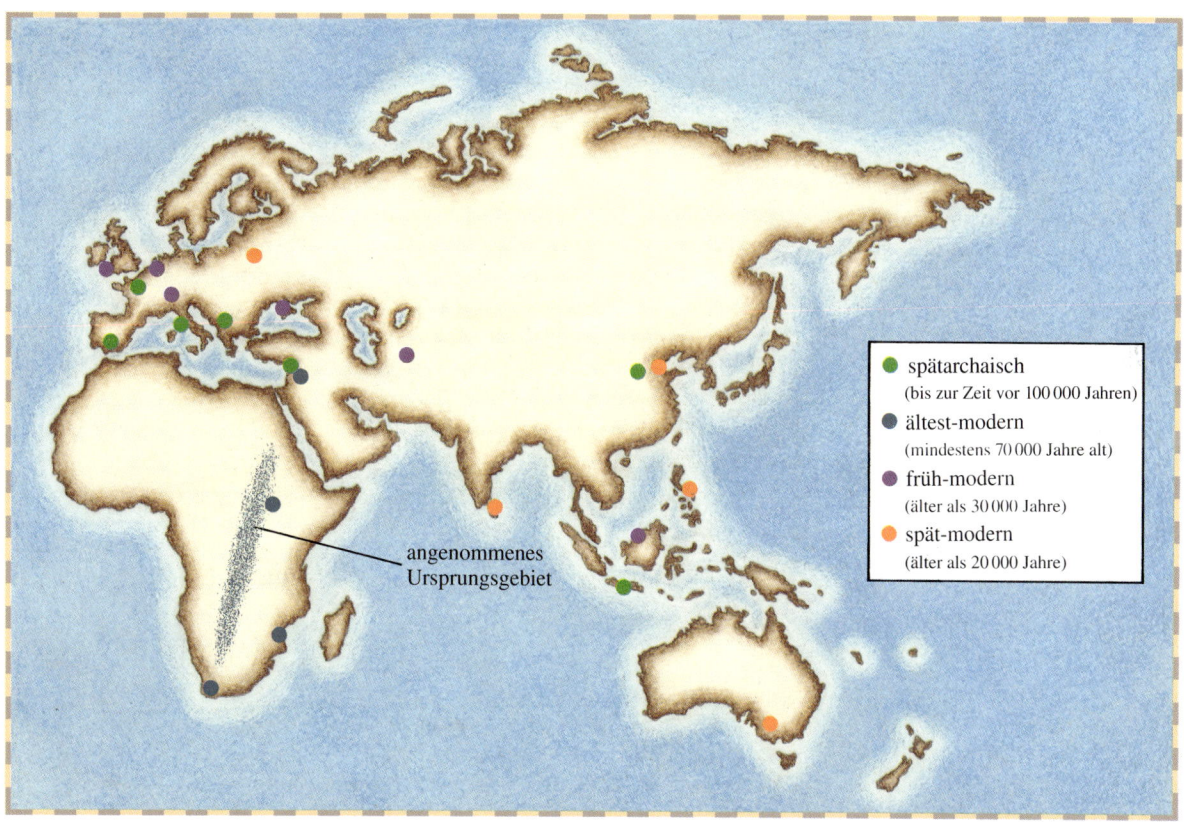

3.14 Die Verteilung der Fossilien zeigt die Verteilung alter Populatio-nen zu der Zeit, als sich die vollständig modernen Menschen heraus-bildeten.

Für Stringer ist dies ein überzeugender Beweis, daß die Neandertaler und die modernen Menschen sich getrennt voneinander entwickelten, erstere in Europa, letztere wahrscheinlich in Afrika. Aber sollten die Fossilien von Skhul und Qafzeh wirklich nahezu 100 000 Jahre alt sein, dann lägen sie in zeitlicher Nähe der frühesten Fossilien des modernen Menschen, die man in Afrika fand. Heißt dies, daß sich die modernen Menschen vielleicht doch nicht im subsaharischen Afrika entwickelten – wie es das originale „Jenseits-von-Afrika"-Modell annahm –, sondern statt dessen im Osten oder in Nordafrika? Befragen wir die gegenwärtig akzeptierten Daten, dann könnte es so sein. Dies bedeutet, daß der Nahe Osten als mögliches Entstehungszentrum gelten muß. Wir sehen, wie außerordentlich stark Interpretationen eines evolutionären Musters von einer genauen Datierung der Fossilien abhängen.

Indessen finden die Multiregionalisten diese Interpretation nicht überzeugend. »Ich habe all diese Fossilien studiert, und mir erscheinen sie alle wie Individuen einer zeitgleichen Population«, konstatierte Wolpoff auf einer kürzlichen wissenschaftlichen Tagung. »Ja, es gibt einige anatomische Unterschiede, aber meine Lösung ist, an Detroit zu denken. Würden Sie Detroit untersuchen, fänden Sie europäische Anatomie, afrikanische Anatomie und mittelöstliche Anatomie, eine große Breite anatomischer Vielfalt. Ebenso wie Detroit Menschen aus allen Teilen der Welt anzog, war die Levante der Ort, zu dem sich Menschen hingezogen fühlten. Sie war ein Knotenpunkt zwischen Europa und Afrika.« Wolpoffs Behauptung enthält eines der wesentlichen Charakteristika der Ein-Arten-Hypothese, die Überzeugung nämlich, daß sich eine enorme anatomische Variabilität innerhalb einer Sippe unterbringen läßt, insbesondere über einer längeren Zeitraum hinweg. Viele der Zuhörer Wolpoffs waren nicht überzeugt.

Wie diese Frage – und die geschichtliche Übersicht aus unseren früheren Kapiteln – zeigt, fehlt der Interpretation fossiler Anatomie ein einfaches, objektives Maß. »Es hängt oft davon ab, wer das fossile Material betrachtet und was er zu sehen wünscht«, kommentiert Stringer die Situation. Seit 140 Jahren haben Anthropologen, die die Fossilien betrachteten, viele verschiedene Dinge gesehen, geleitet von unterschiedlichen, vorgefaßten Meinungen. Übereinstimmung bleibt unerreichbar. Unter solchen Umständen profitiert Wissenschaft oft davon, sich einer neuen Beweisquelle zuzuwenden, die sich auf das gleiche Problem bezieht. Genau dies geschah in den späten achtziger Jahren mit dem Erscheinen der sogenannten Mitochondrien-Eva und anderen genetischen Tatsachen.

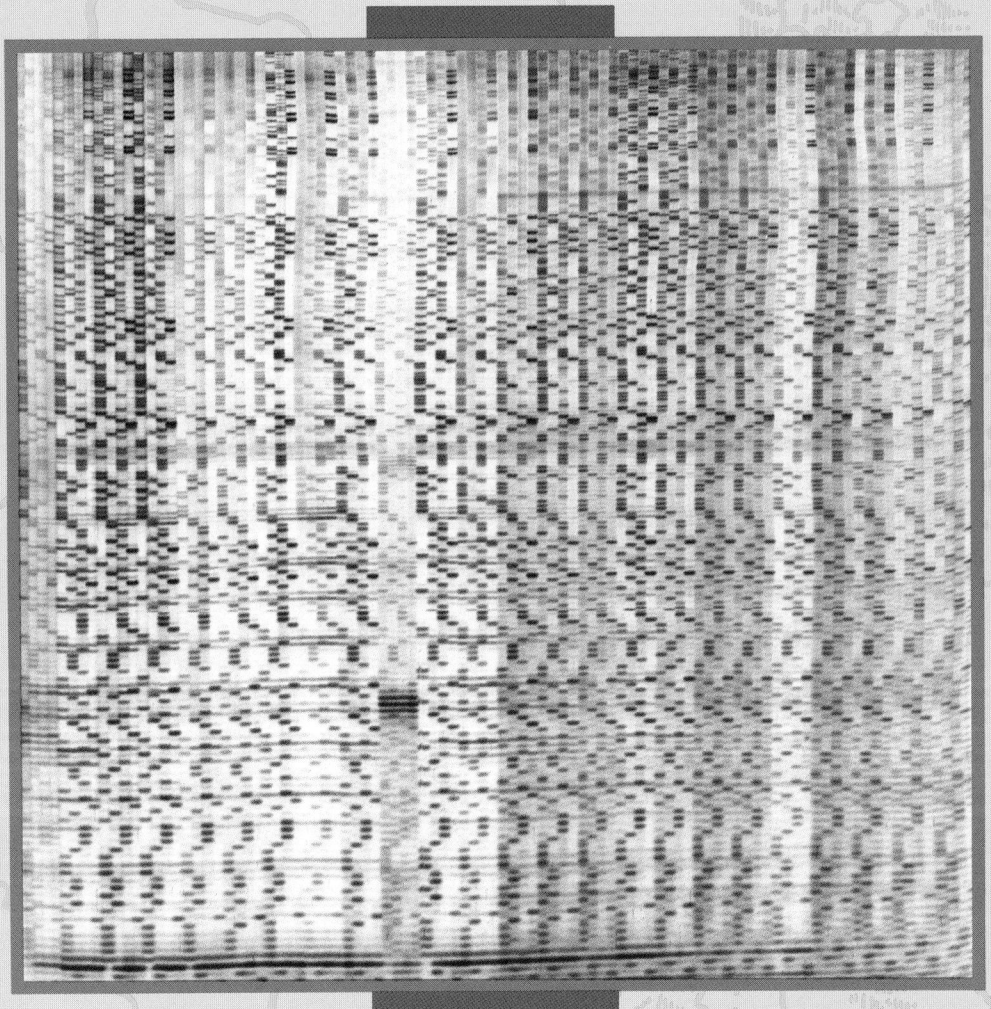

4.1 Elektrophoresegele wie dieses nutzt man zur Analyse der DNA-Sequenz. Sie sind ein wichtiges Hilfsmittel der molekularen Anthropologie.

4

Die Eva
der Mitochondrien

Im Januar 1987 veröffentlichten Allan Wilson und seine Kollegen Rebecca Cann und Mark Stoneking von der Universität von Kalifornien in Berkeley in der Zeitschrift *Nature* die richtungsweisende Arbeit *Mitochondrial DNA and Human Evolution* („Mitochondrien-DNA und menschliche Evolution"). Biochemiker berichteten, daß alle lebenden Menschen einen Teil ihres genetischen Erbes bis zu einer einzigen Frau zurückverfolgen können, die vor etwa 200 000 Jahren in Afrika lebte. Ein Zeitungsartikel über diese Arbeit mit dem Titel *The Mother of Us All – A Scientist's Theory* („Unser aller Mutter – die Theorie eines Wissenschaftlers") schlug den biblischen Namen Eva vor, der sowohl in wissenschaftli-

chen als auch in populärwissenschaftlichen Schriften beibehalten wurde. Die sogenannte Eva der Mitochondrien übernahm sofort eine wichtige Rolle in der Debatte über den Ursprung des modernen Menschen.

Aus Gründen, die wir gleich erläutern werden, hatten Wilson, seine Kollegen und andere Forscher die DNA menschlicher Mitochondrien – Zellorganellen, die für die Bereitstellung von Energie verantwortlich sind – analysiert, um dadurch möglicherweise die Evolution der modernen Menschen zu erhellen. Die Arbeit der Gruppe aus Berkeley, die Daten von 147 Personen aus allen Teilen der Welt präsentierte, deutete an, daß die Frage nach dem Ursprung des modernen Menschen nun gelöst sei. Wilson und

4.2 Rebecca Cann von der Universität von Hawaii untersucht hier DNA-Sequenzierungsgele. Sie war Mitautorin der Arbeit in *Nature*, in der 1987 die Idee von der Eva der Mitochondrien begründet wurde.

seine Kollegen bemerkten, die Daten über die Mitochondrien-DNA (mtDNA) zeigten, daß »der Übergang von archaischen zu modernen Formen des
Homo sapiens zuerst in Afrika vor etwa 100 000 bis
140 000 Jahren auftrat, und daß alle heutigen Menschen Abkömmlinge dieser afrikanischen Population
sind«. Mit anderen Worten, sie unterstützen zweifelsfrei die „Jenseits-von-Afrika"-Hypothese, die bald
auch als die Hypothese von der Eva der Mitochondrien bekannt wurde. Ein Kommentar zu dieser
Arbeit, den Jim Wainscoat vom Radcliff-Kranken-
haus in Oxford in der gleichen Ausgabe von *Nature*
publizierte, bestätigte der Studie aus Berkeley, sie
liefere »den bisher stärksten molekularen Beweis
zugunsten der afrikanischen Bevölkerung als Ahnen
[der modernen Menschen]«.

Nur wenige bemerkten, daß die Gruppe aus Berkeley
nicht die erste war, die das Problem des Ursprungs
der modernen Menschen mit Hilfe von mtDNA in
Angriff nahm. 1983 hatten Douglas Wallace und
seine Kollegen, damals an der Stanford-Universität
und heute an der Emory-Universität tätig, Tatsachen
veröffentlicht, die im wesentlichen mit denen Wilsons identisch waren. Ein Grund dafür, warum die
Ergebnisse der Gruppe aus Berkeley eine solch große
Aufmerksamkeit auf sich zogen (was der ersten
Arbeit nicht gelang), war die kühne Formulierung
ihrer Schlußfolgerungen. Aber statt die Debatte nun
beizulegen, steigerten die neuen Erkenntnisse über
die mtDNA die Meinungen zu weiteren Extremen.
Die Ansichten über die Gültigkeit der genetischen
Beweise gingen weit auseinander. Sowohl Anthropologen als auch Molekularbiologen fand man auf beiden Seiten der Front. Wilson beteiligte sich demon-
strativ nicht an diesem Streit und versicherte, die
Frage nach dem Ursprung des modernen Menschen
sei »im wesentlichen gelöst«. Er deutete an, daß
seine Kritiker »entweder die Daten nicht verstehen
oder die Mühe scheuen, sich sorgfältig mit ihnen zu
befassen«. Der Ton der Debatte verschärfte sich
Anfang 1992, als entdeckt wurde, daß einige der
Analysen der mtDNA unzureichend waren. Gegner
der Hypothese von der Eva der Mitochondrien
erklärten sie für widerlegt, während ihre Anhänger
behaupteten, sie gelte weiterhin.

4.3 Douglas Wallace von der Emory-Universität war ein Pionier bei
der Nutzung von Mitochondrien-DNA für Studien über den Ursprung
der modernen Menschen.

Eine rasch tickende Uhr

Meinungsverschiedenheiten waren für Wilson nichts
Neues, vor allem nicht im Zusammenhang mit der
Forschung über den Ursprung des Menschen. Der
fünfzehnjährige Kampf mit dem anthropologischen
Establishment, den er und sein Kollege Vincent
Sarich in Berkeley zwei Jahrzehnte früher über ihre
Vorstellung vom Muster und Zeitpunkt des
Ursprungs der Hominiden ausfochten, hatte auf beiden Seiten Abneigungen und Argwohn hervorgerufen. Wilson und Sarich gründeten ihre Behauptung
auf einfache immunologische Messungen der Unterschiede zwischen den Albuminen aus dem Blutse-
rum. Die heutigen molekularbiologischen Werkzeuge
können Gene auf dem fundamentalen Niveau ihrer

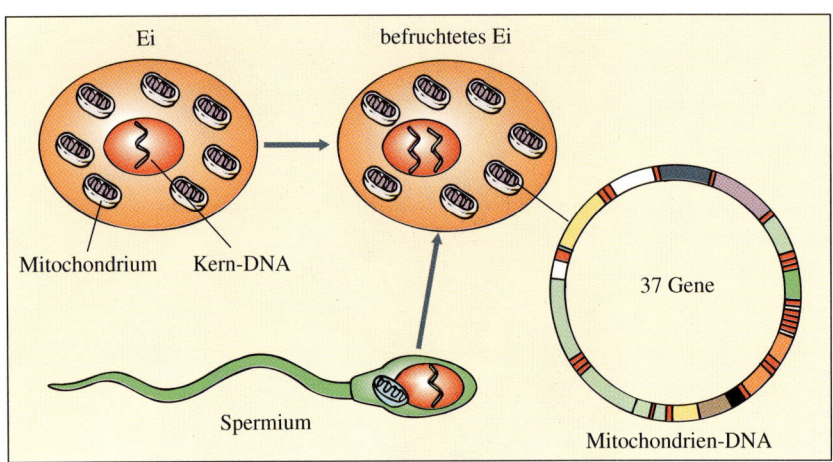

4.4 Vererbung der Mitochondrien-DNA: Verschmelzen Spermium und Ei, bringen beide gleiche Mengen von Kern-DNA ein. Das ringförmige Molekül aus den Mitochondrien wird jedoch nur durch das Ei hinzugefügt. Daher vererbt sich diese DNA nur über die Mutter.

DNA-Sequenz analysieren. Die immunologische Proteinreaktion, die von Wilson und Sarich angewandt wurde, war im Vergleich hierzu nur ein grobes Maß. Viele Unterschiede in der DNA-Sequenz werden nicht in Unterschiede der Proteinstruktur übersetzt, die sich dann immunologisch nachweisen lassen. Die frühere Technik war darauf beschränkt, was sie über evolutionäre Beziehungen zwischen verschiedenen Proteinen aufdecken konnte. Aber Wilsons Labor blieb an der vordersten Front der Entwicklung neuer molekularer Techniken zum Sondieren evolutionäre Abläufe, einschließlich der Analyse von DNA-Sequenzen verschiedener Gene. Der Vergleich der Sequenz eines bestimmten Gens bei zwei Arten ist das Höchstmögliche, was sich erreichen läßt, will man deren Evolutionsgeschichte lesen. Schließlich entschloß sich Wilson aus zwei Gründen, menschliche mtDNA zu untersuchen.

Erstens, im Unterschied zur DNA im Zellkern (der überwältigenden Mehrheit der genetischen Blaupause der Zelle), die ein Individuum von beiden Elternteilen erbt, wird mtDNA nur von der mütterlichen Keimzelle übertragen. Dies geschieht, weil Mitochondrien im kernunabhängigen Protoplasma (Zytoplasma) vorkommen. Verschmelzen bei einem Säugetier während der Befruchtung weibliche und männliche Keimzellen (Spermium und Ei), bringt das Spermium nur seine Chromosomen in die neu-

entstandene Zygote mit ein. Das Ei liefert außer seinen Chromosomen auch das Zytoplasma, das sie umschließt. Daher enthält der heranwachsende Embryo, sei er nun weiblich oder männlich, immer nur Mitochondrien aus dem Ei – nämlich die der Mutter. Genetiker, die Familienstammbäume zurückverfolgen wollen und dabei Kern-DNA nutzen, müssen sich mit dem Durcheinander auseinandersetzen, das durch die Vermischung mütterlicher und väterlicher Chromosomen in jedem Individuum entsteht. Im Gegensatz dazu liefert die mtDNA leichter interpretierbare Daten für die Konstruktion von Familienstammbäumen, denn wir müssen sie ja nur durch die Mutter über die mütterliche Großmutter zur mütterlichen Urgroßmutter und so weiter zurückverfolgen.

Zweitens ist mtDNA gegenüber der Kern-DNA die genauere molekulare Uhr. Das ist wichtig, will man die Ansammlung genetischer Unterschiede zwischen Individuen ermitteln. Je länger zwei Populationen voneinander getrennt sind, desto größer ist der Umfang genetischer Differenz, die sich zwischen ihnen aufgebaut hat. Bei der Kern-DNA ist dies ein verhältnismäßig langsamer Vorgang. Die kleinen kreisförmigen Moleküle der mtDNA jedoch häufen Mutationen fünf- bis zehnmal rascher an als die langen linearen Moleküle der Kern-DNA. Dies entspricht etwa ein bis zwei Änderungen der Erbsubstanz in 100 Nucleotiden pro Million Jahre. Daher

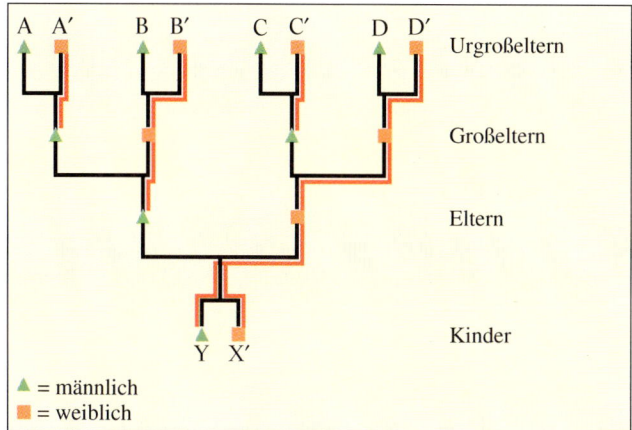

A A'   B B'   C C'   D D'   Urgroßeltern

Großeltern

Eltern

Kinder

Y   X'

▲ = männlich
■ = weiblich

4.5 Die mütterliche Vererbung der mitochondrialen DNA: Der männliche (Y) und der weibliche (X) Nachkomme empfangen ihre Kerngene von allen acht Urgroßeltern, aber ihre Mitochondrien-DNA stammt nur von einer der Urgroßmütter, hier von D'.

lassen sich Mutationen in mtDNA dazu nutzen, den Verlauf verhältnismäßig kurzer evolutionärer Zeiträume aufzuzeichnen – nämlich einige hunderttausend Jahre.

All dies beruht auf der Voraussetzung, daß sich Mutationen durchschnittlich mit gleichmäßiger Geschwindigkeit ansammeln: Bestimmte Mengen angefallener Mutationen können dann in Beziehung zum Ablauf bestimmter Zeiträume gesetzt werden. Das stetige Ansammeln von Mutationen gleicht demnach dem stetigen Ticken einer Uhr, wenn der genetische Unterschied zwischen Arten der evolutionären Zeit entspricht, seit der sie sich voneinander trennten (siehe hierzu Exkurs 4.1).

Prüfung des Vorhergesagten

Die von Wallaces und Wilsons Gruppen anfänglich genutzte Technik zur Analyse der mtDNA war die Restriktionsfragment-Kartierung, so genannt, weil hierbei die DNA Restriktionsenzymen ausgesetzt wird, die den DNA-Strang an Stellen zerschneiden, die von der lokalen Sequenz vorgegeben sind. So

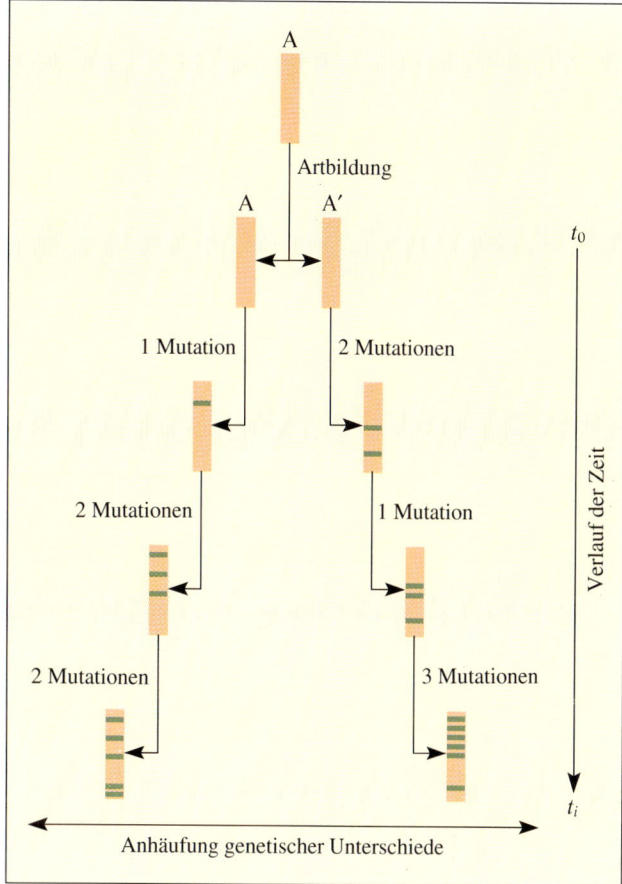

A

Artbildung

A   A' t_0

1 Mutation   2 Mutationen

2 Mutationen   1 Mutation

2 Mutationen   3 Mutationen

t_i

Anhäufung genetischer Unterschiede

4.6 Anhäufung genetischer Unterschiede: A bedeutet hier ein Gen in einer Art, die einen Artbildungsprozeß durchlief (und zwei Tochterarten hervorbrachte). Anfänglich ist Gen A in beiden Tochterarten identisch (obgleich es hier als A und A' bezeichnet ist). Dann sammeln sich im Laufe der Zeit Mutationen mit einer ungefähr konstanten Geschwindigkeit an. In diesem Schema nimmt A fünf Mutationen auf. Bei A' sind es sechs. Die durchschnittliche Mutationsrate ist also 5,5 in t_1 Jahren. Die totale Divergenzrate zwischen beiden Arten ist 11 in t_1 Jahren.

behandelte DNA liefert individuelle Muster von Bruchstücken verschiedener Größe. Ist die DNA zweier Individuen identisch, wird die Restriktionsfragment-Kartierung identische Muster ergeben. Hat jedoch eine Mutation die Sequenz an einer Schnittstelle verändert, so daß das Restriktionsenzym sie nicht mehr erkennt, beziehungsweise werden neue

Exkurs 4.1: Mitochondriale Divergenz: Eine Datierungsstrategie

Die Tatsache, daß Afrikaner die größte genetische Vielfalt aller Bevölkerungen aufweisen, kennzeichnet diesen Kontinent als den geographischen Ursprungsort der modernen Menschen. Wichtig ist, das genaue Datum dieses Ursprungs zu ermitteln. Sollte der moderne Mensch erst kürzlich entstanden sein (wäre er nicht mehr als wenige 100 000 Jahre alt), würde dies für das „Jenseits-von-Afrika"-Modell sprechen. Jedoch sollte ein Datum, das sich einer Million Jahre nähert, darauf hinweisen, daß das multiregionale Modell zutrifft (es müßte dann den Zeitpunkt der Wanderung des *Homo erectus* aus Afrika heraus in die anderen Kontinente bezeichnen).

Der Zeitpunkt des Ursprungs wird durch Ermittlung der Sequenzänderungen, die sich in der ältesten Population angesammelt haben, und eine Bestimmung der Geschwindigkeit, mit der neue Mutationen auftreten, errechnet. Diese Rate erhielt man bisher gewöhnlich durch einen Vergleich von menschlicher Mitochondrien-DNA mit der DNA des Schimpansen (beide Arten sind nahe miteinander verwandt). Die auf diese Weise gewonnenen Geschwindigkeiten bedeuten ein Alter des modernen Menschen von etwa 200 000 Jahren. Mit diesen Vergleichen gibt es aber einige potentielle Probleme.

Das erste ist die Annahme, die Geschwindigkeit der Etablierung neuer Mutationen sei in beiden Arten gleich. Es gibt viele gute Gründe vorauszusetzen, daß dies zutrifft. Dennoch bleibt es eine Vermutung. Das zweite Problem stammt von der Tatsache, daß gewisse Abschnitte der Mitochondrien-DNA, insbesondere die sogenannte Kontrollregion, sich deutlich rascher entwickeln als andere. Daher ist es wahrscheinlich, daß innerhalb einer verhältnismäßig kurzen Zeit bestimmte Nucleotide zweimal ersetzt werden. Diese „Doppeltreffer" verstecken sozusagen die zweite Mutation, da nur eine Basen-Position verändert ist. Weiterhin kann es sogar geschehen, daß die zweite Mutation das Nucleotid in seinen Urzustand zurückversetzt. Nun sieht es so aus, als wäre an dieser Position überhaupt keine Mutation erfolgt. Die Molekularbiologen waren schon immer bemüht, diesen Prozeß bei ihren Berechnungen zu berücksichtigen, aber es bleibt dennoch schwierig, unter solchen Umständen ein verläßliches Maß für das Tempo des Austausches von Nucleotiden zu erhalten. Bei den fünf bis acht Millionen Jahren, die Mensch und Schimpanse voneinander trennen, spielt dieses „Doppeltrefferproblem" jedenfalls eine Rolle.

In einem Versuch, diese beiden Hindernisse zu umgehen, verfolgten Mark Stoneking und seine Kollegen an der Pennsylvania State University einen anderen Kurs. Sie versuchten, die Muta-

tionsrate durch einen *intra-* anstelle eines *inter*spezifischen Vergleichs zu kalibrieren, wobei sie Daten von den genetisch vielfältigen menschlichen Populationen aus Neu-Guinea nutzten. Obgleich es im Prinzip möglich ist, daß sich die mtDNA auch bei verschiedenen Populationen einer Art ungleich rasch verändert, ist diese Wahrscheinlichkeit weit geringer als bei verschiedenen Arten. Darüber hinaus lebten in diesem Fall die untersuchten menschlichen Populationen alle unter gleichen Umweltverhältnissen, wodurch diese Fehlerquelle noch weiter gemindert wurde. Das Problem, falsche Mutationsraten durch Ratenunterschiede zu erhalten, ist nahezu beseitigt.

Die Zeitperiode, über die hinweg Mutationen in diesen Populationen gemessen wurden, beträgt 60 000 Jahre, nämlich seitdem jene Region vermutlich erstmals von modernen Menschen besiedelt wurde. Diese relativ kurze Periode schaltet das zweite verwirrende Problem bei der Einschätzung von Raten aus, die Doppeltreffer.

Stoneking und seine Kollegen sammelten Mitochondrien-DNA-Daten von 50 Personen aus Neu-Guinea und von 20 Indonesiern. Sie zeigen, daß Neu-Guinea von drei großen Gruppen bevölkert wird, die von drei „Gründerfrauen" abstammen, die dem ersten Migrationsschub angehörten. Die verschiedenen Mitochondrientypen dieser drei Frauen stammten von einem gemeinsamen Vorfahren aus einer Zeit weit vor der Besiedlung Neu-Guineas. Ihre mtDNA-

Schnittstellen hervorgebracht, ergeben sich unterschiedliche Fragmentmuster. Weil die Restriktionsfragment-Kartierung nur Auskunft über die DNA-Sequenzen an Schnittstellen gibt, erfaßt sie nur einen begrenzten Teil der untersuchten DNA. Bei den in

den Labors von Wilson und Wallace durchgeführten Experimenten wurden etwa neun Prozent der 16 569 Nucleotid-Sequenz ermittelt, aus der sich die menschliche Mitochondrien-DNA zusammensetzt. (Das Mitochondrien-Genom des Menschen, dessen

Sequenzen hatten sich schon vor der Einwanderung auseinanderentwickelt. Auf der Insel setzte sich diese Tendenz fort. Darüber hinaus begann sich die mitochondriale DNA in den Nachkommen jeder dieser drei Gründerfrauen zu differenzieren. Dadurch bildeten sich nach der Besiedlung die drei heute nachweisbaren Großgruppen.

Die Existenz dieser Gruppen ermöglichte die Ermittlung der Mutationsrate durch zwei verschiedene Methoden. Die eine war die Bestimmung der Variabilität, die sich innerhalb jeder dieser drei Gruppen herausgebildet hatte. Die zweite beruht auf den Unterschieden zwischen den Gruppen. Wurden sie nicht durch unerwartete Umstände durcheinandergebracht, dann sollten beide Geschwindigkeitsmessungen identisch sein, wodurch die Daten selbst einen Test ihrer Zuverlässigkeit ermöglichen. Die Ergebnisse waren tatsächlich identisch: etwa 12 Prozent pro Million Jahre (für die sich rasch verändernde Kontrollregion). Diese Zahl führt zu einem Durchschnittsalter der modernen Menschen von 135 000 Jahren. Das nähert sich dem Alter der frühesten bekannten modern-menschlichen Fossilien (etwas über 100 000 Jahre in Afrika und dem Nahen Osten).

Im Gegensatz zu den meisten anderen derartigen Berechnungen erlaubt die Natur der hier gesammelten Daten die Berechnung der 95-Prozent-Vertrauensgrenzen dieses Durchschnittswertes. Für die Ermittlung innerhalb der Gruppen ergeben sich als beste Schätzung

des Alters des menschlichen mtDNA-Ahnen 133 000 Jahre mit einem 95-Prozent-Vertrauensintervall von 63 000 bis 356 000 Jahren. Die entsprechenden Werte für den Vergleich zwischen den Gruppen sind 137 000 Jahre und 63 000 bis 416 000 Jahre. Dieses Vertrauensintervall erscheint groß, aber dies ist nun einmal die statistische Natur der Daten. Dennoch, selbst wenn der wahre Wert am oberen Ende des Intervalls liegen sollte, würde er immer noch die Hypothese von der multiregionalen Evolution ausschließen, die den Beginn der Auseinanderentwicklung vor einer Million Jahren annimmt.

Einige weitere Feststellungen lassen sich treffen. Erstens, die Mutationsrate aus der Originalberechnung beruhte auf der Annahme, Neu-Guinea sei vor 60 000 Jahren bevölkert worden. Tatsächlich gibt es kaum archäologische Hinweise auf eine Besiedlung, die älter als 45 000 Jahre ist. Neuere Belege deuten auf eine erste Besiedlung des benachbarten Australiens zwischen 50 000 und 55 000 Jahre vor unserer Zeit hin. Die Schätzung Stonekings und seiner Kollegen, die von einer Besiedlung Neu-Guineas vor 60 000 Jahren ausging, war also konservativ.

Daten, die jünger als 60 000 Jahre sind, würden eine schnellere Evolutionsgeschwindigkeit ergeben und damit das Alter des mtDNA-Vorfahren verringern. Jedes höhere Alter als 60 000 Jahre für die erste Besiedlung hätte den entgegengesetzten Effekt. Wäre die Insel beispielsweise vor 80 000 Jahren besie-

delt worden, dann stiege das maximale Alter des mtDNA-Verfahren (bei einem Vertrauensintervall von 95 Prozent) auf 464 000 Jahre. Das ist immer noch weit weniger, als es das Modell von der multiregionalen Evolution vorhersagt. Da die ältesten bekannten Fossilien moderner Menschen in der Alten Welt (in Afrika und im Nahen Osten) etwas über 100 000 Jahre alt sind, ist es sehr unwahrscheinlich, daß die ersten Menschen wesentlich früher als vor 80 000 Jahren nach Neu-Guinea kamen.

Zweifellos wird es auch in Zukunft Meinungsverschiedenheiten und Unklarheiten über die aus der mtDNA gewonnenen Beweise geben. Sogar wenn alle Zweifel über die Technik zerstreut werden sollten, blieben Unsicherheiten bestehen. Die Mitochondrien-DNA wird praktisch wie ein einzelnes Gen vererbt, und es ist prinzipiell möglich, daß in den frühen menschlichen Populationen irgend etwas geschah, wodurch das Bild der tatsächlichen Geschichte dieses Gens verzerrt wurde, so daß wir den gemeinsamen Vorfahren fälschlicherweise für zu jung halten. Durch Belege über die Variation anderer Gene in den Populationen und ihre Geschichte ließen sich die auf der Mitochondrien-DNA beruhenden Schlüsse überprüfen.

vollständige Sequenz wir heute kennen, ist eines der kleinsten mtDNA-Moleküle und kodiert 37 Gene. Im Gegensatz dazu enthalten die DNA-Moleküle, die das menschliche Genom – genauer die Gesamtheit der Kern-DNA – bilden, bis zu drei Milliarden

Basenpaare und kodieren 100 000 Gene, von denen bislang nur ein winziger Teil sequenziert wurde.)

Sehr viele Daten stammten aus Restriktionsfragment-Kartierungen nur kleiner Populationsstichpro-

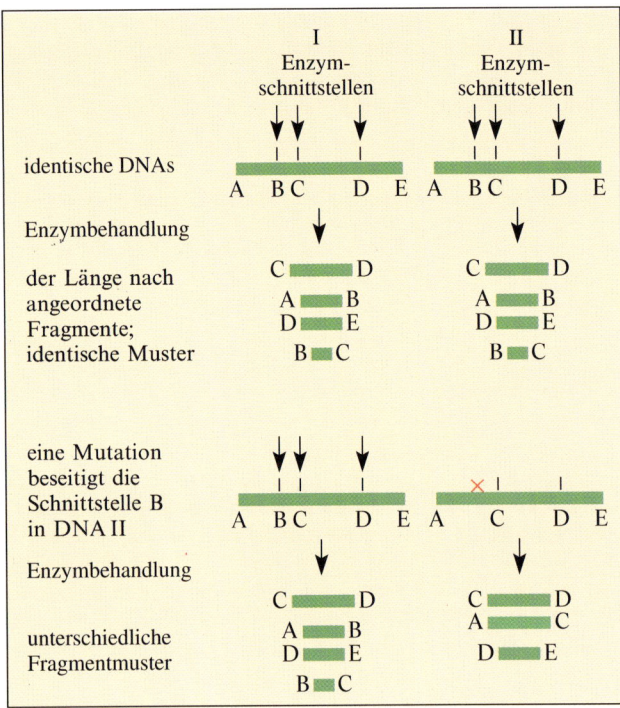

4.7 Das Prinzip der Restriktionsenzym-Kartierung von DNA: Restriktionsenzyme spalten DNA-Stränge an ganz bestimmten Orten der Sequenz, wodurch Bruchstücke in einem charakteristischen Größenmuster entstehen. Individuen mit identischer DNA liefern identische Fragmentmuster (oben). Wenn eine Mutation die Schnittstelle eines Restriktionsenzyms verändert, ändert sich auch das Fragmentmuster (unten).

ben. Im Prinzip lassen sich zwei Informationstypen aus den mtDNA-Restriktionsmustern von Bevölkerungsgruppen gewinnen. Zum einen vermitteln das Ausmaß der Variation der mtDNA zwischen allen geographischen Gruppen sowie der Vergleich dieser Gruppen untereinander eine Einsicht in die allgemeine Geschichte der modernen Menschen. Dies umschließt den Zeitpunkt des Ursprungs moderner Menschen und welche Population die älteste ist, falls es eine solche geben sollte. Zum anderen kann ein detaillierter Vergleich der verschiedenen DNA-Typen in den Populationen einen Stammbaum liefern, der eine präzise Beschreibung der Evolutionsgeschichte moderner menschlicher Populationen gibt.

Im Zusammenhang mit den beiden derzeitigen Modellen für den Ursprung der modernen Menschen müßten die mtDNA-Daten ganz anders sein. Ein multiregionaler Evolutionstyp würde eine weitreichende mtDNA-Abweichung innerhalb moderner Bevölkerungen hervorbringen, was ihren gemeinsamen Ursprung aus *Homo erectus*-Populationen reflektiert, die vor wenigstens einer Million Jahren Afrika verließen. Außerdem sollten alle modernen Populationen das gleiche Ausmaß genetischer Vielfalt zeigen. Im Gegensatz dazu würde ein „Jenseits-von-Afrika"-Typ der Evolution zu verhältnismäßig geringen mtDNA-Abweichungen zwischen modernen Populationen führen, was deren jungen Ursprung widerspiegelt, wobei die größte Variationsbreite bei Afrikanern aufträte.

Wilsons und Wallaces unabhängig voneinander ausgeführten Ermittlungen offenbaren sehr geringe mtDNA-Vielfalt bei modernen Populationen, gerade ein Zehntel von der, die man beispielsweise zwischen Populationen afrikanischer Menschenaffen findet. Diese Daten scheinen auf einen jungen Ursprung der modernen Menschen hinzudeuten. (Die genetische Vielfalt in Kern-Genomen moderner Populationen ist ebenfalls extrem gering; wieder ungefähr ein Zehntel derjenigen moderner afrikanischer Menschenaffen, was die Ergebnisse mit der mtDNA stützt.) Die Arbeitskreise von Wilson und Wallace stimmten auch darin überein, daß die afrikanischen Bevölkerungsgruppen eine bedeutend größere Vielfalt als irgendeine andere Population entwickelten. Die Forscher aus Berkeley hielten dies für einen Hinweis auf einen afrikanischen Ursprung der modernen Menschen. Die Menschen anderer Kontinente sind demnach Nachfahren dieser Population. Für Wilson und seine Kollegen bildeten diese Daten die Grundlage für die Behauptung eines jungen Ursprungs der modernen Menschen in Afrika: die Basis der Hypothese von der Eva der Mitochondrien.

Wallace und seinen Mitarbeitern erschienen anfangs die Daten fragwürdiger. Sie bemerkten, unter der Voraussetzung, Mutationen hätten sich bei allen Populationen in ähnlicher Geschwindigkeit angehäuft, müßten die modernen Menschen tatsächlich vor 220 000 Jahren in Afrika entstanden sein. Sie meinten jedoch, die größere Vielfalt der mtDNA bei Afrikanern sei die Folge einer höheren Mutationsrate und nicht einer weit zurückliegenden Vorfahrenschaft. In diesem Fall wäre Asien das Ursprungsgebiet. Ein Grund für diesen Schluß war die Entdeckung einer (als Typ 8 bekannten) asiatischen Variante der mtDNA, die sich auch in nichtmenschlichen Primaten findet. Daß sich Asiaten diese Typ-8-Variante mit nichtmenschlichen Primaten teilen, könnte als Hinweis gelten, daß sie den Bedingungen der Vorfahren näherstehen und daß nachfolgende Populationen diese Variante verloren haben. Die Asiaten schienen die am längsten etablierte Bevölkerung moderner Menschen zu sein.

In ihrer Arbeit von 1983 schrieben Wallace und seine Kollegen, man könne weder einen afrikanischen noch einen asiatischen Ursprung zweifelsfrei behaupten. Beide Deutungen hätten ihre Stärken und Schwächen. Ein Jahrzehnt später sagte Wallace, daß kein Hinweis auf unterschiedliche Mutationsraten bei geographisch verschiedenen Menschengruppen gefunden wurde. Ein Verfahren, mit dem man dies prüfte, war der Vergleich einer bestimmten mtDNA-Sequenz bei Menschen verschiedener geographischer Herkunft mit der entsprechenden Basenfolge von Schimpansen. Falls die Mutationsrate bei einer der Menschengruppen höher war als bei den anderen, dann müßte ihre Sequenz deutlich stärker von der des Schimpansen abweichen. Tatsächlich waren aber alle ermittelten menschlichen Sequenzen gleich weit von der des Schimpansen entfernt. Dies weist darauf hin, daß die Mutationsraten bei allen menschlichen Populationen gleich sind. Aus diesen und ähnlichen Tests schließt Wallace, daß seine eigenen Daten über die Vielfalt der mtDNA, die inzwischen von 3065 Personen stammen, ebenso wie die von Wilson, die gleichfalls erheblich erweitert wurden, stark auf einen jungen Ursprung in Afrika hindeuten.

Der zweite Aspekt der mtDNA-Analyse, die Rekonstruktion eines Stammbaumes, ist weniger eindeutig und führte, wie wir später sehen werden, kürzlich zu erheblichen Meinungsverschiedenheiten. In diesem Fall besteht die Aufgabe darin, zu prüfen, was über die mtDNA-Sequenz bei einem jeden Individuum in der Fallstudie bekannt ist, und zu entscheiden, wie sie miteinander evolutionär verbunden sein könnten. Grundlage hierfür sind Ähnlichkeiten und Unterschiede in den Sequenzen. Praktisch verfolgt man den Weg, den Mutationen ausgehend von einem gemeinsamen Ahnen im Laufe der Generationen bis hin zur heutigen Vielfalt genommen haben. Das Ergebnis ist ein Stammbaum der modernen menschlichen Populationen. Während sich aber tatsächlich nur ein Stammbaum im Laufe der Vorgeschichte entfaltete, lassen sich aus den heute verfügbaren DNA-Sequenzdaten viele Stammbäume konstruieren. Die Herausforderung ist, hierunter die richtige Phylogenie (Stammesgeschichte) herauszufinden, oder wenigstens eine ihr nahestehende.

Zu Beginn der achtziger Jahre entwickelte David Swofford, ein Systematiker vom Illinois Natural History Survey in Champaign, ein Computerprogramm namens PAUP, oder *Phyletic Analysis Using Parsimony* (stammesgeschichtliche Analyse nach dem Sparsamkeitsprinzip). Das Sparsamkeitsprinzip ist einfach: Man finde den Stammbaum mit den wenigsten Mutationsschritten, den man für den phylogenetisch wahrscheinlichsten hält. In der Praxis kann diese Aufgabe entmutigend sein. Nutzt man Daten der Restriktionsfragment-Kartierung des gesamten Mitochondrien-Genoms oder, wie neuerdings üblich, die Sequenzinformation von einem seiner Fragmente, dann ist die Anzahl der Stammbäume, die sich bei einer Stichprobengröße von 100 bis 200 Individuen konstruieren lassen, enorm – einige Hunderttausend, vielleicht viele Millionen. Manche dieser Stammbäume sind wahrscheinlicher als andere. Aber es gibt keinen sicheren Weg, im gesamten Universum der möglichen Stammbäume die wahrscheinlichsten zu finden. Die Wissenschaftler müssen entscheiden, wie viele Stammbäume und welche allgemeine Baumstruktur sie gewinnen wollen.

Die Berkeley-Gruppe entwickelte 1987 aus den Daten der Restriktionsfragment-Kartierung von 147 Individuen den ihrer Meinung nach einfachsten Stammbaum und stellte ihn in einem berühmt gewordenen hufeisenförmigen Diagramm dar. Es zeigt zwei getrennte Zweige: Einer enthält ausschließlich afrikanische DNA-Typen, der andere eine Mischung aller Typen. Die Forscher aus Berkeley meinten: »Wir schließen aus diesem Stammbaum mit minimaler Länge, daß Afrika die wahrscheinlichste Quelle des menschlichen Mitochondrien-Genpools ist.« Mit anderen Worten, die phylogenetische Analyse mittels PAUP unterstützte die Schlußfolgerung, die sich aus der genetischen Vielfalt ergab. Nun erhob sich die Frage, wann entstand der afrikanische mtDNA-Pool – der erste moderne Mensch?

Die Antwort, die Wilson und seine Kollegen hierauf fanden, war der Zeitraum zwischen 140 000 und 290 000 Jahren vor unserer Zeit. (Dieser Schluß beruhte auf einer Rate von zwei bis vier Prozent für die Stammbaumverzweigung der Mitochondrien-DNA-Sequenz zwischen zwei sich getrennt entwickelnden Gruppen. Das ist das Doppelte der einfachen Mutationsrate bei jeder dieser Gruppen. Diese Schätzung der Divergenzrate hatte Wilson aus Daten von Menschenaffen, niederen Affen, Pferden, Nashörnern, Mäusen, Ratten, Vögeln, Fischen und Menschen abgeleitet. In ihren Tests der Divergenzrate kamen Wallace und seine Kollegen ebenfalls auf eine Zahl von zwei bis vier Prozent.) Die mtDNA-Daten – hinsichtlich sowohl ihrer Vielfalt als auch der Form des Stammbaumes – sprachen daher im großen und ganzen für einen verhältnismäßig jungen afrikanischen Ursprung der modernen Menschen. Es gibt keinen Hinweis auf tiefe genetische Wurzeln (in der Form von sehr verschiedenen mtDNA-Typen), wie sie vom Modell der multiregionalen Evolution vorhergesagt werden.

Evas irreführende Mystik

Natürlich begrüßte Christopher Stringer, der prominenteste Befürworter der „Jenseits-von-Afrika"-Hypothese, die Beweise, die aus der Untersuchung der mtDNA erwuchsen. »Wie sich beim Studium des Ursprungs der Hominiden herausgestellt hat, gehen Paläoanthropologen, die den wachsenden Reichtum genetischer Daten über die Beziehungen menschlicher Populationen ignorieren, ein Risiko ein.« Das schrieb Stringer im März 1988 in der Zeitschrift *Science* zusammen mit seinem Kollegen vom Museum of Natural History, Peter Andrews. Verständlicherweise ist Milford Wolpoff, der eifrigste Fürsprecher des multiregionalen Modells, der lautstärkste Kritiker von Wilsons Schlußfolgerungen. Wolpoff und seine Kollegen antworteten Stringer und Andrews, ebenfalls in *Science*: »Es ist angebracht zu schlußfolgern, daß die Paläoanthropologen, die den wachsenden Reichtum der paläontologischen Daten ignorieren, das auf eigene Gefahr tun.« Der Unterton des Meinungsaustausches zeigt, daß die alte Gegnerschaft zwischen Anthropologie und Genetik fortbesteht.

Sofort nachdem die Eva der Mitochondrien auftauchte, wurden die ihr zugrundeliegenden genetischen Daten heftig an verschiedenen Fronten kritisiert. Es wurde behauptet, daß die Geschwindigkeit der Akkumulation von Mutationen, die Wilson und andere annahmen, zu schnell sei. Auch die Interpretation des „gemeinsamen Vorfahren" an der Wurzel des Stammbaums wurde angegriffen. »Von Anfang an gab es Verwirrung darüber, was wir gesagt hatten«, beklagte sich Wilson. »Und dies beschränkte sich nicht auf die populäre Presse. Einige unserer wissenschaftlichen Kollegen waren ebenfalls dafür verantwortlich« – wie vielleicht auch der Hinweis der Gruppe aus Berkeley auf eine einzelne Frau, die irgendwo in Afrika, irgendwann zwischen 140 000 und 290 000 Jahren vor unserer Zeit lebte. (Aus verschiedenen technischen Gründen hat sich dieser Zeitraum seitdem verkleinert; heute wird gewöhnlich die Zahl 200 000 genannt.) Jeder von uns, der heute lebt, führt seine Mitochondrien auf diese gemeinsame Ahne zurück. »Eine glückliche Mutter«, nannte Wilson sie oft.

Vom suggestiven Bild einer afrikanischen Eva gefesselt, nahmen viele an, die Forscher aus Berkeley sprächen von einer sprichwörtlichen Ur-Mutter – der ersten modernen Menschenfrau mit ihrem Adam. »Sie müssen erkennen, daß wir beim Zurückverfolgen der Abstammungsreihe der Mitochondrien-DNA

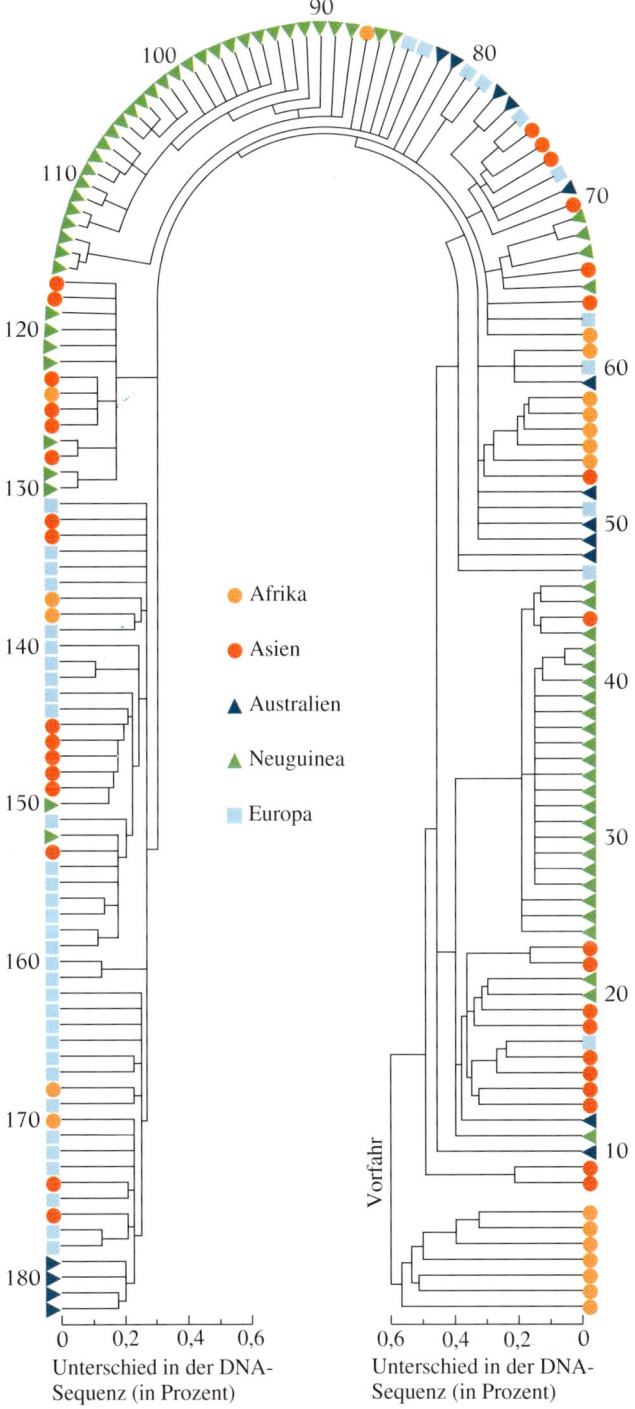

Afrika
Asien
Australien
Neuguinea
Europa

0   0,2   0,4   0,6
Unterschied in der DNA-
Sequenz (in Prozent)

0,6   0,4   0,2   0
Unterschied in der DNA-
Sequenz (in Prozent)

Vorfahr

nahezu gewiß bis vor den Ursprung des modernen Menschen zurückgelangen«, erklärte Wilson später. »Die Eva der Mitochondrien war wahrscheinlich eine Angehörige einer Population des archaischen *sapiens*.« Noch wichtiger, das Muster der mütterlichen Vererbung der mitochondrialen DNA liefert nur einen Teil des genetischen Bildes. Wilson warnte: »Sie war nicht wortwörtlich unser aller Mutter, eben nur eine Frau, von der sich all unsere Mitochondrien-DNA ableitet.« Viele der Gene im Zellkern kamen von anderen Frauen – und von Männern. „Eva" war einfach eines von vielen Individuen aus einer Population, aus der sich letztlich die modernen Menschen entwickelten.

Wie die Konfusion entstand, ist leicht zu sehen. Durch einen Satz am Schluß von Wilsons Artikel in *Nature* war sie praktisch unvermeidlich: »Indem man die Vielfalt der Kern- und Mitochondrien-DNA vergleicht, könnte es möglich sein herauszufinden, ob ein vorübergehender oder ein verlängerter Bottleneck in der Populationsgröße den Ursprung des modernen Menschen begleitete.«

Es gab keinen Engpaß

Biologen sprechen von einem Bottleneck (englisch für „Flaschenhals, Engpaß"), wenn die Anzahl der Individuen einer Population aus irgendeinem Grund drastisch abnimmt – beispielsweise durch eine schwerwiegende Veränderung des Lebensraumes – und danach wieder anwächst. Eine Folge ist, daß sich das Ausmaß der genetischen Vielfalt in der neuen Population im Vergleich zur originalen stark

4.8 Der aus der Analyse der Mitochondrien-DNA erschlossene afrikanische Ursprung des modernen Menschen: Allan Wilson und seine Kollegen analysierten die Restriktionsenzym-Karten von Individuen aus allen geographischen Regionen und fanden ein Muster von 182 verschiedenen Typen (äußerer Rand). Die erschlossenen evolutionären Beziehungen zwischen diesen Typen lassen einen afrikanischen Ursprung erkennen. Außerdem zeigen die afrikanischen Populationen die größte Vielfalt an Mitochondrien-DNA. Auch dies verweist auf eine afrikanische Abstammung.

verringert. Die neue Population enthält praktisch nur eine kleine Auswahl der genetischen Vielfalt, die ehedem existierte. Evolutionsbiologen meinen, Populationsengpässe könnten gelegentlich zur Bildung neuer Arten führen. Daher sind sie im Zusammenhang mit der Entstehung des *Homo sapiens* interessant. Der engste Bottleneck, der möglich ist, wäre ein einziges Paar: Eva und ihr Gatte. Jim Wainscoat bemerkte zu Wilsons Artikel in *Nature*: »Es ist verführerisch, das Erscheinen eines einzigen Vorfahrentyps der Mitochondrien-DNA mit einer starken Verminderung der Populationsgröße (einem Engpaß oder Bottleneck) in Verbindung zu bringen.« Damit meinte er anscheinend, daß die Mitochondrien-Eva eine Angehörige einer kleinen Gründerpopulation, wenn nicht gar die Hälfte eines ursprünglichen Paares gewesen ist.

Der Bottleneck-Gedanke lag 1987, als Wilson und seine Kollegen ihre Arbeit in *Nature* veröffentlichten, geradezu in der Luft. Wesley Brown, ein Mitar-

beiter des Labors in Berkeley, hatte diese Idee im Juni 1980 geäußert. Als er über einige frühere Arbeiten zur DNA der menschlichen Mitochondrien berichtete, schrieb Brown: »Die Ergebnisse weisen darauf hin, daß die menschliche Art in relativ junger Zeit eine sehr starke Verringerung ihrer Populationsstärke („Bottleneck") durchlaufen haben könnte.« Der heute an der Universität von Michigan tätige Brown meint, dies sei nur eine von mehreren Möglichkeiten, seine Daten zu interpretieren, daß aber einige andere Deutungen aus seiner Arbeit herausgenommen wurden und danach die Idee vom Bottleneck festen Fuß faßte.

Gerade ein Jahr vor der Arbeit aus Wilsons Laboratorium in *Nature* hatten Wainscoat und seine Oxforder Kollegen Daten ganz anderer Art veröffentlicht, die aber in diesem Zusammenhang interessieren. Dabei ging es um Varianten in einer Kerngenregion, dem Beta-Globin-Cluster, das verschiedene Bluteiweiße kodiert, und zwar aus acht menschlichen Populationen. Die untersuchten Varianten bildeten einen Restriktionsfragmentlängen-Polymorphismus. Solche Varianten der DNA-Sequenz an bestimmten Orten (Loci) des Chromosoms können sich auf der Ebene der Proteine manifestieren, tun das aber nicht immer. Diese Varianten findet man nach dem gleichen Prinzip, das schon für die Restriktionsfragment-Kartierung der mtDNA beschrieben wurde. In diesem Fall untersuchte man fünf Schnittstellen von Restriktionsenzymen in der Beta-Globin-Region. Kombinationen dieser Varianten an diesen Genorten könnten 32 mögliche Muster oder Haplotypen ergeben. Davon wurden bei den 600 untersuchten Personen 14 gefunden.

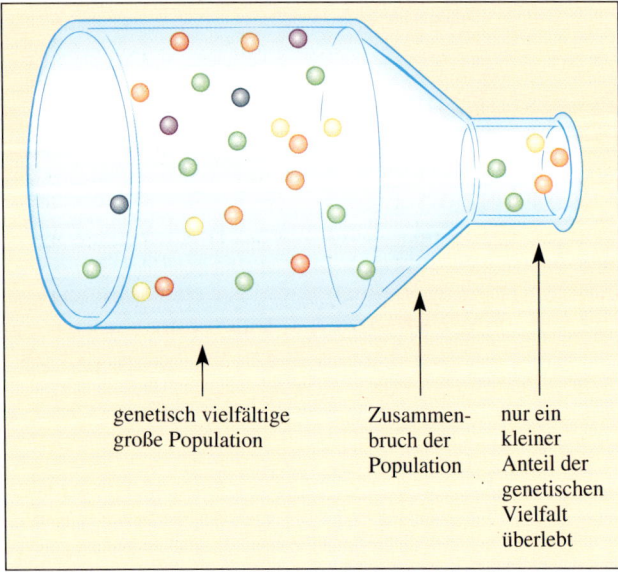

4.9 Das Prinzip des Populationsengpasses: Die Angehörigen einer großen Population zeigen eine breite genetische Vielfalt. Sinkt die Populationsstärke auf eine sehr geringe Bevölkerungszahl, überlebt nur ein Bruchteil der vorhandenen genetischen Vielfalt und wird an die folgenden Generationen weitergegeben.

Das Muster der Haplotypen bei den acht untersuchten Populationen verweist auf eine fundamentale Trennung von afrikanischen und nichtafrikanischen Populationen. Die afrikanischen sind die älteren. Weiterhin schlossen Wainscot und seine Kollegen aus der geringen Anzahl von Haplotypen, es habe beim Ursprung der modernen Bevölkerung in Afrika einen Bottleneck gegeben. »Die Gründerpopulation war klein«, stellten sie fest, und breitete sich von hier über die restliche Alte Welt aus. Ein begleiten-

In der Abbildung enthaltene Beschriftungen:

genetisch vielfältige große Population

Zusammenbruch der Population

nur ein kleiner Anteil der genetischen Vielfalt überlebt

der Kommentar von den Genetikern der Universität London Steve Jones und Shahin Rouhani erschien unter dem Titel *How Small Was the Bottleneck?* („Wie eng war der Flaschenhals?") Ihre Antwort lautete, daß er möglicherweise nur aus 40 Personen bestand.

Viele Interessierte – Molekularbiologen wie Anthropologen – schlossen, daß die Hypothese von der Eva der Mitochondrien widerlegt wäre, könnte man nachweisen, daß es einen solchen Populationsengpaß *nicht* gab. Ein derartiger Nachweis sollte von Jan Klein und seinen Mitarbeitern am Max-Planck-Institut für Biologie in Tübingen prinzipiell erbracht werden. In ihrer Arbeit ging es um Gene im sogenannten *major histocompatibility complex* (MHC; Histokompatibilitäts- oder Gewebsverträglichkeitskomplex), die eine große Anzahl von Proteinen kodieren, welche sich an der immunologischen Erkennung und Reaktion des Körpers beteiligen. Ihre große Zahl und die Leichtigkeit ihres Nachweises auf der Proteinebene machen aus diesen Genen wertvolle Marker (Anzeiger) für populationsgenetische Untersuchungen.

Klein und seine Kollegen zeigten, daß Menschen und Schimpansen viele Varianten der MHC-Gene gemeinsam haben. Dies bedeutet wahrscheinlich, daß Bottlenecks – die den Bereich von MHC-Varianten verringert hätten, den sich die Menschen mit den afrikanischen Menschenaffen teilen – zu keinem Zeitpunkt der menschlichen Geschichte vorhanden waren. »Die Vorstellung, es habe einmal eine einzige Eva gegeben, die vor 200 000 Jahren die erste „glückliche" Mutter von uns allen war, kann deshalb verworfen werden«, schrieb Klein im Januar 1990.

Klein hatte seine Daten erstmals ein Jahr zuvor auf einem UCLA-Symposium über molekulare Evolution vorgestellt, das von Steve O'Brien und Michael Clegg organisiert wurde. Nach O'Brien herrschte bei der überwältigenden Mehrheit der Teilnehmer des Treffens das Gefühl, die Eva-Hypothese sei versenkt worden. Kleins Daten schienen zu zeigen, daß die menschliche Bevölkerung niemals unter 10 000 gefallen war. Daher war eine afrikanische Eva – als Teil eines Paares oder einer kleinen Population –

eine Unmöglichkeit. In seinem Bericht über das UCLA-Meeting schrieb Craig in *Trends in Evolution and Ecology*: »Wie sich herausstellte, war der Garten Eden ziemlich dicht bevölkert.«

Aber egal wie stark das Gedränge im Garten Eden war, die Eva der Mitochondrien bleibt davon unbeeinflußt; denn tatsächlich braucht sie gar keinen Engpaß. Wie John Avise in einer 1983 veröffentlichten Arbeit gezeigt hatte, ist es möglich – ja sogar unausweichlich –, daß aus einer früheren großen Population mit einer beträchtlichen Vielfalt an Mitochondrien-DNA-Typen eine ebenso große heutige hervorgeht, in der sich dennoch im wesentlichen nur ein Typ findet, bei dem es sich um Varianten von nur einer der ursprünglichen Formen handelt. »Über dieses Problem nachzudenken, wurde ich veranlaßt, als ich Browns Arbeit von 1980 über die menschliche Mitochondrien-DNA sah«, erinnert sich Avise. Die Lösung ist einfach, wenn auch auf den ersten Blick widersprüchlich. »Am einfachsten ist es, hierüber anhand von Familiennamen nachzudenken, eine Idee, auf die mich Michael Clegg brachte.«

Nehmen wir an, daß allein die Männer den Familiennamen führen. Weil nicht jede Familie männliche Nachkommen hervorbringt, wird von Zeit zu Zeit ein Familienname aussterben. Eine Population von über Generationen hinweg unveränderter Größe entwickelt rasch ein ganz bestimmtes Muster. In der ersten Generation wird erwartungsgemäß ein Viertel der Paare zwei Jungen haben, die beide den Familiennamen in die nächste Generation tragen; eine Hälfte wird jeweils einen Jungen sowie eine Tochter zeugen. Der Familienname wird von diesem einen Sohn weitergegeben. Schließlich wird ein Viertel zwei Töchter hervorbringen und der betreffende Familienname verschwinden. Dieser Vorgang vollzieht sich in jeder weiteren Generation, so daß nach einer gewissen Zeit (nach ungefähr doppelt so vielen Generationen als es Frauen in der ersten Generation gab) nur noch ein Familienname übrigbleibt. Damit wurde eine große Namensvielfalt auf einen reduziert, einfach durch zufallsgemäßen Verlust. Das gleiche gilt für Mitochondrien, außer daß sie in weiblicher Linie vererbt werden.

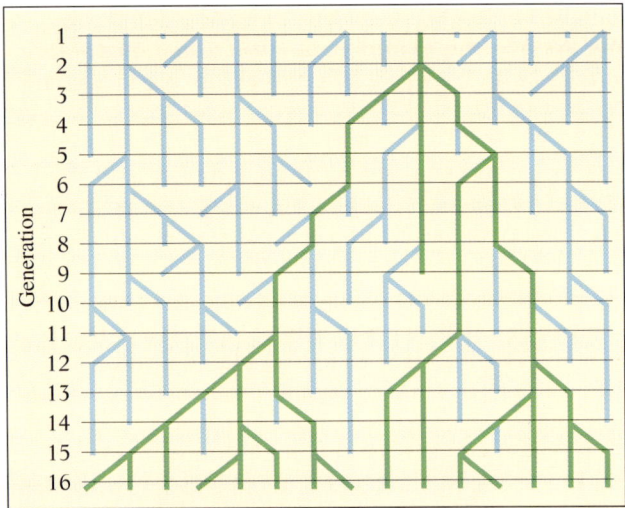

4.10 Veränderungen in der mütterlichen Vorfahrenschaft von Mitochondrien-DNA: Mitochondrien-DNA wird nur in mütterlicher Linie weitergegeben. Ein Mitochondrien-DNA-Typ einer Mutter, die nur Söhne hervorbringt, wird deshalb aussterben. Im Laufe der Generationen werden alle außer einem Mitochondrien-DNA-Typ aus rein stochastischen Gründen aussterben, so daß nur ein einziger Vorfahrentyp übrigbleibt.

Eine große Population wird also im Laufe der Zeit durch einen stochastischen Prozeß ständig Mitochondriensippen verlieren und letztlich in einer einzigen enden, die in allen ihren Individuen gefunden wird. Obgleich Populationsengpässe in der anfänglichen Diskussion über die Eva der Mitochondrien eine herausragende Rolle spielten, erwiesen sie sich in diesem Zusammenhang schließlich doch als eine falsche Fährte. Der Nachweis, daß es sie in der menschlichen Geschichte nie gegeben hat, machte sie für die Hypothese wertlos.

Die Bedeutung der vollständigen Verdrängung

Die ersten experimentellen Daten, die Wilson und seine Kollegen veröffentlichten, betrafen gerade 147

Individuen – eine relativ kleine, aber aussagefähige Anzahl. Deren mitochondriale DNA war ausnahmslos relativ jung und entstammte einem einzigen Typ aus einer afrikanischen, etwa 200 000 Jahre alten Population. Hätten sich die Abkömmlinge dieser Population, während sie die Alte Welt besiedelten, mit Populationen des dort bereits ansässigen archaischen *sapiens* gekreuzt, wäre alte Mitochondrien-DNA aus Abstammungslinien, die bis zum *Homo erectus* zurückreichten, in den Genpool der modernen Menschen aufgenommen worden. In diesem Fall sollte man erwarten, daß irgendwann einmal im heutigen Untersuchungsmaterial solche alte mtDNA auftaucht. In der anfänglichen Stichprobe von 147 Personen war keine gefunden worden. Seitdem haben Wilson und Forscher anderer Labors mehr als 4000 nicht aus Afrika stammende Individuen untersucht und immer noch keine alte DNA entdeckt. »Vielleicht hatten wir Pech«, bemerkte Wilson ironisch, »aber ich denke, das ist nicht der Fall. Ich bin mir jetzt ziemlich sicher, daß wir deshalb keine gefunden haben, weil es keine gibt.«

Im September 1991, zwei Monate nach Wilsons Tod, erschien sein Name zusammen mit denen seiner Kollegen, den Fachleuten für molekulare Evolution Linda Vigilant und Mark Stoneking sowie den Anthropologen Henry Harpending und Kristen Hawkes, in einer in *Science* veröffentlichten Arbeit. Der Artikel präsentierte die jüngste Bemühung, die Hypothese von der Eva der Mitochondrien zu testen. Dazu hatte man die Sequenz eines sich rasch entwickelnden Teiles der mtDNA (der Kontrollregion) in 189 Individuen untersucht. Die neue Studie erfaßte auch Schwarzafrikaner und schloß vergleichende Sequenzdaten von einem Schimpansen ein, dem nächsten Verwandten des Menschen. Die mit früheren Arbeiten übereinstimmenden Ergebnisse wurden durch zwei leistungsfähige statistische Tests gestützt. Mit Hilfe von PAUP konstruierte man einen Stammbaum, nachdem 100 mögliche Ahnenbäume geprüft worden waren. Die Autoren schlossen: »Unsere Studie liefert die bisher stärksten Argumente dafür, unseren gemeinsamen mitochondrialen Vorfahren vor etwa 200 000 Jahren in Afrika zu plazieren.«

Die Folgerungen aus diesen Ergebnissen – insbesondere des bisherigen Fehlens irgendeiner bekannten, alten mtDNA bei heutigen Menschen – ist, daß sich die in Afrika entstandenen Menschen nicht mit den etablierten Populationen kreuzten. Vielmehr haben sie diese letztlich replaziert. Wie wir uns erinnern, war eine vollständige Bevölkerungsverdrängung kein Bestandteil von Stringers ursprünglicher „Jenseits-von-Afrika"-Hypothese, die ein gewisses Ausmaß von Kreuzungen zwischen Populationen zuließ. »Sich vollständigen Ersatz vorzustellen, ist eine ganz schön harte Angelegenheit«, sagt Stringer. »Aber die Logik der Mitochondriendaten ist anscheinend schlüssig. Für uns mit den fossilen Daten ist es schwierig, so eindeutig zu sein.« Er verweist darauf,

daß die Dürftigkeit der Fossildokumente in den meisten Regionen der Welt eine zuverlässige Schlußfolgerung unmöglich macht und fügt hinzu: »Es könnte bedeutsam sein, daß wir in dem Gebiet mit der besten Fossildokumentation, nämlich in Westeuropa, auf eine vollständige Verdrängung schließen dürfen – und zwar der Neandertaler. Vielleicht kämen wir für andere Gebiete zu dem gleichen Schluß, gäbe es dort eine bessere fossile Belegsituation.«

Mögliche Probleme mit der DNA-Analyse

Wolpoff und andere bleiben von den Schlußfolgerungen aus dem Labor in Berkeley unbeeindruckt. Die mtDNA heutiger Menschen sei unter mehreren Aspekten in künstlicher Weise jung, meint Wolpoff. Beide Fehler beziehen sich auf mögliche Verzerrungen des Verlustes von Mitochondrientypen und geben dadurch ein verfälschtes Bild von der Geschichte der Population.

Anfänglich befaßte sich Wolpoff jedoch mit der Ungenauigkeit der mitochondrialen DNA-Uhr, insbesondere ihrer Mutationsrate. Auf der Jahrestagung der AAAS im Februar 1990 verwies er darauf, daß Wilson und seine Kollegen das Ticken der mitochondrialen molekularen Uhr fehlgedeutet und die Geschwindigkeit der Akkumulation von Mutationen um das Vierfache zu hoch eingeschätzt hätten. Sie sollte 0,715 und nicht zwei bis vier Prozent pro Million Jahre betragen. »Das würde Eva etwa 800 000 Jahre alt machen, was mir gerade passen würde«, sagte Wolpoff. Tatsächlich sind die 0,715 Prozent, die Masatoshi Nei von der Pennsylvania State University errechnet hatte, nicht mit Wilsons zwei bis vier Prozent gleichzusetzen, ein Fehler, der von den Kritikern der Eva der Mitochondrien wiederholt gemacht wurde. Die zwei bis vier Prozent bedeuten den *Unterschied* zwischen *zwei Entwicklungslinien* und zählen somit Mutationen in beiden Abstammungsreihen. Neis Zahl von 0,715 ist die *Austauschgeschwindigkeit innerhalb einer Linie*. Der richtige

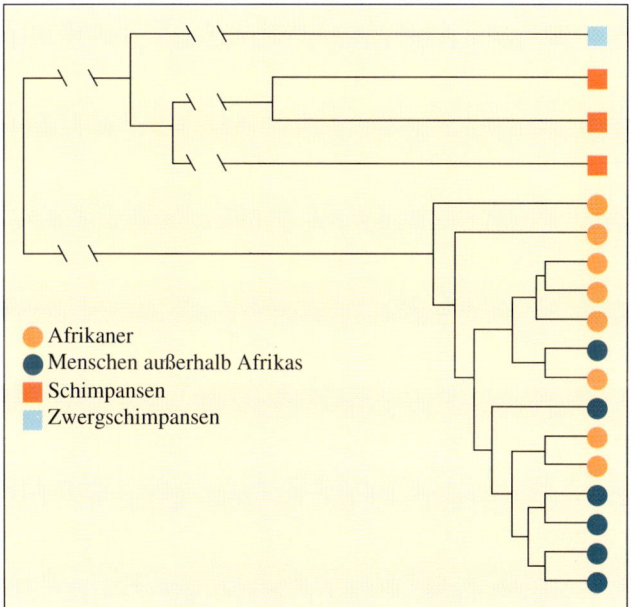

4.11 Eine Methode, den Beginn der Auseinanderentwicklung der modernen Menschen zu schätzen: Das Diagramm zeigt die angesammelten Unterschiede in der Mitochondrien-DNA bei Populationen von Menschen und Schimpansen. Die Divergenz unter Menschen ist um ein Fünfundzwanzigstel geringer als die zwischen Menschen und Schimpansen. Vincent Sarich schätzt, daß die getrennte Entwicklung von Menschen und Schimpansen vor etwa fünf Millionen Jahren begann. Dies bedeutet eine Trennung der Entwicklungslinien des modernen Menschen vor weniger als 200 000 Jahren.

Legend:
- Afrikaner
- Menschen außerhalb Afrikas
- Schimpansen
- Zwergschimpansen

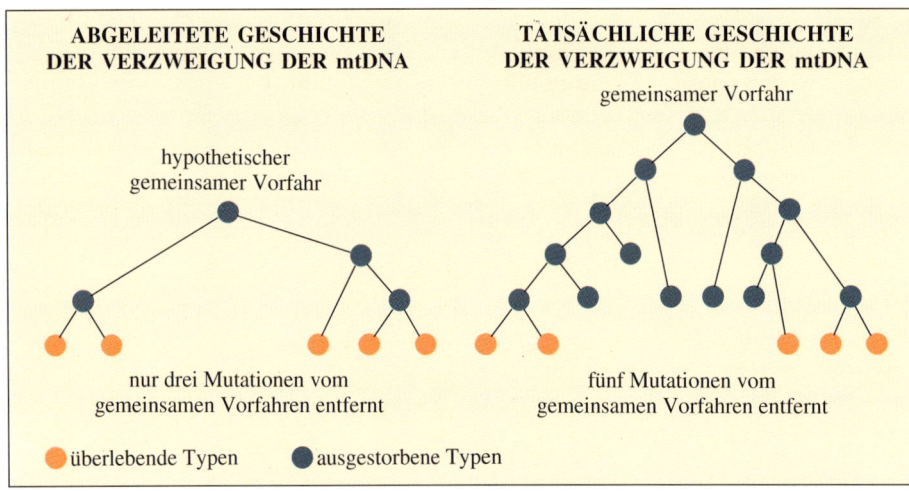

4.12 Anhänger der Hypothese von der multiregionalen Evolution behaupten, die Rekonstruktion der Entwicklunglinien auf der Grundlage von überlebenden Mitochondrien-DNA-Typen enthalte einen inhärenten Fehler. Würden vorwiegend ältere DNA-Entwicklungslinien aussterben, ergäbe dies ein fälschlich junges Datum für den gemeinsamen Vorfahren. Jedoch wurde ein solcher systematischer Fehler beim stochastischen Verlust von DNA in tierischen Populationen niemals gefunden.

Vergleich ist also der von zwei bis vier Prozent (Wilson und Kollegen) mit 1,43 Prozent (Nei).

Es bleibt also weiterhin der Unterschied zwischen den etwa 200 000 Jahren aus Wilsons Berechnung und dem mit 400 000 Jahren aus den Daten Neis ermittelten vermutlichen Alter des modernen Menschen. Aber auch 400 000 Jahre bringen Eva noch nicht zurück an den Beginn der Besiedlung der Alten Welt durch *Homo erectus* vor reichlich einer Million Jahren, wie es die Multiregionalisten benötigten.

Weil die molekulare Uhr das Herzstück der Hypothese von der Eva der Mitochondrien ist, bleibt die Frage, wie rasch diese Uhr tickt, offensichtlich entscheidend. Nach Wilsons Auffassung ist Nei bei seiner Analyse zu vorsichtig und hat sich auch nicht gründlich genug mit den Berechnungen der Gruppe in Berkeley auseinandergesetzt. In seiner Antwort hierauf sagt Nei, daß Wilson die Faktoren, die das Tempo des Austausches von Nucleotiden künstlich erhöhen, nicht genügend berücksichtigt hat. Eine Klärung dieser Meinungsverschiedenheiten ist noch nicht in Sicht. Aber vielen Forschern, die auf diesem Gebiet arbeiten, einschließlich der Gruppe von Wallace, erscheint der Bereich von zwei bis vier Prozent pro Million Jahre annehmbar.

Seit dem Frühjahr 1990 hat Wolpoff begonnen zu behaupten, die Uhr sei ohne Bedeutung. Mit starker Ironie gab er kürzlich zu, daß »Wilsons Labor die Geschwindigkeit ganz präzise ermittelt habe«. Dennoch, sagt er nun, ist es »durch den stochastischen Verlust von Mitochondriensippen unmöglich, irgendeine Geschwindigkeit verläßlich zu berechnen«. Eine Population würde mit einem künstlich jungem Spektrum mitochondrialer Abstammungsreihen enden, falls ältere Reihen vorzugsweise verlorengingen, meint Wolpoff. Ungewöhnliche demographische Geschichtsabläufe könnten diese Verzerrung noch verstärken. Mark Stoneking weist diese Behauptung mit der Bemerkung zurück, der Verlust von mtDNA erfolge stochastisch und es gäbe keinen Grund anzunehmen, daß vorzugsweise ältere Abstammungslinien verlorengingen. Stochastischer Verlust sollte vielmehr dazu führen, daß sich in den überlebenden Abstammungslinien die Gesamtgeschichte der Population verläßlich widerspiegelt. Falls der Verlust stark verzerrt ist, wäre Wolpoffs Argument verdienstvoll; jedoch in allen bisher untersuchten tierischen Populationen wurde eine derartige Verzerrung nie gefunden.

Wolpoffs zweites Argument ist mit dem ersten verwandt: Hat ein Mitochondrientyp auch nur einen leichten Vorteil, wird er begünstigt und breitet sich rascher innerhalb der Population aus. »Hierdurch würden andere Typen eliminiert, wodurch der Eindruck entsteht, die gesamte Population der mitochondrialen DNA sei jung«, sagt Wolpoff. John Avise stimmt zu, daß Selektion im Prinzip das Bild verzerren könnte. »Eine Mutante könnte sich rasch in der Population ausbreiten, das ist wahr«, sagt er. »Damit das geschehen kann, muß es enge Kontakte zwischen allen Teilen der Population geben, aber das war schon immer ein Problem, wenn man Phylogenien [Stammbäume] auf der Grundlage von Analysen mitochondrialer DNA entwickelte.« Bisher wurden keine Beispiele eines solchen Vorgangs gefunden, aber er bleibt eine theoretische Möglichkeit.

Ein verfrühter Nachruf?

Im Februar 1992 nahm die Lautstärke der Debatte über die Gültigkeit der Hypothese von der Eva der Mitochondrien deutlich zu. In jenem Monat erschienen zwei kurze Aufsätze in *Science*, einer von dem Genetiker Alan Templeton von der Washington-Universität, ein anderer von Mark Stoneking und seinen Kollegen an der Pennsylvania State University. Beide verwiesen darauf, daß Wilsons Gruppe die PAUP-Analyse bei der Auswertung ihrer mtDNA-Daten falsch angewandt hatte. Für ihre Veröffentlichung vom September 1991 hatten Wilson und seine Kollegen 100 mögliche Stammbäume untersucht und davon einen mit afrikanischem Ursprung als den schlichtesten (sparsamsten) ausgewählt. Templeton berichtete, daß er eine kleine Anzahl möglicher Stammbäume untersuchte und rasch 100 fand, die zweimal sparsamer waren als Wilsons. Darüber hinaus schienen diese Stammbäume auf einen asiatischen – und nicht auf einen afrikanischen – Ursprung hinzuweisen. Stoneking und seine Kollegen stießen durch ihre Sparsamkeitsanalyse auf dieses Problem und entwickelten etwa 50000 Stammbäume aus mtDNA-Sequenzdaten, die alle „sparsamer" waren als irgendeiner von Templeton. Es gab keine bevorzugte geographische Region. Asien schien als Wurzel des Stammbaumes ebenso wahrscheinlich wie Afrika.

4.13 Mark Stoneking von der Pennsylvania State University, ein früherer Kollege von Allan Wilson, ist ein starker Fürsprecher der Brauchbarkeit von Mitochondrien-DNA für das Studium der Geschichte menschlicher Populationen.

An der Neuanalyse der mtDNA-Daten waren weitere Forscher unmittelbar beteiligt, insbesondere David Maddison und Maryellen Ruvolo von der Harvard-Universität und David Swofford. Ende 1991 hatte Maddison in seiner Analyse von 10000 auf mtDNA-Sequenzdaten beruhenden PAUP-Stammbäumen berichtet und festgestellt, daß es zweifelsfrei keinen einzigen bevorzugten geographischen Ursprung gibt. Maddison erweiterte Anfang 1992 diese Analyse zusammen mit Ruvolo und Swofford und bekräftigte daraufhin den Schluß, daß die PAUP-Analyse den Ursprungsort des modernen Menschen nicht herausfinden kann. Der Grund dafür, daß PAUP keine eindeutige Antwort liefert, liegt in der Natur der Daten. Wenn jede geographische Population einen besonders charakteristischen Variantensatz zeigte (und die Vorfahrenspopulation Verbindungen zu allen hätte), dann ließe sich leicht ein unantastbarer Stammbaum ermitteln, auch aus den begrenzten Daten, über die wir durch Restriktionsfragment-Kartierung und durch Sequenzierung kleiner Genomabschnitte heute verfügen. Menschliche Populationen haben jedoch viele Varianten gemeinsam, so daß sich ihre genetischen Profile beträchtlich überlappen. Durch diese umfangreiche Überschneidung von Abweichungen bei allen Populationen läßt sich bei den begrenzt verfügbaren Daten eine enorme Anzahl möglicher Stammbäume konstruieren.

Die Kritiker der Eva der Mitochondrien waren rasch bei der Hand zu behaupten, die Offenbarungen über die unzulängliche PAUP-Analyse vernichteten die Hypothese. Während einige der an der Neuanalyse Beteiligten ebenfalls meinen, die Mitochondrien-Eva sei tot, glauben andere nicht daran. »Alles, was wir schlußfolgern, ist, daß PAUP das Problem mit Hilfe der gegenwärtig vorhandenen Daten nicht lösen kann«, sagt Ruvolo. »Dies ist etwas ganz anderes als ein Nachruf auf Eva.« Ruvolo meint, das Problem ließe sich mit neuen Daten lösen. Insbesondere könnten vollständige Sequenzen von zehn bis 20 Mitochondriengenomen von Individuen der großen geographischen Hauptpopulationen ausreichen, um die allgemeine Form des Stammbaumes herauszufinden. Allerdings wäre dieses Ziel, obgleich durchführbar, sogar mit der heutigen automatischen DNA-Sequenzierung eine enorme Aufgabe.

Mit der weiterhin angewandten PAUP-Analyse müssen die Details des Stammbaumes der modernen Menschen noch ermittelt werden. Die Einzelheiten des ursprünglich hufeisenförmigen Stammbaumes und vielleicht auch seine afrikanischen Wurzeln sind offensichtlich falsch. Dennoch bleiben die Daten über die Vielfalt der mtDNA und die aus ihnen gezogenen Schlüsse unverändert. Für viele, einschließlich Wilsons Labor, Douglas Wallace und Maryellen Ruvolo reichen diese Daten aus, um Mark Twain zu paraphrasieren und zu behaupten, Berichte über Evas Tod seien stark übertrieben.

Unterstützende Beweise

Jenen, die Mitochondrien-DNA als verläßlichen Indikator evolutionärer Geschichte akzeptieren,

erscheinen die von Wilson und anderen gesammelten Daten als eine wirklich sehr überzeugende Stütze der „Jenseits-von-Afrika"-Hypothese. Jenen, die aufgrund möglicher Verzerrungen durch verschiedene demographische und andere Einflüsse besorgt sind oder die meinen, in der PAUP-Analyse läge eine tödliche Falle für die Hypothese, mögen die Schlußfolgerungen immer verdächtig erscheinen. Auf jeden Fall sollten, wie in allen Zweigen der Wissenschaft, andere Beweisführungsmethoden für eine Erhärtung (der Behauptungen) gesucht werden. Mitochondrien-DNA zählt praktisch als ein einziges Gen. Daher könnten bestätigende Daten aus anderen Genen gezogen werden. Am Ende sollte sich ein übereinstimmendes Muster zwischen den Mitochondrien- und Kerngenen ergeben.

Wie schon erwähnt, müssen Daten über Kerngene aus einem sehr turbulenten Hintergrund mütterlicher und väterlicher Herkunft isoliert werden – eine technische Herausforderung. Dennoch sammeln sich zweierlei Formen nützlicher Belege an. Beim ersten handelt es sich um die „klassischen" Marker (auch: Genmarker), etwa wie Blutgruppen und Varianten gewisser immunologischer und anderer Proteine, von denen über hundert in tausenden Populationen bestimmt wurden. Beim zweiten handelt es sich um Restriktionsfragmentlängen-Polymorphismen, wovon man in den vergangenen Jahren einige Tausend nachwies, die aber nur in wenigen Populationen untersucht wurden. Die Laboratorien von Luigi Luca Cavalli-Sforza an der Stanford-Universität und von Masatoshi Nei an der Pennsylvania State University waren an vorderster Front beim Sammeln dieser beiden Datentypen aus menschlichen Populationen.

In einer vorläufigen Einschätzung schienen Cavalli-Sforza die Mitte der sechziger Jahre erfaßten klassischen Marker auf einen asiatischen Ursprung der modernen Menschen hinzuweisen. Als jedoch weitere Daten zur Verfügung standen, gelangte er zu der Überzeugung, ein afrikanischer Ursprung sei wahrscheinlicher; eine Position, die er erstmals nachdrücklich 1986 auf einer Tagung in Cold Spring Harbor über die „Molekularbiologie des *Homo sapiens*" vertrat. Er sagte, Daten von 44 Markern aus 42

114

Populationen und 80 DNA-Polymorphismen in acht Populationen ließen eine anfängliche Spaltung in afrikanische und nichtafrikanische Populationen erkennen, was stark auf einen afrikanischen Ursprung hindeutet. Die Marker zeigen drei nachfolgende Spaltungen: Erstens trennten sich die Südostasiaten und die Bewohner der Pazifikinseln von den Nordostasiaten, Kaukasoiden und Amerinden (amerikanische Urbevölkerung), was auf zwei Besiedlungen Asiens hindeutet. Danach trennten sich die Kaukasoiden von den Nordostasiaten und Amerinden und zuletzt die Amerinden von den Nordostasiaten. Die beiden ersten dieser Spaltungen waren auch an den Daten über DNA-Polymorphismen zu erkennen (hierbei waren keine Daten über die amerikanische Urbevölkerung erfaßt).

Es ist noch nicht möglich, die Zeitpunkte dieser Spaltungen direkt aus den DNA-Daten zu erschließen. Dennoch stimmen die genetischen Distanzen, die man an dem mittels Markern konstruierten Stammbaum erkennt, relativ gut mit den vier Spaltungen überein, die sich aus archäologischen Tatsachen ergeben. Die Übereinstimmung archäologischer und genetischer Daten »unterstützt die Hypothese, daß der genetische Stammbaum annähernd der Evolution der menschlichen Populationen während der vergangenen 100000 Jahre entspricht«, sagte Cavalli-Sforza auf einer wissenschaftlichen Tagung der Londoner Royal Society Anfang 1992. Masatoshi Nei kam zu dem gleichen allgemeinen Schluß, nachdem er die klassischen Gen- und die DNA-Polymorphismen-Marker ausgewertet hatte. »Die genetischen Daten scheinen die Hypothese von einem einzigen Ursprung zu begünstigen«, stellte er kürzlich fest.

1988 erweiterte Cavalli-Sforza seinen Vergleich genetischer und archäologischer Daten um linguisti-

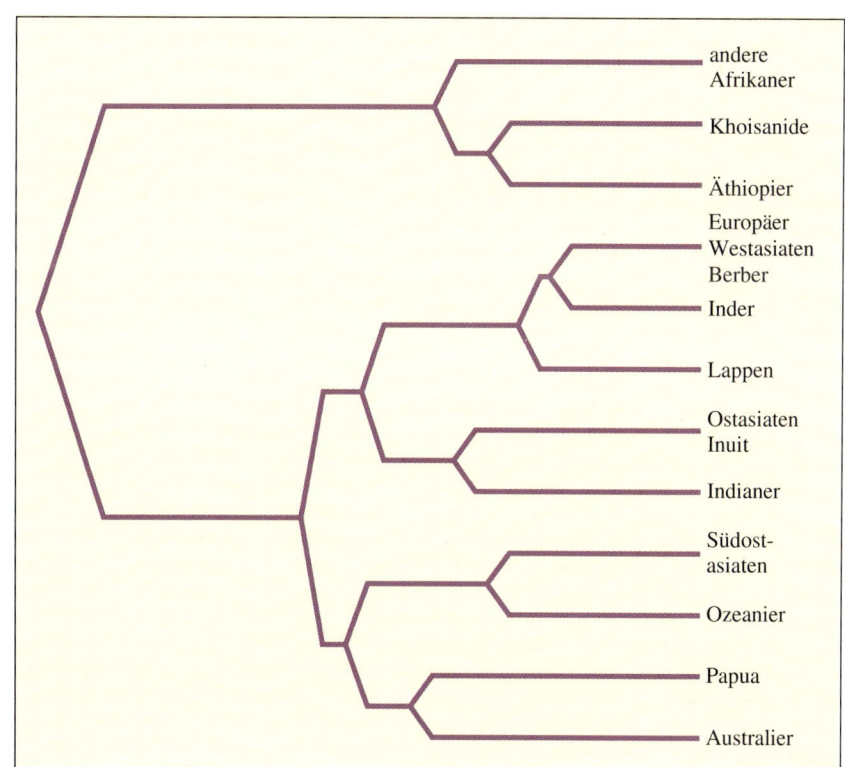

andere
Afrikaner

Khoisanide

Äthiopier

Europäer
Westasiaten
Berber

Inder

Lappen

Ostasiaten
Inuit

Indianer

Südost-
asiaten

Ozeanier

Papua

Australier

4.14 Auch die Kern-DNA deutet auf einen afrikanischen Ursprung hin. Hier trennen Daten aus dem Laboratorium von Luigi L. Cavalli-Sforza von der Stanford-Universität afrikanische und nichtafrikanische Populationen und verweisen auf einen afrikanischen Ursprung.

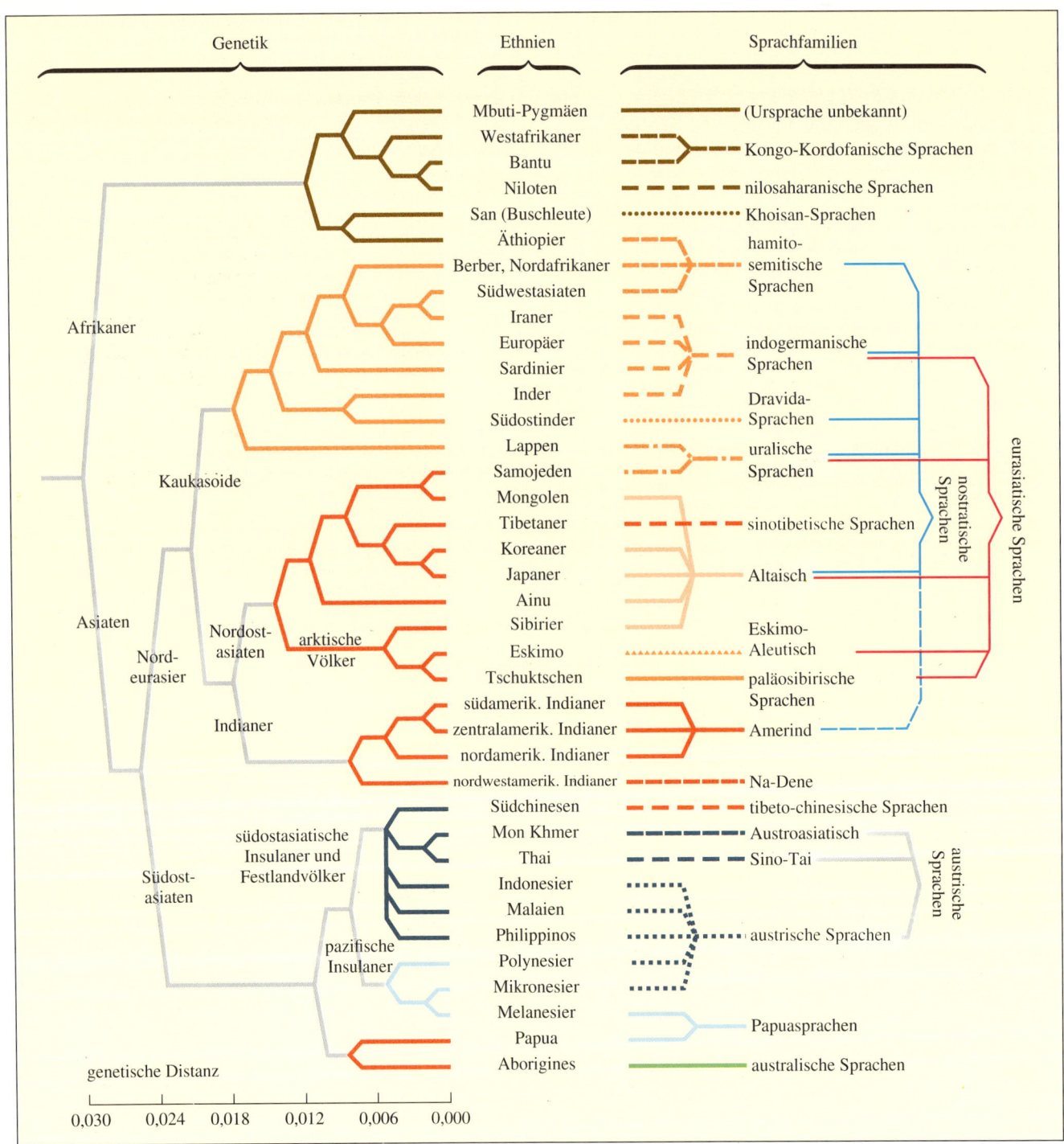

4.15 Ein Vergleich genetischer und linguistischer Erkenntnisse offenbart eine überraschend enge Übereinstimmung unter den verschiedensten Bevölkerungsgruppen der Welt. Auch dieses Zusammenpassen unterstützt die Vorstellung eines verhältnismäßig jungen Ursprungs der modernen Menschen, die einer afrikanischen Vorfahrenspopulation entsprangen.

sche Hinweise und fand eine eindrucksvoll enge Übereinstimmung. Sprachen entwickeln sich wie Arten im Laufe der Zeit. Prinzipiell lassen sich auch linguistische Stammbäume konstruieren. Cavalli-Sforza meinte, ein solcher Stammbaum könne die Populationsgeschichte der modernen Menschen erhellen.

Alte demographische Bewegungen beeinflussen unausweichlich auf verschiedene Weise die prähistorische Überlieferung. Viele dieser Einflüsse betreffen Aspekte der materiellen Kultur. Aber auch die Verbreitung von Sprachen kann Hinweise liefern. Träfe das multiregionale Modell zu, müßten die Sprachen in den verschiedenen Teilen der Alten Welt extrem alte und unterschiedliche Wurzeln besitzen, ebenso wie das genetische Erbe. Die Wahrscheinlichkeit, unter ihnen vorhandene Regelmäßigkeiten mit örtlichen Populationen in Beziehung zu setzen, ist sehr gering. Wäre jedoch das „Jenseits-von-Afrika"-Modell korrekt, dann kann es möglich sein, daß von der Gründerpopulation des modernen *sapiens* eine einzige Sprache gesprochen wurde – eine Sprache, die sich mit den wandernden Gruppen ausbreitete und sich dabei, genauso wie die Erbsubstanz, regional veränderte.

Ein glücklicher Zufall erlaubte es Cavalli-Sforza kürzlich, seine Idee zu testen. Einer der bedeutendsten Linguisten der Vereinigten Staaten, Joseph Greenberg, arbeitet ebenfalls an der Stanford-Universität. Diese Nachbarschaft inspirierte Cavalli-Sforza zu prüfen, wie seine umfangreichen genetischen Hinweise und die archäologischen Daten aus der Alten Welt mit den linguistischen Daten derselben Region zusammenpassen. Er wußte bereits, daß die genetischen Profile der menschlichen Populationen mit den Regelmäßigkeiten der archäologischen Überlieferung übereinstimmen. Das Problem war herauszufinden, ob bestimmte Sprachen oder Sprachfamilien genau mit den durch ihre genetischen Profile definierten Populationen zusammentrafen. Die Übereinstimmung war bemerkenswert eng, sagt Cavalli-Sforza, »das offenbart eine enge Parallelität von genetischer und linguistischer Evolution.«

Cavalli-Sforza und Greenberg glauben, daß die Korrespondenz beider Datensätze historisch hochbedeutsam ist, aber viele Linguisten meinen, diese Interpretation sei zu vereinfachend. Sollten die Forscher von Stanford recht haben, würden ihre Daten die Vorstellung stützen, daß Sprache zu den allerletzten Anpassungen gehörte, die zum modernen Menschen führte. Weiterhin stimmen diese Ergebnisse mit einem afrikanischen Ursprung der heutigen Menschen überein (siehe hierzu Exkurs 4.2).

Vorhersagen aus der Populationsgenetik

Es ist daher nur gerecht zu sagen, die genetischen Tatsachen – sowohl die der Mitochondrien- als auch die der Kern-DNA – unterstützen die „Jenseits-von-Afrika"-Hypothese. Tatsächlich trieben die molekularen Daten die Hypothese sogar weiter voran, als es ihre anthropologischen Begründer anfänglich vorhersahen, weil sie nämlich auf eine vollständige Verdrängung der etablierten archaischen *sapiens*-Bevölkerungen durch einwandernde moderne Menschen hindeuten. Die Hypothese von der multiregionalen Evolution findet hingegen in den genetischen Daten keine Stütze, zumindest nicht durch die Interpretation der meisten Molekularbiologen. Die Ergänzung durch linguistische Daten stärkt diese Position noch. Beide Hypothesen lassen sich dadurch weiter prüfen, daß man auch solche Bereiche der Biologie wie Populationsgenetik und evolutionäre Ökologie heranzieht. Durch derartige Bemühungen wird der Ursprung der modernen Menschen zu einem der am gründlichsten biologisch untermauerten Themen der Anthropologie.

So verschiedene Hypothesen wie das „Jenseits-von-Afrika"- und das multiregionale Modell der Evolution bedeuten zahlreiche Meinungsverschiedenheiten ihrer jeweiligen Anhänger über Tempi und Ablaufmodi der Stammesgeschichte. Nicht die geringste davon ist die Haltung zur Frage, in welchem Ausmaß Technologie den evolutionären Wandel unserer Vor-

Exkurs 4.2: Genetik, Linguistik und Archäologie

Deutet eine Reihe von Belegen in eine gewisse Richtung, kann sie stark genug sein, eine wissenschaftliche Diskussion herumzureißen. Wenn drei unabhängige Beweisarten die gleiche Hypothese stützen, muß diese als schlüssig gelten. Ein solches Zusammenwirken von Hinweisen gab es kürzlich für den Ursprung des modernen Menschen. Es entstammte der Genetik, Linguistik und Archäologie. Die stärkste dieser drei Datengruppen ist der genetische Befund.

Vor vier Jahrzehnten sammelte der Genetiker Luigi Luca Cavalli-Sforza von der Stanford-Universität genetische Daten mit dem Ziel, einen Atlas der menschlichen Variation zusammenzustellen. Diese anspruchsvolle Kompilation von Daten sollte zum Erreichen eines großen Zieles führen: »der Rekonstruktion des Ursprungsortes der menschlichen Populationen und der Wege, die sie während ihrer Ausbreitung über die Welt einschlugen«. Dieses Ziel ist nun in greifbarer Nähe, sagt Cavalli-Sforza. Die Daten, die Cavalli-Sforza und seine Kollegen zusammentrugen, sind als klassische Genmarker bekannt. All diese Marker sind Proteinvarianten, zum Beispiel die bekannten Blutgruppen A, B und 0 sowie der Rhesus(Rh)-Faktor. Die Forscher verfügen nun über Angaben von mehr als 100 Genmarkern aus 3000 Stichproben von 1800 Urbevölkerungsgruppen aus aller Welt. Die meisten der Stichproben umfassen Hunderte, manche Tausende von Individuen. Wie man sieht, beruht die Stärke der genetischen Analyse nicht allein auf der Natur der Daten, sondern auch auf ihrer enormen Menge.

Im Laufe der Jahrtausende gab es Vermischungen zwischen menschlichen Bevölkerungsgruppen, insbesondere im Zuge großer Wanderungen. Dennoch behielten örtliche Gruppen ihren starken genetischen Zusammenhalt, wie es sich in der weltweit zu beobachtenden Identität rassischer oder ethnischer Gruppen zeigt. Die genetischen Untersuchungen sollen die Verwandtschaftsverhältnisse dieser Gruppen aufdecken, was schließlich zur Konstruktion eines Stammbaumes führt. Diese Technik beruht auf der Tatsache, daß voneinander getrennte Gruppen durch Drift genetische Unterschiede anhäufen. An den klassischen Markern zeigt sich die genetische Distanz zwischen Populationen nicht am Vorhandensein oder Fehlen eines Merkmals, sondern in Unterschieden ihrer relativen Häufigkeiten.

Beispielsweise existieren vom Rhesusfaktor zwei Formen (Allele), Rh-negativ und Rh-positiv. Das Allel Rh-negativ ist in Europa häufig, in Afrika und Westasien selten und fehlt praktisch in Ostasien sowie bei den Indianern und den Aborigines in Australien. Falls die Geschwindigkeit mit der die Häufigkeit dieses Allels in den verschiedenen Populationen driftet, konstant ist, können die genetischen Distanzdaten als Uhr dienen, die anzeigt, wann sich jede Population von den anderen getrennt hat. Interpretationen auf der Basis eines einzigen Gens wären ziemlich wertlos, aber bei 100 Genen erreichen sie eine hohe Aussagekraft.

Der wesentliche Schluß, der sich aus der genetischen Information ziehen läßt, über die Cavalli-Sforza und seine Kollegen heute verfügen, ist, daß die modern-menschlichen Populationen aus Afrika stammen. Dies könnte sich auf die Wanderung von *Homo erectus* aus

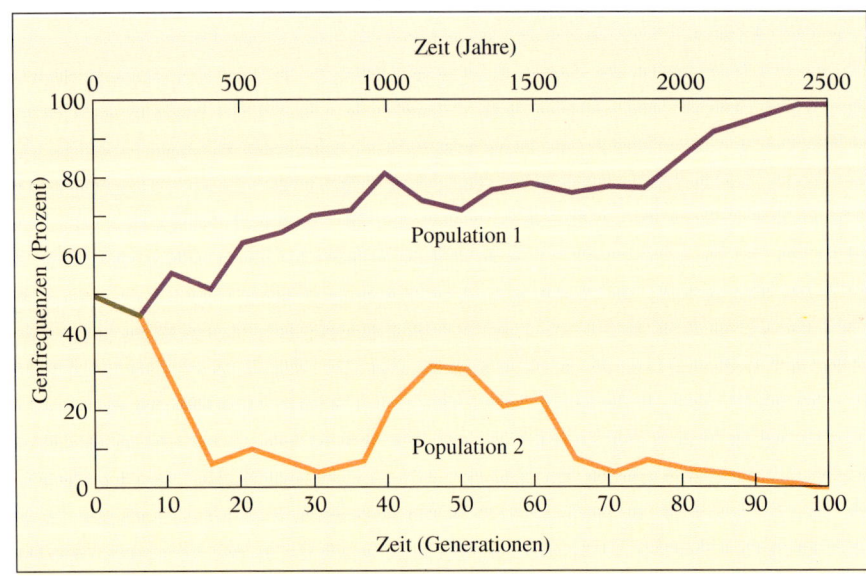

E.4.2.1 Zwei Populationen können durch zufällige Veränderungen auseinanderdriften. Hier zeigt eine Computersimulation das Ergebnis der Zweiteilung einer Population. Beide Teilpopulationen beginnen mit identischen Genfrequenzen. Im Laufe der Zeit bringen die Zufallsänderungen der Genhäufigkeiten erhebliche Unterschiede hervor.

Afrika in die übrige Alte Welt vor mehr als einer Million Jahren beziehen oder auch auf eine verhältnismäßig junge Evolution des modernen Menschen in Afrika. Wir können aus den Daten über die genetische Distanz, so wie sie uns vorliegen, keine absoluten Zeiten ablesen. Jedoch läßt sich überprüfen, inwieweit die relativen genetischen Distanzen mit den Vorhersagen aus verschiedenen Modellen und Daten zusammenpassen.

Die genetischen Daten identifizieren sieben große ethnische Gruppen: Afrikaner, Kaukasier, Nordostasiaten, Indianer (Amerinde), die südostasiatische Bevölkerung der Pazifikinseln, die australischen Aborigines und die Menschen in Neu-Guinea. Sie zeigen, daß, bewertet man die genetische Distanz zwischen Afrikanern und den übrigen Völkern mit eins, zwischen Australiern und Asiaten eine Distanz von 0,62 und zwischen Europäern und Asiaten von 0,42 besteht. Diese genetischen Distanzen passen recht gut zu Zahlen, die man aus der Fossildokumentation abliest: 100 000 Jahre für die Trennung von Afrikanern und Asiaten, etwa 50 000 für Asiaten und Australier und 40 000 Jahre bei Asiaten und Europäern. Dies harmoniert mit der Interpretation des „Jenseits-von-Afrika"-Modells für diese erste Trennung. Wird diesem Ereignis jedoch ein Alter von einer Million Jahren zugeschrieben, wie es das Modell von der multiregionalen Evolution erfordert, so stimmen die zeitlichen Verhältnisse für die späteren Trennungen nicht, insbesondere, weil dann die Besiedlung Australiens vor 600 000 Jahren erfolgt sein müßte, was sehr unwahrscheinlich ist.

Zur Übereinstimmung genetischer und archäologischer Tatsachen gesellt sich noch eine weitere. Auch die linguistischen Daten fügen sich in dieses Bild. Sprachen verändern sich wie Gene und behalten dabei ihre Beziehungen zu bestimmten ethnischen Gruppen bei.

Bis vor kurzem gab es etwa 5 000 Sprachen. Wenn sich die Menschen erst kürzlich entwickelten, wie es das „Jenseits-von-Afrika"-Modell annimmt, müssen sie alle Abkömmlinge einer einzigen Ursprache sein, die von einigen Muttersprache genannt wird. Das Modell vom multiregionalen Ursprung nimmt jedoch keinen einheitlichen Ursprung der Sprache an. Die modernen Sprachen könnten Abkömmlinge einer Vielzahl von Ursprachen sein, zwischen denen nie ein Zusammenhang bestand. Eine Analyse der historischen Beziehungen der heutigen Sprachen sollte im Prinzip dieses Problem lösen. Aber die Sprachentwicklung ist so schnell, daß Versuche, ihre Phylogenie mehr als einige tausend Jahre zurückzuverfolgen, ergebnislos bleiben.

Ungeachtet der enormen Schwierigkeiten haben sich einige Linguisten an dieser Aufgabe versucht – mit einigem Erfolg. Indem sie nach gemeinsamen, fundamentalen linguistischen Merkmalen suchten, konnten sie etwa 17 Überfamilien oder Stämme konstruieren. Beispiele sind Indogermanisch, Amerind, die Papuasprachen und Altaisch. Cavalli-Sforza und seine Kollegen verglichen die Sprachstämme mit den genetischen Gruppen, die sie identifiziert hatten, und fanden eine sehr enge Beziehung. In fast allen Fällen stimmte ein Sprachstamm mit genetisch zusammengehörenden ethnischen Gruppen überein. Den Anthropologen war diese enge Korrelation von Stammesidentität und Sprache schon bekannt, aber das Ausmaß dieser Korrelation, das sich durch diese Arbeit in Verbindung mit genetischen Daten offenbarte, war doch überraschend. Es bedeutet eine Kohäsion, die weit in die Vorgeschichte zurückreicht.

Auch wenn kein Sprachforscher je behauptet hat, er könne einen Sprachenstammbaum konstruieren, der bis zum Ursprung der Sprache zurückreicht, meinen einige doch, daß sich historische Verknüpfungen zwischen den Stämmen ausmachen lassen, wodurch Überstämme sichtbar würden. Diese Superstämme, sollten sie begründet sein, sind wenigstens 10 000 Jahre alt, vielleicht sogar das Doppelte. Ein solcher Überstamm, auch als nostratische Sprachen bezeichnet, verknüpft die von Indogermanen und Nordostasiaten gesprochenen Sprachen. Ein weiterer Schritt zurück in die Vergangenheit könnte die nostratischen Sprachen mit dem Amerind koppeln. Wiederum gibt es enge genetische Korrelationen zwischen diesen Gruppen, was die Mutmaßung, Genetik und Linguistik seien miteinander verknüpft, untermauert.

Trotz der Ungewißheiten, die sämtliche Versuche, eine tiefergehende Phylogenie der Sprachen zu rekonstruieren, umgeben, ist die enge Korrelation auf dem Niveau der Sprachstämme und der genetisch verbundenen ethnischen Gruppen eine wichtige Entdeckung. Die Übereinstimmung der Muster der genetischen Distanzen zwischen den großen Bevölkerungsgruppen mit den archäologischen Hinweisen auf eine junge afrikanische Geschichte der modernen Menschen stellt sich dieser Entdeckung zur Seite und stärkt das „Jenseits-von-Afrika"-Modell.

Kürzlich sammelten Cavalli-Sforza und seine Kollegen gemeinsam mit Kenneth und Judith Kidd von der Yale-Universität DNA-Stichproben von über den ganzen Erdball verteilten Populationen mit dem gemeinsamen Ziel, einen Atlas der menschlichen Variabilität zusammenzustellen. Diese Daten, die einen höheren Informationswert haben als die „klassischen" Marker, erfassen bisher nur ein Hundertstel des Umfangs der originalen Studie. Dennoch stimmen die DNA-Daten weitgehend mit den Proteindaten überein.

fahren beeinflußt hat. Für das „Jenseits-von-Afrika"-Modell spielt ein möglicher Einfluß der Technologie auf den Verlauf der Evolution keine Rolle. Für das multiregionale Evolutionsmodell ist hingegen Kultur ein bedeutender Faktor – der ein spezifisches evolutionäres Muster hervorbrachte, das wir in anderen Tiergruppen nicht finden. Was auch immer die Verdienste dieser verschiedenen Herangehensweisen sein mögen, beide müssen versuchen, sich mit dem grundlegenden Zusammenhang von Genetik und Anatomie beim Entstehen moderner menschlicher Populationen auseinanderzusetzen.

Der Ursprung der heutigen Menschen, wie wir in Kapitel 1 bereits gesehen haben, enthält eine erhebliche Verminderung der Robustheit des Skeletts, sowohl am Schädel als auch am übrigen Körper. Dies zeigt, daß moderne Menschen offenbar schon sehr früh viel geringeren alltäglichen physischen Belastungen ausgesetzt waren als ihre archaischen Vorfahren. Wurde nun durch technologisches Geschick erreicht, wozu man früher rohe Kraft benötigte? Ein zweiter Aspekt des anatomischen Wandels ist anscheinend funktionell weniger bedeutsam, aber aufschlußreicher für den Verlauf der Evolution. Zwischen den archaischen Populationen gab es eine erhebliche Variation des Grundthemas beim archaischen *sapiens*. Mit dem Erscheinen der modernen Menschen ging diese anatomische Vielfalt drastisch zurück. Das „Jenseits-von-Afrika"-Modell kann dies leicht erklären, zumindest theoretisch. Dem multiregionalen Modell fällt das schwerer.

Die große anatomische Variabilität der archaischen Bevölkerungen beruhte eindeutig darauf, daß sie schon sehr lange in voneinander getrennten geographischen Populationen existierten – nämlich seit ungefähr einer Million Jahren. In verschiedenen Regionen lebende artgleiche Populationen tendieren dazu, sich genetisch und anatomisch auseinanderzuentwickeln, sogar wenn ein gewisser Genaustausch untereinander besteht. Wenn die modernen Menschen aus gerade einer solchen Population hervorgingen (nach dem „Jenseits-von-Afrika"-Modell), die während ihrer Ausbreitung über die Alte Welt alle vorhandenen archaischen Völker verdrängten, dann

muß die Gesamtvielfalt bei den Jetztmenschen viel geringer sein als die bei den archaischen Populationen. Um diesen Sachverhalt verständlich zu machen, muß das Modell von der multiregionalen Evolution bis hart an die Grenze der populationsgenetischen Theorie gehen. Es muß erklären, wie anatomisch sehr verschiedene Populationen sich einander annäherten, um den weniger variablen Körperbau der heutigen Menschen hervorzubringen. Ein solches Muster ist zwar möglich, aber es benötigt ein solches Ausmaß an paralleler Evolution, daß sich die meisten Evolutionsbiologen dabei unwohl fühlen.

Der zweite Aspekt moderner Populationen, der ein erfolgreiches Modell ihres Ursprungs berücksichtigen muß, ist das erstaunliche Fehlen genetischer Vielfalt bei den Jetztmenschen. Menschliche Populationen unterscheiden sich voneinander nur um ein Zehntel dessen, was wir beispielsweise durch unsere Kenntnis über die meisten großen Primatenarten erwarten dürfen. Die größte in der modernen Menschheit vorhandene Variabilität findet man zwischen Einzelpersonen und nicht zwischen Bevölkerungsgruppen. Ein solches Muster ist mit dem „Jenseits-von-Afrika"-Modell ohne Schwierigkeiten zu vereinbaren, wonach nämlich alle modernen Menschen erst kürzlich aus einem einzigen Genpool hervorgingen. Das Modell von der multiregionalen Evolution muß behaupten, die genetische Homogenität unter den Populationen sei durch starken Genfluß zwischen ihnen zustande gekommen, eine Entwicklung, über die Wolpoff und seine Kollegen sich nicht ganz eindeutig äußern. Sie beschreiben den Genfluß oft als »genug, aber nicht zuviel«. Wolpoff meint, daß »wahrscheinlich der Fluß der Ideen und weniger der Fluß der Gene für das Entstehen des modernen Menschen entscheidend war«.

In den späten achtziger Jahren begannen sich auch die Populationsgenetiker mit dem Problem des Ursprungs der modernen Menschen zu beschäftigen. Insbesondere fragten einige Genetiker: Was sagen theoretische Erwägungen zur Anwendbarkeit der beiden Modelle, vor allem aber zum Problem des Genflusses? Populationen verändern sich genetisch in einem Zwei-Schritte-Vorgang. Zuerst erscheint an einem Ort (bei einem Individuum) eine Mutation. Danach etabliert sich das veränderte Gen in der Population, indem sich Abkömmlinge des ersten Individuums mit anderen Populationsangehörigen kreuzen. Dies ist ein verhältnismäßig langsamer Vorgang, der eine ununterbrochene Reihe an Möglichkeiten zur Paarung in der Population voraussetzt. Das neue Gen breitet sich wie eine Wellenfront von seinem Ursprungsort her aus und erreicht sein Gleichgewicht, wenn es an allen Punkten der Population genauso häufig ist wie an seinem Ursprungsort.

Beide Modelle unterscheiden sich sehr in ihren Anforderungen an den Genfluß. Das „Jenseits-von-Afrika"-Modell verlangt einen Artbildungsprozeß (Speziation) in einer geographisch begrenzten (obgleich nicht notwendigerweise kleinen) Population, von der aus Abkömmlinge in andere Regionen der Alten Welt einwandern. Genfluß oder Kreuzung erfolgte innerhalb der Gründerpopulation und danach zwischen benachbarten Populationen, die von dieser abstammten. Ein weitreichender Genfluß über große geographische Entfernungen hinweg war für die Evolution der modernen Menschen nicht erforderlich. Im Gegensatz dazu braucht das Modell von der multiregionalen Evolution einen starken Genfluß während langer Zeitabschnitte über große geographische Gebiete hinweg. Die ungleichen Vorfahrenspopulationen mußten genetisch miteinander verbunden sein, während sie mehr oder weniger gemeinsam den heutigen Zustand entfalteten.

Bei den prominentesten Persönlichkeiten der Populationsgenetik findet das multiregionale Modell nur wenig oder keine Unterstützung. So meint Shahin Rouhani, es sei theoretisch unwahrscheinlich. Das Ausmaß des dafür erforderlichen Genflusses ist sowohl zu groß als auch geographisch zu ausgedehnt. Er sagt: »Sogar unter ökologisch identischen Bedingungen, die man in der Natur selten findet, werden sich geographisch isolierte Populationen auseinanderentwickeln und letztlich reproduktiv voneinander abgetrennt. ... Es ist äußerst unwahrscheinlich, daß die Evolution in dieser multidimensionalen Landschaft identische Wege einschlägt.«

Unter optimalen Bedingungen sollte eine vorteilhafte Mutation eine halbe Million Jahre benötigen, um von Südafrika an die Küste von China zu wandern, errechnet Rouhani. Nur selten jedoch herrschen optimale Bedingungen. Paarungen von Individuen benachbarter Populationen sind oft durch kulturelle und geographische Barrieren beeinträchtigt. Er schlußfolgert, dies schließe das hohe Ausmaß genetischer Kontinuität praktisch aus, den das multiregionale Modell fordert. Cavalli-Sforza stimmt dem zu. »Fürsprecher des multiregionalen Modells verstehen einfach nichts von Populationsgenetik«, stellt er fest. »Sie verwenden ein Modell, das einen ständigen Austausch von Genen verlangt und das eine enorme Zeit braucht, um das notwendige Gleichgewicht zu erreichen. In der Menschheitsgeschichte gab es nicht genügend Zeit, dieses Gleichgewicht zu erreichen.«

Ökologische Argumente

Evolutionsökologen sind gegenüber dem multiregionalen Modell nicht weniger kritisch, besonders hinsichtlich seiner vermutlichen Hauptantriebskraft. »Die Zuflucht zur Kultur als eine allumfassende und allesdurchdringende Erklärung hat vermutlich am meisten dazu beigetragen, den Vorgang zu verschleiern, durch den die modernen Menschen entstanden«, behauptet Robert Foley, ein ökologisch orientierter Anthropologe an der Universität Cambridge. Er sagt: »Der Ursprung der anatomisch modernen Menschen wurde als ein einmaliges Ereignis behandelt, außerhalb des Zusammenhangs der Prozesse der Evolutionsbiologie.« Der Vorgang wird nach seiner Meinung am besten verstanden, wenn man ihn in einem „vergleichend ökologischen Rahmen" untersucht.

Die erste Feststellung Foleys ist, daß die Anthropologen vermutlich durch ihre eigene Nomenklatur etwas irregeführt wurden, insbesondere hinsichtlich des evolutionären Wandels von *Homo erectus* über den archaischen *sapiens* zum modernen *Homo sapiens*. Der erste dieser beiden Schritte – von *erectus* zu *sapiens* – bedeutet den Übergang von einer Art zur anderen, ein offenbar bedeutenderer Schritt als der vom archaischen *sapiens* zum modernen *sapiens*, bei dem es sich eher nur um eine Modifikation innerhalb einer Art handelt. Tatsächlich ist der Wandel vom archaischen zu den modernen Formen des *Homo sapiens* keine kleine, unwesentliche anatomische Veränderung, sondern bedeutet einen radikalen Richtungsumschwung – eine Fortwendung von der Robustheit, die mit dicken Schädel- und Körperknochen einhergegangen war, eine Reorganisation der Schädel- und Gesichtsproportionen mit einem Anheben und einer Verkürzung des Schädelgewölbes und dem Zurückziehen des Gesichts unter den Schädel. Dieser Wandel und die drastisch veränderten Formen des Verhaltens, die dem Erscheinen des modernen Menschen folgten, bedeuten ein evolutionäres Ereignis von größerer Tragweite als der Übergang von *erectus* zu *sapiens*. Es war so tiefgreifend, sagt Foley, daß es sich nicht als »ein einfacher Fall von stetiger gradueller Veränderung« ansehen läßt.

Foley meint, die anthropologische Nomenklatur sollte die biologische Bedeutung dieses Wandels widerspiegeln. Gegenwärtig unterscheiden viele Anthropologen mehrere Unterarten (Subspezies) von *Homo sapiens*: Beispielsweise wird der Name *Homo sapiens sapiens* dazu verwendet, den modernen Menschen zu bezeichnen, während die archaischen Vorläufer *Homo sapiens neanderthalensis*, *Homo sapiens heidelbergensis*, *Homo sapiens rhodesiensis* und *Homo sapiens soloensis* umfassen. Der Vorläufer all dieser Unterarten von *Homo sapiens* ist *Homo erectus*. Um den relativ geringen evolutionären Wandel zwischen *Homo erectus* und den Unterarten des archaischen *sapiens* – und den biologisch bedeutsameren Übergang von den archaischen Populationen zu den modernen Menschen – zu betonen, sollten *neanderthalensis*, *heidelbergensis*, *rhodesiensis* und *soloensis* zu Unterarten von *Homo erectus* gemacht und *Homo sapiens* ausschließlich für die modernen Menschen reserviert werden. Die taxonomische Nomenklatur verändert sich immer nur langsam; und bisher wurde Foleys Vorschlag noch nicht aufgegriffen. Wie bereits erwähnt, ist die wahrscheinlichste (wenn auch nicht formal) akzeptierte Änderung die Anerkennung des Neandertalers als eine von *Homo sapiens* unterschiedene Art: *Homo neanderthalensis*.

Ian Tattersall, ein Anthropologe am American Museum of Natural History, der ebenfalls den biologischen Status der modernen Menschen und seiner Ahnen untersucht hat, schlägt vor, den Namen „archaischer *sapiens*" fallenzulassen, den er ein »Sammelsurium ohne evolutionäre Bedeutung« nennt. Die unterschiedliche Anatomie der verschiedenartigen Populationen sollte dadurch bewußt werden, indem man sie als getrennten Arten bezeichnet: »worin Anthropologen nicht zögern würden, beträfe es irgendein anderes Geschöpf als den Menschen.«

Morphologische Unterschiede zwischen nahe verwandten Primatenarten sind gewöhnlich gering und auf nur wenige Merkmale beschränkt. Würden die Anthropologen dieselben Kriterien nutzen, die zur Klassifizierung verschiedener tierischer Primaten dienen, dann müßten sie drei oder vier, vielleicht sogar noch mehr menschliche Arten anerkennen, die vor einer halben Million bis zu 100 000 Jahren vor unserer Zeit lebten – eine davon *Homo neanderthalensis*. Nicht unbedingt scherzhaft schreibt Tattersall die Neigung der Anthropologen, alle archaischen *sapiens* in den gleichen evolutionären „Lumpensack" zu stecken, »einer generösen liberalen Haltung« zu, »die dazu führt, all jene Hominiden zu *Homo sapiens* zu stellen, deren Gehirngröße in beruhigender Weise im modernen Bereich liegt«.

Die evolutionäre Ökologie kann sich mit dem wahrscheinlichsten Modus des modern-menschlichen Ursprungs auseinandersetzen, indem sie Erkenntnisse nutzt, die ganz allgemein von anderen Tieren, insbesondere aber von Primaten, abgeleitet wurden. Populationen, die geographisch weit verbreitet sind, wie es der archaische *sapiens* war, neigen dazu, lokale genetische Unterschiede herauszubilden, die gelegentlich zum Entstehen neuer Arten führen. Dies geschieht trotz paralleler Evolution gewisser funktioneller Merkmale, wie Aspekte der Fortbewegung oder der ernährungsbedingten Bezahnung. Die evolutionäre Radiation der Stummelaffen (Colobinae) und Meerkatzen (Cercopithecinae) während der vergangenen fünf Millionen Jahre in Afrika bildet hier ein gutes Beispiel. Folgten die archaischen Menschen einem für große Primaten typischen Entwicklungsmuster, dann wäre Artbildung der wahrscheinlichste Evolutionsmodus für das Entstehen moderner Menschen aus einer ihrer weitverstreuten Populationen. Die nächste Frage ist, welcher Kontinent die günstigsten Bedingungen für Artbildungen bot?

Klimawandel gilt für viele als wichtige Triebkraft der Evolution, insbesondere durch die Umformung örtlicher Lebensräume. Eine durchgehende Bewaldung, die durch kühleres und trockeneres Klima fragmentiert wird, könnte isolierte Populationen schaffen, die sich dann, wie schon erklärt, genetisch auseinanderentwickeln. Genauso könnte ein offenes Habitat (Lebensraum) bei feuchterem Klima durch Waldgebiete unterbrochen werden, was wiederum die Möglichkeit zur Bildung isolierter Populationen mit nachfolgender genetischer Differenzierung schafft. Erfolgen solche Umweltveränderungen allerdings so rasch, daß den Populationen kaum genügend Zeit zur Anpassung verbleibt, dann ist ein Aussterben von Arten wahrscheinlicher als ihre Bildung.

Die Zeitperiode vor 150 000 bis 10 000 Jahren erfuhr im Zuge der spätpleistozänen Vereisung starke Schwankungen in den Umweltbedingungen. Die Auswirkung auf afrikanische Lebensräume war beträchtlich. Man nimmt an, daß sie für die Artbildung bei den niederen Affen der Gattung *Cercopithecus* verantwortlich gewesen war. Frühere Umweltveränderungen mögen auch die Herausbildung von Unterarten bei Schimpansen und Gorillas verursacht haben. Aber gibt es irgendeinen Grund zu vermuten, daß Afrika mehr Artbildungsmöglichkeiten entwickelte als Europa und Asien? Ja, behauptet Foley, weil die klimatischen Veränderungen, die in Afrika Artbildungsprozesse hervorriefen, in gemäßigten Breiten viel zu krasse Umwälzungen in

der Umwelt bewirkten, so daß dort ein Aussterben wahrscheinlicher war. Die nur sporadische Besiedlung von Eurasien während dieser Periode mag ein Hinweis auf die Schwere der Umweltveränderungen sein.

Die Betrachtung des Entstehens moderner Menschen im Zusammenhang mit den Prinzipien der Evolutionsökologie untermauert daher das Modell vom einzigen Ursprungsort – mit Afrika als Schauplatz. Sollte der Besitz von „Kultur" (in Wahrheit eine ziemlich begrenzte Palette an Steinwerkzeugtechnologie) den Modus des evolutionären Wandels verändern, dann treffen diese Grundsätze hier vielleicht nicht zu. Aber dieses Argument müssen wir als spezielles Plädoyer ohne empirische Basis ansehen.

Örtlich begrenzter Ursprung bevorzugt

Bisher haben wir hauptsächlich Muster und Prozeß für den Ursprung der Jetztmenschen betrachtet. Für die meisten Beobachter begünstigt die Gewichtung der Dokumentation – von Fossilien, aus der Genetik und aus anderen Zweigen der Biologie – eine örtlich begrenzte Entstehung des modernen *Homo sapiens* in Afrika oder vielleicht auch im Nahen Osten. Als die modernen Menschen in die Alte Welt vordrangen, verdrängten sie viele, vielleicht auch alle existierenden archaischen Menschen. Im nächsten Kapitel wollen wir einige Verhaltensaspekte untersuchen, einschließlich mancher Verhaltensunterschiede zwischen archaischen und modernen Menschen, die wiederum Licht auf mögliche Verdrängungsmechanismen werfen könnten.

5.1 Eine jungpaläolithische Halskette mit Mammutelfenbeinanhängern von Malta in Sibirien.

5

Die Archäologie
des modernen Menschen

Tatsachen aus physischer Anthropologie und Genetik sollten im Prinzip Schlüsse darüber erlauben, wann und wo sich die modernen Menschen entwickelten und wie sie sich in diesem Prozeß anatomisch veränderten. Aufgabe der Archäologen ist es, den Wandel im Verhalten zu rekonstruieren, der diesen Vorgang begleitete. Einstmals schien dies eine verhältnismäßig leichte Aufgabe zu sein. Als dann aber vermehrt archäologische Funde außerhalb Europas auftraten, gestaltete sich das Muster des Wandels immer komplexer und schwieriger interpretierbar.

In der prähistorischen Überlieferung Europas – besonders Südwestfrankreichs und Nordspaniens – gab es vor 40 000 bis 30 000 Jahren einen abrupten Umschwung. Steinwerkzeugtechnologien, die sich über nahezu 200 000 Jahre hinweg nicht verändert hatten, wurden plötzlich durch ausgefeiltere, stilgeprägte und sich rasch weiterentwickelnde Artefakt-Traditionen ersetzt. Körperschmuck (beispielsweise in Form von Perlen, Anhängern für Halsketten) und künstlerischer Ausdruck (in Form eingeritzter oder gemalter Bilder auf Gegenständen und Höhlenwänden) tauchten zum ersten Male auf. Langstrecken-Handel und politische Beziehungen entwickelten sich. Diese neue Ära, das Jungpaläolithikum – deutlich ein Produkt des Geistes moderner Menschen –, verdrängte die alte Epoche, das Mittelpaläolithikum. Bis vor drei Jahrzehnten hatten die Forscher angenommen, dieses dramatische Zeichen in der Überlieferung bedeute, der modern-menschliche Geist sei in Europa entstanden. Sie erwarteten, eines Tages ein ähnliches Muster kulturellen Wandels, vielleicht um einige Jahrtausende verzögert, in anderen Teilen der Welt zu finden – und zwar ein durchgehend klares und stimmiges Muster.

Als aber die Archäologen während der vergangenen drei Jahrzehnte das Buch der Menschheitsgeschichte in anderen Teilen Europas, in Asien und in Afrika immer weiter zurückblätterten, wurde deutlich, daß es kein in sich stimmiges Muster gab. Statt dessen erschien ein komplexes, verwirrendes Muster –

zweifellos unvollständig, doch muß es in die Ursprungsgeschichte des Geistes der modernen Menschen aufgenommen werden. »Haben wir es mit einem allmählichen kumulativen Wandel im gesamten Ausprägungsbereich von Kultur zu tun?« fragt hierzu der Archäologe Paul Mellars von der Universität Cambridge, »oder mit irgendeiner Form radikaler Verbesserung der biologischen Fähigkeiten des menschlichen Gehirns, Kultur zu erwerben und zu organisieren?« Auf diese Frage reagieren die Wissenschaftler sehr verschieden, vielleicht, weil die noch unvollständige archäologische Dokumentation in dieser Hinsicht bestenfalls zweideutig ist.

»Die einfachste Erklärung für das veränderte Verhalten (zusammen mit dem Erscheinen des modernen Menschen) ist, daß es letztlich auf einer langen Serie biologischer Fortschritte der Leistungsfähigkeit des menschlichen Geistes und seines Erkenntnisvermögens beruhte«, meint Richard Klein von der Universität Chicago. »Die besondere Wichtigkeit dieser letzten Entwicklung war, daß sie die vollständig ausgebildete moderne Fähigkeit auslöste, Kultur als Anpassungsmechanismus zu nutzen.«

Im Gegensatz dazu bevorzugt Olga Soffer von der Universität von Illinois den sozialen Zusammenhang als Triebkraft für das Herausbilden der kulturellen Anpassung des modernen Menschen. »Die Unterschiede zwischen Mittel- und Jungpaläolithikum im nördlichen Eurasien bestanden nicht in der Verwendung von Abschlägen anstelle von Zähnen oder in irgendeiner veränderten morphologischen „Hardware", sondern in dem dramatischen Wandel der ökonomischen und sozialen Verhältnisse«, meint Soffer. »Es ist keine Frage nach Unterschieden in *Fähigkeiten* zwischen archaischen und modernen Menschen, sondern eine Frage von *Leistung*.« Eine Analogie hierzu, die auch Ofer Bar-Yosef von der Harvard-Universität für zutreffend hält, ist die Veränderung des kulturellen Zusammenhangs und des Lebensunterhalts (Subsistenz), die mit der landwirtschaftlichen (neolithischen) Revolution (und natürlich mit den folgenden industriellen und technologischen Revolutionen) einherging. Die gleichen Menschen taten qualitativ neue und komplexere Dinge.

Eine biologische (insbesondere kognitive) Veränderung oder ein Wandel der sozialen Organisation? Dies sind die beiden entgegengesetzten Sichtweisen auf den Ursprung des Verhaltens des modernen Menschen. Weil sie sich im vorausgesetzten Mechanismus unterscheiden, fordern sie auch unterschiedliche Ansichten über unsere unmittelbaren Vorfahren. Die erste Form des Wandels wäre ein wirkliches evolutionäres Ereignis, die zweite verliefe im Bereich einer kulturellen Revolution. Sollte dem Ursprung des modern-menschlichen Verhaltens ein echter evolutionärer Vorgang zugrunde liegen, dann lebten unsere Ahnen aus dem Grund archaisch, weil ihnen die kognitiven (erkenntnisbezogenen) Voraussetzungen für ein vielschichtigeres Verhalten fehlten. Wenn eine kulturelle Revolution durch modern-menschliches Verhalten ausgelöst wurde, dann waren unsere unmittelbaren Vorfahren nur deshalb archaisch, weil diese Revolution noch vor ihnen lag.

Zwischen diesen konträren Auffassungen liegt die Vorstellung, modern-menschliches Verhalten sei ein pluralistisches und kein einheitliches Phänomen. Daher sind seine Ursprünge wahrscheinlich kompliziert. »Es wäre töricht anzunehmen, die Evolution hinter einer Ansammlung biologischer und verhaltensbezogener Merkmale zu vermuten, die von den Anthropologen als charakteristisch für den modernen Menschen gehalten werden«, meinen Philip Chase und Harold Dibble von der Universität von Pennsylvania. »Es scheint wahrscheinlicher, daß unterschiedliche biologische und verhaltensbezogene Besonderheiten, obgleich heute miteinander verknüpft, funktionell und zeitlich getrennten Ursprungs sind.« Lawrence Straus von der Universität von Neumexiko äußert ein ähnliches Argument: »Es gab nicht überall nur *einen* Übergang, nicht einmal in einem so kleinen Gebiet wie Westeuropa. ... Es gab nicht unbedingt ein einheitliches „Paket" aus Cro-Magnon-Anatomie, jungpaläolithischer Steinwerkzeugtechnologie und -typologie, aus Stein- und Geweihgeräten, großangelegten spezialisierten Jagdzügen, Verzierungen und Kunst. Einige (aber nicht unbedingt alle) dieser Elemente kann man in vielfachen Kombinationen zu verschiedenen Zeiten und an verschiedenen Orten finden. Jedes Gebiet

hatte seine eigene Geschichte wechselnder Bedingungen und adaptiver [anpassungsbezogener] Wandlungen.«

Muster des Wandels

Muster (im Sinne von Regelmäßigkeiten) sind in der Biologie immer wichtig. Neben dem archäologischen, das uns das Verhalten moderner Menschen hinterließ, gibt es ein anatomisches und ein genetisches Muster. Übereinstimmung in diesen drei Mustern würde unsere Zuversicht stärken, daß sich grundlegende Ereignisse richtig interpretieren lassen. Wie wir in den vorhergehenden Kapiteln sahen, finden einige Forscher eine annehmbare Übereinstimmung genetischer und anatomischer Gegebenheiten, die insbesondere die „Jenseits-von-Afrika"-Hypothese stützen. Die Anatomie zeigt, daß die modernen Menschen offenbar vor etwa 100 000 Jahren in Afrika erschienen und dann während der folgenden 60 000 Jahre von hier aus die übrige Alte Welt bevölkerten. Dabei ersetzten sie zumindest manche archaischen Populationen. Genetische Belege – aus der DNA der Mitochondrien und des Zellkerns – lassen sich im gleichen Sinn interpretieren. Aus ihnen scheint sogar hervorzugehen, daß alle archaischen Populationen verdrängt wurden. Entspräche der modernen Anatomie ein modern-menschliches Verhalten, dann müßten Hinweise hierauf zuerst in Afrika und danach in der restlichen Alten Welt erscheinen. Sollte es tatsächlich so sein, dann wäre die Übereinstimmung der Muster vollkommen.

Um diese Möglichkeit zu untersuchen, wollen wir das archäologische Muster dadurch erschließen, daß wir uns eine Region der Alten Welt nach der anderen ansehen. Als nächstes wollen wir versuchen, ein wenig Einblick in das soziale Umfeld moderner Menschen und deren Aktivitäten zum Erwerb ihres Lebensunterhalts zu erlangen, indem wir anatomische und archäologische Tatsachen auswerten. Schließlich wollen wir einige der Hinweise auf die Kontakte zwischen modernen und archaischen Populationen untersuchen, einschließlich der Vorstellun-

gen über die Mechanismen der Verdrängung einer
Bevölkerung durch eine andere.

Eine spärliche afrikanische Überlieferung

Aus Gründen, die mit der Geschichte der Wissenschaft zusammenhängen, ist nicht nur die Terminologie der Archäologie der Alten Welt komplizierter, als
sie sein müßte, sie wird darüber hinaus auch noch
von südwesteuropäischen Funden beherrscht. Die
europäische Überlieferung für dieses Stadium der
Menschheitsgeschichte ist weit reichhaltiger als diejenige irgendeiner anderen Region. Dies ist zum Teil
eine Folge günstiger Erhaltungsbedingungen durch
archäologisch relevante Zeiten. Aber Europa war
auch das Ziel von weit mehr archäologischer Aktivität als irgendeine andere Region der Welt. Dies
kann gar nicht genug betont werden. Zahlenmäßig
hat Afrika vielleicht ein halbes Dutzend guter
archäologischer Fundorte aus dem Later Stone Age
(dem Jungpaläolithikum Europas), Asien vielleicht
das Zwanzigfache dieser Anzahl, während die
europäische archäologische Überlieferung zumindest
200mal reicher ist als die afrikanische. Die Vorherr-
schaft der europäischen Archäologiedokumente ist
stark und heimtückisch. Einige der Muster, die man
in der europäischen Dokumentation fand, mögen
durchaus auch andernorts vorhanden sein, aber viele
ihrer Details sind wahrscheinlich individuelle Besonderheiten.

Der Wandel vom archaischen zum modern-menschlichen Verhalten, der besonders auf einer deutlichen
Veränderung des Charakters der Werkzeugtechnologie basiert, wird für Europa das Übergangsstadium
vom Mittel- zum Jungpaläolithikum genannt. Die
gleichen Bezeichnungen nutzt man auch für Asien
und Nordafrika. Für das subsaharische Afrika jedoch
werden die entsprechenden Stadien als Middle Stone
Age („Mittleres Steinzeitalter") und Later Stone Age
(„Spätes Steinzeitalter") bezeichnet. Soviel zum Jar-
gon, aber was beschreiben diese Termini tatsächlich?

Unveränderlichkeit herrscht vor

Das Mittelpaläolithikum (Middle Stone Age) begann
vor etwa 250 000 Jahren, eingeleitet durch eine wichtige Neuerung in der Vorbereitung des Rohmaterials,
aus dem Artefakte (künstliche Gegenstände) hergestellt wurden. Dieses nach einem Vorort von Paris, in
dem die ersten Stücke gefunden wurden, als Levallois-Technik bezeichnete Verfahren bestand im
Abtrennen von Abschlägen von einem Stein, so daß
ein rundes, oben abgeflachtes Werkstück – der vor-
bereitete Kern – entstand. Anschließend erzeugten
wiederholte Schläge mit einem Hammerstein um die
Peripherie herum viele Abschläge von etwa gleicher
Feinheit. Die Form des vorbereiteten Kerns
bestimmte in hohem Maße diejenige der abgetrenn-
ten Abschläge. Neben diesen Levallois-Abschlägen
findet man in den mittelpaläolithischen Industrien oft
einseitswendige Schaber, Klingen mit abgestumpftem Rücken, Faustkeile, Sägekratzer (*denticulé*) und
Spitzen. Der Übergang von der seit langem etablierten Acheul-Tradition zu dem auf dem Moustérien
(unter anderem mit Levallois-Tradition) beruhenden
Mittelpaläolithikum war ein „kognitiver Übergang",
meint Alison Brooks, eine Archäologin an der
George-Washington-Universität. Der technologische
Wandel fällt mit der biologischen Wandlung von
Homo erectus zum sogenannten archaischen *sapiens*
zusammen. Brooks erklärt: »Um die Kerntechnolo-
gie anzuwenden, muß man nicht nur das Gestein gut
kennen, sondern auch im Geiste ein klareres Konzept
haben, wie die endgültige Form aussehen soll.«

Wenn sie über Geräte vorgeschichtlicher Gesellschaften sprechen, gebrauchen die Archäologen verschiedene Ausdrücke, einige davon haben starke
Nebenbedeutungen. Angenommen das Wort „Kultur"
(wie beispielsweise Acheuléen-Kultur); es ist mit
Wertvorstellungen behaftet, weil es Verhaltensweisen
voraussetzt, die über die Produktion und Anwendung
einfacher Steinwerkzeuge hinausgehen. In ähnlicher
Weise hat das Wort „Industrie" für unseren im
20. Jahrhundert geformten Geist Anklänge, die
unpassend sind, wenn wir es mit einfacheren Gesell-
schaftsformen zu tun haben. Das Wort Technologie

5.2 Die Levallois-Technik, die erstmals vor etwa 250000 Jahren auf-trat, ermöglicht die Herstellung vieler Abschläge von standardisierter Form und Größe, die dann weiterbearbeitet werden konnten.

ist neutraler, denkt man doch dabei an nichts anderes als an das Herstellen und Nutzen von Geräten. Am neutralsten von allem ist das Wort „Kollektion", das überhaupt nicht an spezifische kognitive Fähigkeiten oder an andere Aspekte des Verhaltens prähistorischer Völker erinnert.

Obgleich es im Mittelpaläolithikum eine größere Werkzeugpalette als im vorausgegangenen Acheuléen gab und auch weit verfeinerte Geräte vorkamen, teilte die neue Technologie doch eines mit ihrem Vorgänger, nämlich die langfristige Unveränderlichkeit. Natürlich gab es im Laufe der Zeit eine gewisse Variationsbreite sowie geographische Unterschiede, aber es waren keine wesentlichen Innovatio-

nen erkennbar. Einige dieser regionalen Varianten erhielten besondere Namen. Die bemerkenswerteste hiervon ist die Moustérien-Technologie der Neandertalerbevölkerungen Europas und des Nahen Ostens. Dennoch wurden vor 40000 Jahren, am Ende des Mittelpaläolithikums, nur sehr wenige Gerätschaften hergestellt, die nicht schon zu seinem Beginn vorhanden waren. Der große französische Prähistoriker François Bordes sagte über die Neandertaler: »Sie machten schöne Werkzeuge auf eine einfältige Weise.« Soll der Ursprung des menschlichen Geistes verstanden werden, dann müssen wir Hinweise auf ein deutlich nichtmenschliches Verhalten identifizieren. Das Fehlen von Innovation (Neuerung) gehört ganz gewiß dazu.

Die Übereinstimmung der Muster zerfällt

Dann kam das Jungpaläolithikum. In Europa dokumentieren die reichen prähistorischen Funde eine bisher nicht vorhandene Vielfalt an Artefaktkollektionen – sowohl geographisch als auch zeitlich. In den fünfziger Jahren behauptete Bordes, diese Variabilität repräsentiere den stilistischen Ausdruck verschiedener ethnischer Gruppen. Ein Jahrzehnt später meinten die amerikanischen Archäologen Sally und Lewis Binford, die Vielfalt sei das Ergebnis funktioneller und nicht ethnischer Unterschiede. Beispielsweise wiesen Fundstellen, die (in der Vorzeit) für einige Tage oder sogar Wochen als Siedlungsplatz dienten, eine Reihe von Funktionen für den Lebensunterhalt auf – im Gegensatz zu Stellen, wo nur getötet oder ausgewaidet wurde. Diese verschiedenen Nutzungsweisen sollten sich an unterschiedlich hergestellten und eingesetzten Werkzeugen widerspiegeln. Die Hypothese von der funktionellen Unterscheidung konnte sich jedoch nicht durchsetzen. Heutzutage bevorzugen die Archäologen eine Auffassung, die mehr dem ursprünglichen Vorschlag von Bordes entspricht. »Meine eigene Mutmaßung ist, daß diese Veränderungen in der Form der Artefakte entweder als Widerspiegelung persönlicher

„Stile" bei der Artefaktherstellung oder als Folge der Entstehung komplexerer und hochstrukturierter kognitiver Systeme, die mit dem Auftauchen einer vollentwickelten Sprache verknüpft werden, zu werten sind«, meint Paul Mellars. Wie wir sehen werden, ist die Vorstellung, daß eine vollentwickelte moderne Sprache wenigstens eine – wenn nicht gar die einzige – kognitive Innovation war, die das Entstehen des modernen Menschen vorantrieb, populär und überzeugend.

Auf jeden Fall wird die Vielfalt der Artefaktkollektionen durch Zeit und Raum nun als Hinweis auf eine tatsächliche Veränderung des Innovationsgrades zu Beginn des Jungpäläolithikums gewertet. Eine Explosion in der Kreativität der Werkzeugherstellung, eine Erweiterung der genutzten Rohmaterialien und neue Traditionen folgten dicht aufeinander. Innovation wurde nun in wenigen tausend Jahren erreicht und nicht in den Jahrhunderttausenden früherer Epochen (siehe hierzu Exkurs 5.1).

Das europäische Jungpaläolithikum begann mit dem Châtelperronien (Perigordien) und dem Aurignacien vor etwa 40000 Jahren und beinhaltete das, was die Steintechnologie des früh-modernen Menschen kennzeichnet: die Produktion schmaler Blattspitzen. Die Menschen des Jungpaläolithikums fertigten viele feingearbeitete Werkzeuge aus Knochen, Geweih und Elfenbein. Das hatte es in früheren Zeiten nicht gegeben. Ein wichtiger Aspekt der Werkzeuge des Jungpaläolithikums ist, daß sie sich auf der Basis von Formgebungen viel leichter typologisch klassifizieren (in typologische Reihen einordnen) lassen als mittelpaläolithische Werkzeuge. Die Menschen des Jungpaläolithikums scheinen eine klare Vorstellung davon gehabt zu haben, wie das Endprodukt aussehen sollte, aber auch die Fähigkeit, dieses Ziel zu erreichen. Außerdem produzierte man im Aurignacien große Mengen Perlen, vermutlich als persönlichen Schmuck. Sollte es zutreffen, daß die modernen Menschen von außerhalb nach Europa einwanderten, dann bildeten die Träger des Aurignacien deren erste Welle. Sie müssen es gewesen sein, die auf die hier ansässigen Neandertaler stießen. Wir werden später erkennen, daß es Beweise für Kontakte zwischen diesen beiden verschiedenen Menschengruppen gibt.

5.3 Speerschuh aus Geweih in Form eines jungen Steinbocks mit erhobenem Steiß, auf dem zwei Vögel sitzen; gefunden in der Höhle von Mas d'Azil in der französischen Provinz Ariège, in die Zeit des Magdalénien datiert.

5.4 Kopf eines Speerschuhes in Form eines Wisents, der seine Flanke leckt; gefunden in der Höhle von La Madeleine aus der französischen Provinz Dordogne, in die Zeit des mittleren Magdalénien datiert.

Den Trägern des Aurignacien folgten nacheinander (mit einigen geographischen Unterschieden) die Menschen des Gravettien, des Solutréen, des Magdalénien und schließlich des Azilien (bereits epipaläolithisch); alle produzierten stilistische Varianten des jungpaläolithischen Themas. Man stellte die ersten Musikinstrumente her, aber auch gemalte und eingeritzte Bilder. Mit Darstellungen verzierte Gegenstände wurden zu einem zunehmend bedeutungsvolleren gesellschaftsbezogenen Element von wahrscheinlich rituellem, doch noch immer schwer interpretierbaren Charakter. Als erfolgreiche Jäger lebten die Menschen des Jungpaläolithikums in größeren Siedlungen als während des Mittelpaläolithikums. Darin spiegeln sich möglicherweise ausgefeiltere ökonomische und soziale Systeme wider. Beweise für den Transport von Gütern über weite Strecken hinweg, sowohl von Nutzobjekten (Steinen) als auch von Gegenständen ohne praktische Zwecke (Muscheln, Schneckengehäuse und Bernstein), zeigen, daß Verbindungen in großem Maßstab geknüpft wurden, wie wir es auch bei heutigen Wildbeutern finden. »In den meisten kleinräumigen Gesellschaf-

ten sind Tausch und Handel Mittler für soziale Verpflichtung«, bemerkt Randall White, ein Archäologe an der Universität New York. »Verpflichtungen sind gesellschaftliche Bande, die verschiedene soziale Gruppen miteinander verknüpfen.«

Für White und für viele (aber keineswegs alle) Anthropologen war das Erscheinen des modernen Menschen in Europa eine echte Revolution, sowohl qualitativ als auch quantitativ. »Alle (Belege) stimmen mit der Idee von einer totalen Umstrukturierung der gesellschaftlichen Verhältnisse an der Grenze vom Mittel- zum Jungpaläolithikum überein«; sagt er, »in deren Verlauf die Bedeutung der ethnischen und individuellen Identität wuchs. Dies wurde gesteigert durch stilistische Merkmale und regionale Unterscheidungen in der Verarbeitung von Stein, Geweih und Knochen, in der Herstellung und dem Tragen von Schmuck sowie in dem regelmäßigen Zusammenschluß verstreut lebender Lokalgruppen.« Richard Klein formuliert das folgendermaßen: »Im großen Raum der europäischen Vorgeschichte waren [die Menschen des Jungpaläolithikums] die ersten,

Exkurs 5.1: Untersuchung der Fertigkeiten zum Erwerb des Lebensunterhalts

Nutzten die modernen Menschen die Ressourcen ihrer Umwelt besser als ihre hominiden Vorgänger? Wollen wir eine solche Annahme prüfen, müssen wir einige Schwierigkeiten überwinden. Der systematische und erfolgreichste Versuch, sich mit dem Problem auseinanderzusetzen, war ein Vergleich der Fundorte aus dem Middle und dem Later Stone Age in Südafrika durch Richard Klein. Seine Schlußfolgerung war, die Fertigkeiten der modernen Menschen, ihren Lebensunterhalt zu bestreiten, seien nachweisbar besser als die früherer Menschen.

Grundlegende Unterschiede in der Fähigkeit, den Lebensunterhalt zu bestreiten, könnten sich am Abfall zeigen, der an den Wohnplätzen zurückblieb. Die Aufgabe der Anthropologen ist es daher, dessen Bedeutung zu interpretieren. Neben verschiedenen menschlichen Aktivitäten gibt es aber noch viele weitere Ursachen für unterschiedlichen Abfall an menschlichen Wohnplätzen. Der häufigste Störfaktor sind Raubtiere, insbesondere Hyänen, die dort, wo zu anderer Zeit Menschen siedeln, ihre Höhlen graben. In solchen Fällen ist es schwierig oder sogar unmöglich, zu erkennen, welche Knochen von Menschen und welche von Hyänen an diesen Ort gebracht wurden.

Sogar, wenn offensichtliche Störungen durch Raubtiere fehlen, müssen Unterschiede in den Fossilkollektionen an Wohnstätten nicht unbedingt von menschlicher Tätigkeit herrühren. Beispielsweise scheinen die Schwankungen der relativen Häufigkeiten von Ren und Rotwild an einigen menschlichen Siedlungsplätzen in Frankreich vor 700000 bis 250000 Jahren die Folge von Klimaveränderungen gewesen zu sein.

Während kalter Perioden dominierten die Rentiere, während warmer das Rotwild. Klein hat gezeigt, daß in Südafrika während kühler und trockener Zeiten Weidetiere (Steppenfauna) häufiger waren als in wärmeren und feuchteren, in denen Laubfresser den Ton angaben.

Für einen verläßlichen Vergleich von Wohnplätzen, die durch mehrere Tausend Jahre voneinander getrennt sind, müssen ähnliche Umweltbedingungen herrschen. Klein fand zwei solche Orte in der südlichen Kap-Provinz von Südafrika, und zwar die Höhlen von Klasies River Mouth und Nelson Bay. Erstere beherbergt 130000 bis 115000 Jahre alte Wohnplätze aus dem Middle Stone Age (MSA), während in letztgenannter Überreste aus dem Later Stone Age (LSA) gefunden werden, die nahezu 10000 Jahre alt sind. Beide repräsentieren Zwischeneiszeiten mit im wesentlichen gleichen Faunen, einschließlich der Ressourcen der Küste. Klein verbrachte einige Jahre der frühen Siebziger damit, diese Fundstätten auszugraben, und noch weitere, die Daten zu analysieren.

Zwischen diesen Stellen gibt es zwei auffallende Gegensätze. Erstens sind am Fundort aus dem Later Stone Age Knochen von Meeresfischen und Seevögeln (Kormoranen, Möwen und Tölpeln) häufig, die an den Stätten aus dem Middle Stone Age selten gefunden werden. Klein meint, daß den Menschen des Middle Stone Age die Techniken zum erfolgreichen Fischen und zur Vogeljagd noch fehlten. Zwischen den Überbleibseln von Nelson Bay (LSA) fand man hingegen sowohl mit einer Furche versehene Steine, die möglicherweise als Netzbeschwerer oder zum Versenken von Fangleinen dienten, als auch Kno-

chen von Meerestieren. Am Klasies River Mouth (MSA) fehlen solche Steine. In ähnlicher Weise gibt es zahnstochergroße, doppelspitzige Knochensplitter, die als Angelhaken gedient haben könnten, und Knochen von Meerestieren am Nelson Bay-Fundort, nicht aber am Klasies River Mouth.

Der zweite Unterschied ist das Verhältnis der möglichen Beutearten. Die Fossilien von Nelson Bay entsprechen ungefähr der historischen Häufigkeit von Tierarten, während jene vom Klasies River Mouth wesentlich weniger gefährliche, sondern verhältnismäßig viele friedfertige Tiere enthielten. Beispielsweise bestand ein hoher Anteil der Nahrung der Menschen des Middle Stone Age von der Klasies River Mouth-Höhle aus Elenantilopen, die durch ihre Fügsamkeit und die Leichtigkeit bekannt sind, mit der man sie zu Herden zusammentreiben kann. Die Knochen der, besonders wenn in die Enge getrieben, gefährlichen Kapbüffel und Buschschweine sind hingegen am Klasies River Mouth selten. Klein vermutet, daß die Menschen aus dem Later Stone Age Techniken entwickelt hatten, Tiere aus der Ferne zu töten – beispielsweise mit Bogen und Pfeilen oder mit Schlingen. Archäologische Hinweise auf Bögen in Form kleiner Steinspitzen, die in Schäfte eingesetzt werden konnten, kennen wir in dieser Region von 20000 Jahre alten Fundorten.

Klein hat sich nicht nur mit den Zahlen der verschiedenen Arten an jedem Fundort beschäftigt, sondern auch mit deren Geschlecht und Alter. Unterschiede in Form und Größe der Hörner wären die besten Hinweise auf das Geschlecht von Horntieren (Boviden) in den Kollektionen gewesen. Unglücklicherweise sind Hörner aus verschiedenen Gründen selten. Auch die im Vergleich zu den Weibchen erheblichere Körpergröße der Männchen sollte bei

E.5.1.1 Die Klasies River Mouth-Höhle in Südafrika war während des Middle Stone Age bewohnt, als die Jäger offenbar noch nicht so erfolgreich waren wie spätere moderne Menschen.

vielen Arten die Bestimmung des Geschlechts ermöglichen. Messungen großer Anzahlen des gleichen Skelettelements einer Art müßten theoretisch eine zweigipfelige Verteilung der Größen ergeben, mit den Männchen im Gipfel der großen und den Weibchen im Maximum mit den kleinen Werten. Die fragmentarische Natur der fossilen Überreste vereitelt aber solche Untersuchungen. Dazu kommt, daß die Knochen vieler verschiedener Bovidenarten einander sehr ähnlich sind, so daß sie sich, sogar wenn sie gänzlich erhalten sind, nur schwer unterscheiden lassen.

Die Ermittlung des Alters erwies sich als einfacher. Messungen der Kronenhöhen von Backenzähnen liefern Angaben über das Alter eines Individuums, weil sich die Zähne im Laufe des Lebens allmählich abnutzen. Mit dieser Methode erkannte Klein zwei Muster in den fossilen Überresten. Für die Elenantilope und den Bastardhartebeest, einem anderen friedfertigen Tier, entspricht das Altersprofil der Individuen von Klasies und von Nelson Bay demjenigen der freilebenden Herde. Ein solches Muster ist unter den Paläontologen als katastrophisch bekannt. (Hierbei wird angenommen, die Herde oder ein Teil von ihr sei in einer Katastrophe zugrundegegangen, möglicherweise weil sie über den Rand eines Abgrunds getrieben wurde.) Das zweite, das sogenannte Zermürbungsmuster, zeigt ein deutliches Überwiegen von sehr jungen und alten Tieren. Individuen auf dem Höhepunkt ihres Lebens bleiben hingegen selten. Dieses Zermürbungsmuster spiegelt die Verwund-barkeit der Individuen unterschiedlichen Alters wider und entspricht dem Profil, das erfolgreiche Jäger gefährlicher Beutetiere, beispielsweise Büffel, erzielen. Bei den Kollektionen von Klasies River Mouth und Nelson Bay sind die Arten mit einem Zermürbungsprofil der Kapbüffel, der Blaubock, die Pferdeantilope und der Riesenbüffel – alle potentiell schwierig zu erlegende Beute.

Während Klein aus den fossilen Belegen folgert, daß die Menschen des Middle Stone Age Jäger, allerdings von geringerer Effektivität als spätere Menschen, waren, versichert Binford, daß sie im wesentlichen Aas verzehrten, besonders solches großer Arten. Binford gründet seine Behauptung auf die relative Häufigkeit von Fuß- und Schädelknochen und der entsprechenden Seltenheit von Knochen der Gliedmaßen unter den Überresten von Klasies River Mouth. Er meint, gerade diese Körperteile von geringem Nährwert sollten für einen schlecht bewaffneten Aasverzehrer übrigbleiben. Klein hebt aber hervor, daß dieses Muster sich nicht auf Fundstätten des Middle Stone Age beschränkt, sondern auch noch viel später gefunden wird, sogar an afrikanischen Fundstätten aus der Eisenzeit, wo es sich bei den betreffenden Tieren um Haustiere handelt, die sicher nicht als Aas verzehrt wurden. Schädel- und Fußknochen sind kompakter als andere Teile des Skeletts und bleiben deshalb besser erhalten. Bei seiner Kritik der Deutung von Resten an Wohnplätzen, weist Klein weiter darauf hin, daß die menschlichen Fossilien, die mit den Kollektionen der Höhle von Klasies River Mouth aus dem Middle Stone Age verknüpft sind, als anatomisch modern charakterisiert wurden. Dies würde bedeuten, daß »die Evolution des modernen Körperbaus der Entwicklung eines vollkommen modernen Verhaltens vorausging«.

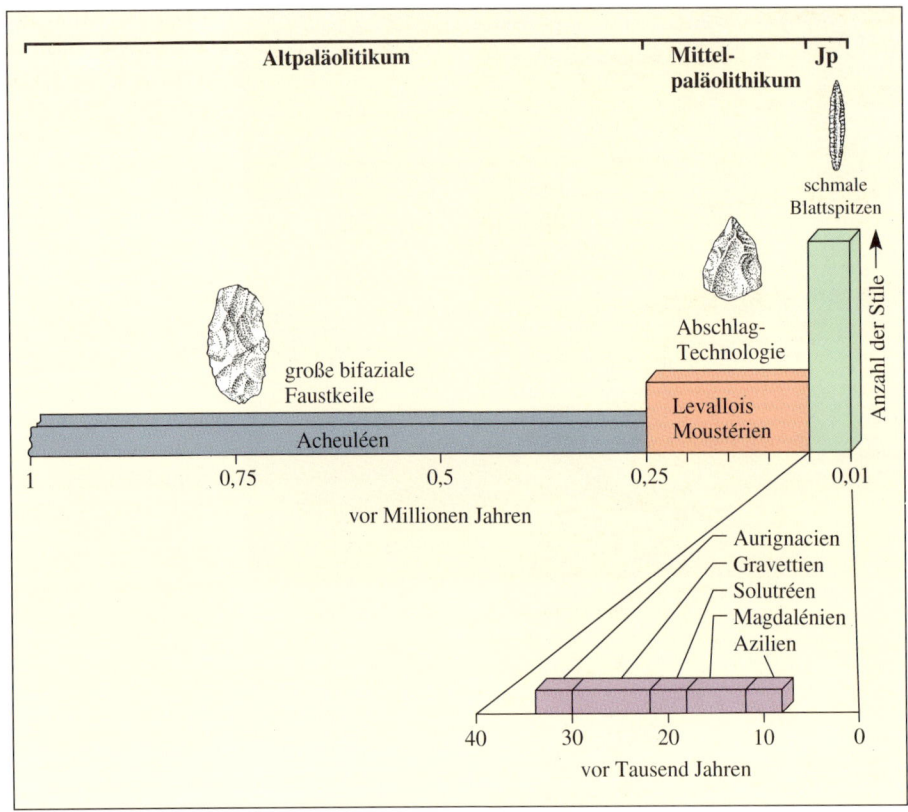

5.5 Ein großer Teil der Geschichte der Steingeräteherstellung ist von Unveränderlichkeit (Stasis) gekennzeichnet. Mit dem Erscheinen des archaischen *sapiens* vergrößerte sich die Anzahl der unterscheidbaren Werkzeuge und um so mehr mit der Ankunft der modernen Menschen. Zwischen 40 000 und 10 000 Jahren vor heute (im Jungpaläolithikum, Jp) veränderten sich die Stile sehr rasch, was auf den neuen Einfluß von Innovation und kulturellen Normen hindeutet.

deren Archäologie deutlich die Anwesenheit von „Kultur" und „Kulturkomplexen" (oder ethnischer Identität) im klassischen anthropologischen Sinn voraussetzt." Wird diese Charakterisierung akzeptiert, dann passen in Europa die anatomischen und archäologischen Muster zusammen. Das modernmenschliche Verhalten begleitete die Ankunft der anatomisch modernen Menschen.

Mit Asien beginnt diese gefällige Übereinstimmung der Muster zu zersplittern. Im Osten, wo die prähi-

storische Dokumentation außerordentlich dürftig ist, gibt es keinen klaren Übergang vom Mittel- zum Jungpaläolithikum im Sinne eines Wechsels von Abschlag- zu Blatt-Technologien. Nach Geoffrey Pope von der Universität von Illinois setzte sich eine grobe Abschlag- und Choppertechnologie, vielleicht von einer Nutzung von Bambus-„Blattspitzen" begleitet, bis vor etwa 10 000 Jahren (dem Beginn des Neolithikums) fort. Pope und andere behaupten auch, das Auftauchen von Artefakten aus Knochen, von Kunst und ausgeprägten Bestattungen – Anzei-

schen Dokumente einigermaßen vollständig sind und zugleich verläßlich datiert (wie allgemein in der Alten Welt), zeigen sie, daß vor 40 000 Jahren ein radikaler Wandel erfolgte.«

Wie abrupt war der Wandel?

Das Muster in Westasien ist anders, rätselhafter und in mancher Hinsicht interessanter. Beispielsweise koexistierten im Nahen Osten anscheinend in der Zeit vor 100 000 bis vor 50 000 Jahren Neandertaler und anatomisch moderne Menschen. Ein solches Muster schließt eine Vorfahren-Nachkommen-Beziehung zwischen ihnen praktisch aus. Auch gibt es keinen unwiderlegbaren Beweis für genetische Beziehungen (Kreuzungen) zwischen diesen Menschen. Rätselhaft ist aber, daß aus allen archäologischen Funden, die bis heute gemacht wurden – und sie sind zahlreich genug, daß wir dem beobachteten Muster vertrauen können –, hervorgeht, daß es zwischen den Neandertalern und ihren anatomisch modernen Nachbarn keinen technologischen Unterschied gab, jedenfalls nicht im Bereich der von ihnen hergestellten Artefakte. Beide Gruppen vertraten ziemlich typische moustérienähnliche Industrien. Hinsichtlich der Neandertaler überrascht dies nicht, aber es entspricht keineswegs den Erwartungen für die anatomisch modernen Menschen.

»Es besteht der starke Eindruck, daß die örtlichen Populationen archaischer und moderner Menschen in einem vernünftigen Gleichgewicht koexistieren konnten, wobei die anatomisch „entwickelteren" (im Gegensatz zu *Homo erectus*) Formen keinen offensichtlichen Wettbewerbsvorteil (im demographischen Sinne) gegenüber den anatomisch modernen hatten«, bemerkt Paul Mellars. Er fragt sich, ob die modernen Menschen, die sich ehemals unter äquatorialen Bedingungen in Afrika herausbildeten, vielleicht »für eine großangelegte Besiedlung der (von Afrika) ganz verschiedenen Lebensräume der nördlichen Breiten« mangelhaft ausgestattet waren. Klein verweist ebenfalls auf einen möglichen äquatorialen Ursprung der anatomisch modernen Menschen von

5.6 Richard Klein von der Universität Chicago nahm an vielen Ausgrabungen in Südafrika teil. Dabei suchte er nach Belegen für eine Änderung in der Lebensweise beim Erscheinen des modernen Menschen.

chen für das Wirken menschlichen Verstandes – sei ein gradueller und kein abrupter Vorgang in Ostasien gewesen. Jedoch fragt Klein, ob dieses Bild nicht eine Folge der unvollständigen Dokumentation sei. »Der Eindruck von bemerkenswerter Traditionsgebundenheit und Konservatismus im Fernen Osten entsteht durch die sehr geringe Anzahl an archäologisch untersuchten Fundstellen, die häufig ungenau datiert und uneinheitlich beschrieben wurden«, gibt er zu bedenken. »Wo auch immer die archäologi-

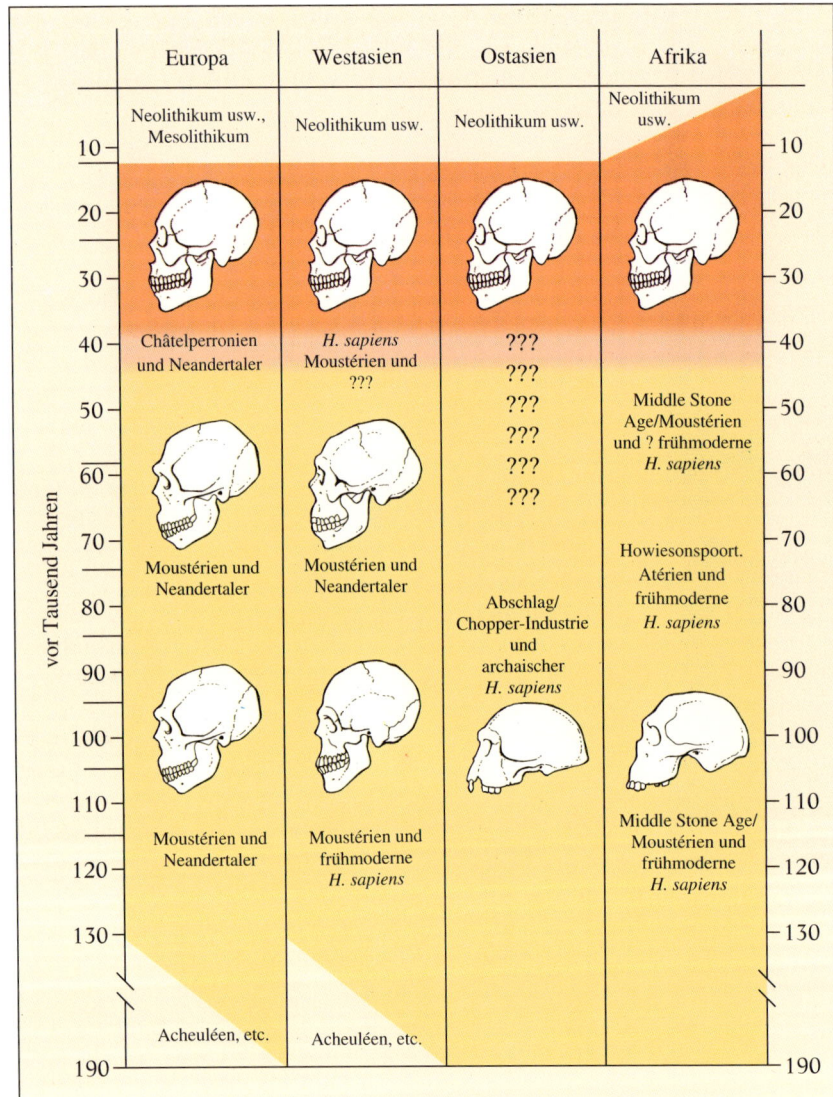

5.7 Die paläontologischen und archäologischen Überlieferungen für den Ursprung des modernen Menschen weichen in Afrika, Europa und Asien erheblich voneinander ab. Manches reflektiert echte prähistorische Vielfalt, aber auch Unterschiede in den zur Verfügung stehenden Fossildokumenten.

Skhul und Qafzeh, um die Tatsache zu erklären, daß sie »keinen offensichtlichen verhaltensmäßigen (kulturellen) Vorteil gegenüber den Neandertalern hatten«. Der Grund, sagt er, könnte der gedrungene Körperbau der Neandertaler mit ihren verhältnismäßig kurzen Gliedern (einer Anpassung an die Kälte) gewesen sein, während die anatomisch moder-

nen Menschen groß und verhältnismäßig langgliedrig waren (eine äquatoriale Anpassung).

Jedoch wurden die Anthropologen vielleicht durch ihre eigene Terminologie und durch Vermutungen, die sich aus historischen Beschreibungen ergeben, fehlgeleitet. Die Bezeichnungen „moderne Menschen" und „anatomisch moderne Menschen" werden in Diskussionen über den Ursprung des Menschentyps, der die Welt heutzutage bevölkert, oft so gebraucht, als könne man sie gegeneinander auswechseln. Doch die einzig sicheren Anzeichen für das Vorhandensein moderner Menschen sind die Produkte des modern-menschlichen Geistes, die in diesem Kapitel angeführt werden. Die Suche nach anatomisch modernen Menschen – von der Form und Robustheit des Schädels und des übrigen Skeletts her gesehen – in der Fossildokumentation offenbart vielleicht nur einen Teil der Geschichte vom Ursprung des modernen Menschen. Klein erklärt: »Sowohl durch ihre Schädel als auch postkranial sind (die Menschen von Skhul und Qafzeh) eindeutig viel bessere Vorfahren für spätere moderne Völker als die Neandertaler. Aber es erscheint vernünftig anzunehmen, daß der Grund, warum ihr Verhalten nicht völlig modern war, darin bestand, daß sie eben biologisch, vielleicht auch neurologisch, noch nicht vollständig modern waren.« Mit anderen Worten, die Modernität dieser frühen anatomisch modernen Menschen war möglicherweise, fast wortwörtlich genommen, nur oberflächlich. Ihre Skelette hatten begonnen, die grazileren Merkmale späterer moderner Völker anzunehmen. Aber es könnte ihnen eine evolutionäre Schlüsselentwicklung für das Bewußtsein gefehlt haben, vermutlich jene, die die Grundlage für Sprache bildet.

Diese offensichtliche Entkoppelung früh-moderner menschlicher Anatomie von modern-menschlichem Verhalten verunsichert, zumal die äußerliche Anatomie der modernen Menschen, obwohl manchmal schwierig zu interpretieren, sich doch greifbar von der archaischer Menschen unterscheidet. Beweise für das geistige Wirken moderner Menschen sind oft viel weniger deutlich. Konfrontiert man uns beispielsweise mit den Werkzeugtechnologien des Jungpaläolithikums oder den Malereien und geschnitzten Bildwerken, die sowohl in Europa als auch in Afrika zu finden sind, dann kann niemand bezweifeln, daß sie das Werk moderner Menschen sind. Aber die Natur des komplexen menschlichen Verhaltens bringt es mit sich, daß das Fehlen solcher Beweisstücke nicht unbedingt das Fehlen des menschlichen Geistes

bedeutet. »Wir müssen noch viel klüger werden, um zu verstehen, was uns die archäologische Überlieferung erzählen kann«, schreibt Alison Brooks im Gegenzug auf dieses Problem.

Die Herausforderung ist vor allem in Afrika besonders anspruchsvoll, weil hier das Muster in gewisser Weise dem des Nahen Ostens gleicht, aber auch weil die dortige archäologische Dokumentation selbst weit dürftiger ist, als die meisten Leute vermuten. Wie für den Nahen Osten wurden im subsaharischen Afrika anatomisch moderne Menschen schon aus sehr früher Zeit (vor nahezu 100 000 Jahren) identifiziert. Der Nahe Osten spiegelt sich hier auch darin, daß die archäologische Dokumentation des südlich der Sahara gelegenen Afrika keinen dramatischen Übergang vom archaischen zum modernen Verhalten erkennen läßt, der mit dem Erscheinen moderner Menschen zusammenfällt. Dieser Übergang vom Middle zum Later Stone Age könnte (wie der vom Mittel- zum Jungpaläolithikum) vor nahezu 40 000 Jahren erfolgt sein. Qualitativ glich dieses südlich der Sahara stattfindende Ereignis weitgehend dem, was in Europa (und Nordafrika) geschah: eine starke Betonung der Blattspitzentechnologie, das Einbeziehen von Knochen und Elfenbein als Rohmaterialien für Artefakte und die Herstellung von Körperschmuck aus bemalten und eingeritzten (geschnitzten) Bildnissen.

Das modern-menschliche Verhaltenspaket war vor 40 000 Jahren in Afrika endgültig zur Stelle, selbst wenn es sich etwas von seiner eurasischen Version unterschied. Vor diesem Zeitpunkt sind Hinweise auf modern-menschliches Verhalten, das vielleicht nach Eurasien exportiert wurde, im Afrika südlich der Sahara ungewiß – zumindest nach einigen Forschern. Zwei in diesem Zusammenhang besonders interessante Industrien sind das Atérien (in Nordwestafrika) und der Stillbay-Howiesonspoort-Komplex (in Südafrika). Beide zeigen im wesentlichen den Charakter des Middle Stone Age, enthalten aber ungewöhnliche Elemente. Beispielsweise haben einige Spitzen und Kratzer im Atérien kleine „Stiele", in Howiesonspoort manche halbmondförmigen Artefakte einen „Rücken" (sind an einer Seite stumpf). Spekula-

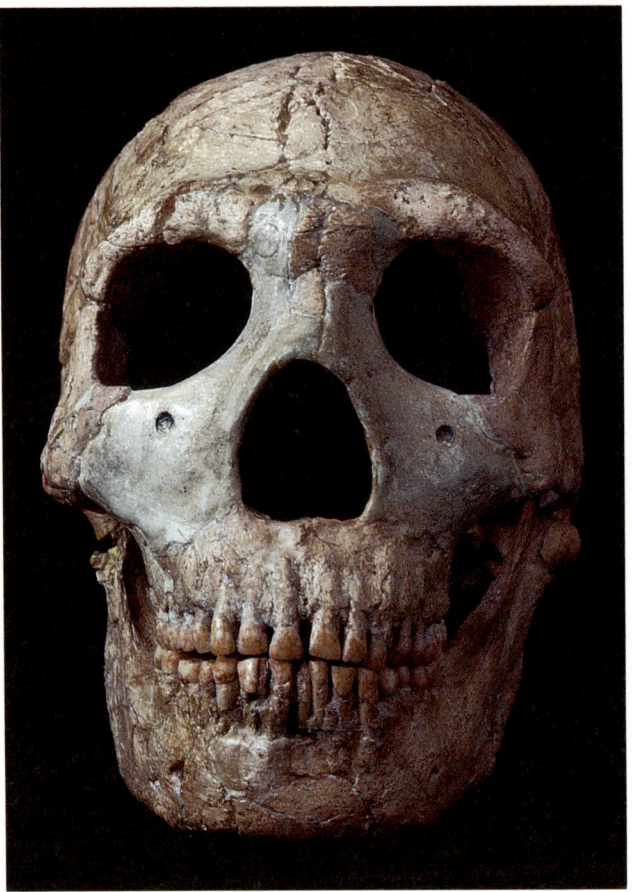

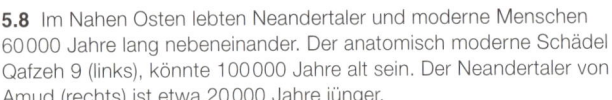

5.8 Im Nahen Osten lebten Neandertaler und moderne Menschen 60000 Jahre lang nebeneinander. Der anatomisch moderne Schädel Qafzeh 9 (links), könnte 100000 Jahre alt sein. Der Neandertaler von Amud (rechts) ist etwa 20000 Jahre jünger.

tionen zufolge könnte dies auf eine Herstellung zusammengesetzter Werkzeuge hinweisen, die aus einem Stein in einer hölzernen Halterung bestanden. Sollte die Deutung richtig sein, wären dies die ersten bekannten zusammengesetzten Werkzeuge.

Die eher allgemeine Frage ist hier die nach der Bedeutung der beiden Industrien. Repräsentierten sie nicht mehr als geographische Varianten einer mittelpaläolithischen und Middle Stone Age-Technologie? Oder entsprangen sie dem Wirken einer neuen Denk-

weise, dem Geist des modernen Menschen, der schließlich auch das hohe Innovationstempo des Later Stone Age und des Jungpaläolithikums hervorbrachte? Klein meint beispielsweise, die Behauptungen, diese Industrien enthielten einen archäologischen Hinweis auf modern-menschliches Verhalten, blähe ihre Bedeutung künstlich auf, und sagt: »Keine der beiden Industrien unterscheidet sich deutlich vom allgemeineren Middle Stone Age/Mittelpaläolithikum-Komplex.« Er hebt auch hervor, daß die Industrien des Atérien und Howiesonspoort-Komplexes von typischen Kollektionen des Middle Stone Age und Mittelpaläolithikums gefolgt wurden. Sie können daher nicht als Überleitung zu vollkommen modernem Verhalten angesehen werden.

Alison Brooks stimmt dem nicht zu und behauptet, die Kollektionen des Atérien und des Howiesons-poort-Komplexes müßten von der Technologie des Middle Stone Age und des Mittelpaläolithikums unterschieden werden. Diese Überzeugung beruht zum Teil auf dem Vorhandensein von aus Straußen-eierschalen gefertigten Perlen an verschiedenen Fundstätten in dem Datierungsbereich von vor 40 000 bis 90 000 Jahren. Daneben entdeckten Brooks und ihr Kollege, der Archäologe John Yellen, an zwei Fundorten in Zaire feingearbeitete Harpu-nenspitzen aus Knochen. Sie glichen in hohem Maße 14 000 Jahre alten Objekten aus dem europäischen Jungpaläolithikum. Die Spitzen aus Zaire könnten 90 000 Jahre alt sein. Sollte das Alter zutreffen – es gibt jedoch einige Unsicherheiten über die Zeitan-gabe –, dann würde das Vorhandensein dieser Harpu-nen beweisen, daß modern-menschliches Verhalten in Afrika viel früher erschien als in Europa. Gene-rell, sagt Brooks, gibt es Hinweise auf »den Beginn eines Verhaltenswandels vor 80 000 bis 90 000 Jahren im subsaharischen Afrika.«

Was Brooks jedoch nicht erkennt, ist eine offensicht-liche Beziehung zwischen dem, was sich in Afrika entwickelte und dem, was später in Europa mit dem Aurignacien erschien. »Es gibt keine archäologi-schen Hinweise auf eine Menschenwelle, die von Afrika ausgehend nach Europa überschwappte«, meint Brooks. »Man findet in den archäologischen Tatsachen keine Unterstützung für eine Bevölke-rungsverdrängung.« Klein glaubt jedoch, daß der Charakter des Übergangs vom Mittel- zum Jung-paläolithikum (vom Middle zum Later Stone Age) eine begründete Annahme für eine gewisse Umschichtung der Bevölkerung enthält. »Die ver-hältnismäßig abrupte und radikale Natur des Wan-dels unterstützt die „Jenseits-von-Afrika"-Hypothese mehr als ihre multiregionale Alternative«, meint er. »Ich denke, die Grundlage für die Verdrängung war der Wettbewerbsvorteil des vollkommen modernen Menschen, der sich aus seiner Fähigkeit zur Kultur ergab. Die Frage bleibt, wo dieser Wettbewerbsvor-teil entstand. Auf der Grundlage der vorhandenen archäologischen und fossilen Tatsachen kann nur Europa ausgeschlossen werden.« Von den übrigen

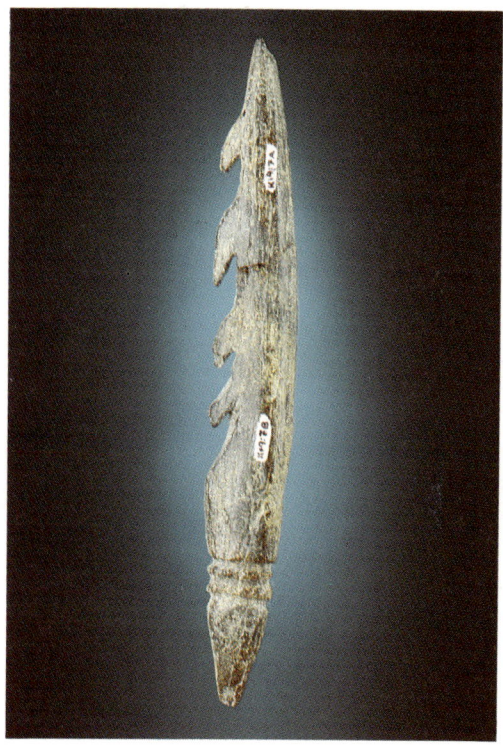

5.9 Sollte diese Harpunenspitze von einem Fundort in Zaire wirklich so alt sein, wie einige Archäologen vermuten – nämlich 90 000 Jahre –, dann würde das auf ein sehr frühes modern-menschliches Verhalten in Afrika hinweisen.

beteiligten Regionen – dem Nahen Osten und Afrika – erscheint Afrika wahrscheinlicher, »aber das wird durch die archäologische Dokumentation nur zum Teil unterstützt«.

Es überrascht nicht, daß neben anderen auch Alison Brooks diese Sicht bezweifelt. Sie sagt: »Eine genauere Prüfung der archäologischen Überlieferung veranlaßt uns zu hinterfragen, wie abrupt der Wandel des Verhaltens in Europa nun tatsächlich *war*. Ich glaube, daß die Kluft zwischen dem Mittel- und dem Jungpaläolithikum künstlich verbreitert wurde. Man spielte die sehr realen Hinweise auf kulturelle Kom-plexität für das erstere herunter und bewertete die Errungenschaften der modernen Menschen zu hoch.

139

5.10 Alison Brooks und John Yellen, zwei Archäologen von der George-Washington-Universität beziehungsweise der National Science Foundation, gelangen wichtige Funde in Zaire, die darauf hindeuten, daß modern-menschliches Verhalten in Afrika weit früher als in Europa erschien.

Sie entwickelten in Europa erst am Ende des Pleistozän (vor fast 10 000 Jahren) das gesamte Spektrum des Verhaltens, das man gewöhnlich als Teil der jungpaläolithischen „Revolution" ansieht.« Geoffrey Clark und John Lindley von der Arizona State University unterstützen Brooks Interpretation und vergleichen die entgegengesetzte Auffassung mit »der gegenwärtigen „unbesonnenen Neandertalerdresche" in der Presse«. Sie meinen, eine weniger leidenschaftliche Lesart der archäologischen Überlieferung offenbare »einen klaren Beweis für kulturelle und verhaltensmäßige Kontinuität zwischen Mittel- und Jungpaläolithikum«. Darüber hinaus meinen sie, daß die archäologischen Dokumente »keine Anzeichen einer abrupten Unterbrechung zeigen, die zu erwarten wäre, hätte es tatsächlich ein Verdrängen der Bevölkerung ohne Vermischung gegeben«.

Die Meinung der Fachleute über die Deutung der archäologischen Belege ist daher ebenso wie die über die Interpretation der Fossilien geteilt. Allmählicher oder abrupter Verhaltenswandel? Kontinuität oder Verdrängung? Bekannte Themen, die während des größten Teiles unseres Jahrhunderts im Zentrum der Debatte über den Ursprung der modernen menschlichen Bevölkerung gestanden haben. Daß diese Streitfragen ungeschlichtet bleiben, spiegelt die damit verbundene Unsicherheit wider, klar zu definieren, wie das Vorhandensein modern-menschlichen Verhaltens in der prähistorischen Dokumentation aussieht.

Aasverzehrer oder Jäger?

Wenden wir uns nun dem wirtschaftlichen Leben der frühen modernen Menschen zu. Wiederum ziehen wir Vergleiche zu früheren Bevölkerungen. Unser Ziel ist herauszufinden, »was die selektiven Vorteile des biokulturellen Systems der frühen modernen Menschen waren, die es ihm erlaubten, in einer evolutionär verhältnismäßig kurzen Zeit das einzige Muster menschlichen Verhaltens zu werden«, wie es Erik Trinkaus formulierte. »Weil am Übergang sowohl menschliche Biologie als auch Kultur beteiligt waren, muß die Fragestellung thematisch auf den biologischen Wandel des Menschen, kulturelle Veränderungen und auf die Wechselbeziehungen zwischen beiden Vorgängen ausgerichtet sein.« Dieses Kapitel soll sich auf die biologischen Faktoren konzentrieren.

Wie schon erwähnt, zeigt sich der auffallendste anatomische Unterschied zwischen archaischen und modernen Menschen im Ausmaß der Robustheit. Diese fällt beim Neandertaler besonders auf, ist aber ganz allgemein bei allen archaischen Menschen vorhanden. Weil der Knochenbau in hohem Maße durch seinen Gebrauch geprägt wird, ist »diese Robustheit [der archaischen Menschen] ein Zeichen für Kraft und Ausdauer«, erklärt Trinkaus. Die Anatomie der Beine der Neandertaler zeigt, daß »sie einen bedeutenden Teil der Stunden, in denen sie wach waren, damit verbrachten, unablässig das Gelände zu durchstreifen«. Die graziler gebauten und verhältnismäßig längeren Beine früher moderner Menschen verliehen ihnen »ein deutlich effektiveres System der Fortbewegung«, das ihnen einen zielgerichteten, ausschreitenden Gang ermöglichte, sagt Trinkaus. Kürzlich meinte Yoel Rak von der Universität Tel Aviv, ein Schlüsselunterschied in der Beckenanatomie weise darauf hin, daß letztere auch effizientere Läufer waren.

Neben ihren offensichtlichen Veränderungen in der Fortbewegung nutzten die modernen Menschen auch ihre Hände auf neue Weise, was aus der verringerten Robustheit der oberen Gliedmaßen hervorgeht. Der Akzent verschob sich von Kraft zu Präzision, ein klares Zeichen für vermehrte handtechnische Fertigkeiten, sagt Trinkaus. »Der Ursprung der modernen Menschen sah eine deutliche Abnahme des gewohnten Ausmaßes der von der oberen menschlichen Extremität ausgeübten Kraft, eine Verschiebung zu einer größeren Präzision bei der Nutzung der Hand, die Begrenzung von schweren handtechnischen Aufgaben, für die ein kraftvoller Griff notwendig war, eine erweiterte Stellung von Ellbogen und Fingern sowie Veränderungen der gewöhnlichen Griffposition.« Mit anderen Worten, Trinkaus glaubt, die adaptive Strategie archaischer Menschen beruhte auf ihrer Körperstärke, während sich moderne Menschen mehr auf ihre Geschicklichkeit verließen; kluger

5.11 Ein Vergleich der Knochen aus den Fingerspitzen von Neandertalern (rechts) und modernen Menschen (links) zeigt, um wieviel die Neandertaler anatomisch robuster waren. Ihre Fähigkeit zu feinen, geschickten Handhabungen muß begrenzt gewesen sein.

Gebrauch von Werkzeugen trat an die Stelle roher Kraft.

Zweifellos waren die frühen modernen Menschen geschickte Jäger, die eine ökologisch leistungsstarke gemischte Wirtschaftsweise aus Jagd nach Fleisch und Sammeln pflanzlicher Nahrung betrieben. Die Beweise hierfür findet man reichlich in der Technologie und den Resten verzehrter Tiere. Doch darüber, wie verschieden diese modern-menschliche Subsistenzstrategie (Strategie zur Bestreitung des materiellen Lebensunterhalts in Auseinandersetzung mit der Natur) von derjenigen archaischer Menschen war, gibt es keine Einmütigkeit. Beispielsweise behauptet Lewis Binford von der Southern Methodist University, erst die modernen Menschen hätten die Jagd als eine hominide Handlung eingeführt. Er meint: »Zwischen 100 000 und 35 000 Jahren vor unserer Zeit begann die jagende Lebensweise schwach aufzuglimmen. … Unsere Art war nicht als Ergebnis allmählich fortschreitender Prozesse erschienen, sondern explosiv, in einer verhältnismäßig kurzen Zeit.« Die archaischen Menschen waren wenig mehr als gelegentliche Aasverzehrer, die sich vom Riß der Raubtiere nahmen, was sie bekommen konnten, und vielleicht gelegentlich selbst kleinere Beute machten. Aber sie betrieben nichts, was man als systematische Jagd beschreiben könnte. Archaische Menschen konnten nicht planen, meint Binford. Dies sei eine Schlüsselvoraussetzung für die komplexe soziale und ökonomische Organisation, welche die wildbeuterische Lebensweise auszeichnet. Trinkaus stimmt dieser Einschätzung zu und sagt, daß den archaischen Menschen »die für heutige Wildbeuter charakteristischen planvollen Subsistenzmuster und daher die stark minimalisierte und zielgerichte Fortbewegung auf der Suche nach Nahrung« fehlten. Die archaischen Menschen seien einfach im Land umhergewandert und hätten dabei jede Beute oder jeden Kadaver mitgenommen, der ihnen vor die Füße kam, so Trinkaus. Binfords Einschätzung beruht vor allem auf seiner Analyse von Tierresten an archäologischen Fundorten, während sich Trinkaus' Ansicht weitgehend auf die robuste Natur der Skelette von archaischen Menschen stützt.

»Binfords Position zu dieser Frage ist extrem«, kontert Richard Klein, der ebenfalls eine ausgedehnte Analyse von Tierresten an archäologischen Stätten vornahm. »Zweifellos waren die archaischen Menschen weniger effiziente Jäger als die modernen. Dies sehe ich klar anhand der afrikanischen Dokumente.« Kleins Analyse zeigt, daß die modernen Menschen ihre Umwelt besser beherrschten. Sie konnten gefährlichere und schwerer zu findende Beute machen und andere Nahrung gewinnen, wie wir schon gesehen haben. Unglücklicherweise wurde keine solche systematische Untersuchung an den tierischen Überresten der europäischen und asiatischen Fundstätten durchgeführt. Es gibt Hinweise, daß Tierknochen von den mittelpaläolithischen Fundstätten grundsätzlich von sehr alten oder sehr jungen Tieren stammen, und daß Knochenkollektionen, die das Altersprofil der Tierherden besser widerspiegeln, erst an jungpaläolithischen Fundorten auftauchen. Ersteres deutet auf Aasverwertung, letzteres auf erfolgreiche Jäger. Außerdem findet man an verschiedenen jungpaläolithischen Fundorten ein starkes Vorherrschen einer Tierart, beispielsweise von Rentieren oder Steinböcken. Dies wurde als Hinweis auf eine systematische Ausnutzung von Ressourcen gewertet, die es früher nicht gab. »Diese Schlüsse mögen richtig sein«, bemerkt Klein, »aber bevor die Kollektionen nicht sorgfältiger untersucht sind, können wir dessen nicht gewiß sein.«

In der Diskussion geht es daher um das Ausmaß des Verhaltenswandels beim Übergang vom Mittel- zum Jungpaläolithikum. Bedeutete er eine Steigerung, oder war er grundlegend? Das erste Erscheinen künstlerischen Ausdrucks und wirklicher technologischer Innovation – ebenso wie ein wesentlich intensiveres soziales Umfeld, das sich in größeren Siedlungsplätzen, einer höheren Siedlungsdichte und Kontakten über weite Entfernungen hin äußerte – spricht klar für einen bedeutenden Wandel. Die meisten Anthropologen meinen, er sei eher durch biologische Kräfte als durch eine kulturelle Revolution vorangetrieben worden. Aber die Annahme, die archaischen Menschen wären ziellos umhergewandert und hätten von den Ressourcen gelebt, auf die sie zufällig stießen, ist wenig überzeugend. Von Schimpansen wissen wir, daß sie ihre Ressourcen mit einer gewissen Zielstrebigkeit ausnutzen – wobei sie beispielsweise erkennen, wann ein bestimmter Baum (reife) Früchte tragen wird oder wo sie in besonders trockenen Zeiten Wasser finden. Manchmal teilt sich ein Trupp morgens in zwei Gruppen. Jede sucht dann unabhängig voneinander während des Tages nach Nahrung. Aber abends treffen sie sich wieder an der gleichen Stelle, als ob sie eine Vereinbarung getroffen hätten.

Weil ihre Gehirne dreimal größer waren als die der Schimpansen, ist es sehr wahrscheinlich, daß die archaischen Menschen sich wenigstens ebenso geschickt, wenn nicht gar wesentlich zweckmäßiger, in der Planung ihrer Aktivitäten auf Futtersuche verhielten. »Wenn man die Gegenstände betrachtet, die archaische Menschen mit ihren Händen schufen, Levallois-Kerne und so weiter, so sind dies keinesfalls Produkte einfachen Vor-sich-hin-wurstelns«, bemerkt Margaret Conkey von der Universität von Kalifornien in Berkeley. »Sie konnten das Material einschätzen, mit dem sie arbeiteten, und verstanden ihre Welt. Ich sage nicht, daß sie genau wie wir waren, aber ich denke, die Unterschiede wurden übertrieben.« Die Unzulänglichkeit der archäologischen und paläontologischen Dokumente erlaubt verschiedene Deutungen. Unbestreitbar ist jedoch, daß die Aktivitäten des archaischen *sapiens* zum Bestreiten seines Lebensunterhalts große Kraft und Ausdauer erforderten.

Gewiß gab es kulturell und subsistenziell einen klaren Unterschied zwischen archaischen und modernen Menschen – zumindest, wenn man sie über die Grenze vom Mittel- zum Jungpaläolithikum hinweg vergleicht. Diesen Unterschied vorausgesetzt, ist es nicht schwierig, sich vorzustellen, daß sich die modernen Menschen durch ihre überlegene soziale und wirtschaftliche Organisation sowie durch ihre Technologie eines beträchtlichen Wettbewerbsvorteils erfreuten. Nehmen wir an, die „Jenseits-von-Afrika"-Hypothese treffe zu, wie könnte sich dieser Wettbewerbsvorteil dann geäußert haben, als die modernen Populationen auf ansässige, archaische Menschen stießen? Wie, den extremsten Fall vorausgesetzt, haben die einwandernden modernen Menschen die lokale archaische Bedrohung verdrängt?

Beweise für Koexistenz?

Befürworter der Hypothese von der multiregionalen Evolution behaupten oft, daß eine Bevölkerungsverdrängung eine blutige Angelegenheit gewesen sein muß, ein frühes Beispiel für Genozid (Völkermord). Erinnern wir uns an Milford Wolpoffs Charakterisierung: »Rambo-Killer-Afrikaner überschwemmen Europa und Asien.« Er versichert: »Es ist unmöglich, sich vorzustellen, daß eine menschliche Bevölkerung die andere verdrängte, es sei denn mit Gewalt.« Jedoch sollte man darauf verweisen, daß Beispiele aus jüngster Vergangenheit – die Beinahe-Völkermorde an den amerikanischen Indianern und den australischen Aborigines – in der Tradition kolonialer Besatzung standen, mit einer lange etablierten Geschichte des Kriegeführens hinter den Kolonisato-

ren. Ist es tatsächlich unmöglich, sich den Ersatz einer Bevölkerung mit anderen als gewaltsamen Mitteln vorzustellen? Nicht unbedingt.

Zunächst einmal fehlt jedes direkte archäologische Zeugnis für einen Kontakt zwischen archaischen und modernen Populationen. Man fand beispielsweise kein eindeutiges gemeinsames Auftreten archaischer und moderner Überreste. Wie wir noch sehen werden, haben wir indirekte Hinweise darauf, daß die Neandertaler einige neue Technologien von den Menschen des Aurignacien kennenlernten. Es gibt aber keinen archäologischen Hinweis auf Gewalt.

Die Archäologie des Krieges verblaßt schnell, blickt man zurück in die menschliche Geschichte. Sie verschwindet rasch jenseits des Neolithikums (vor 10000 Jahren), als sich Pflanzenbau und feste (permanente) Siedlungen zu entwickeln begannen. In den ältesten Zivilisationen schien eine Monumentalarchitektur oft die Zelebrierung von siegreichen Schlachten mit dem Feind zu bedeuten. Sogar in früheren Zeiten, vor 5000 bis 10000 Jahren, lassen sich manchmal Hinweise auf Gewalt in Gemälden und Gravuren oder auch Ritzeichnungen erkennen. Wenn wir uns aber zurück über die neolithische Revolution hinaus begeben, entschwinden die Abbildungen des Krieges in der Kunst tatsächlich. Wieder einmal kann das Fehlen von Belegen nicht als Beweis des Nichtvorhandenseins gewertet werden. Auf die archäologische Überlieferung – akzeptieren wir ihre Unvollständigkeit – können wir uns nicht verlassen, wenn wir nach Hinweisen auf blutige Auseinandersetzungen suchen. Kriegsführung, einen so gewichtigen Teil der menschlichen Geschichte sie auch ausmacht, ist mit der Notwendigkeit verbunden, ein Territorium zu besitzen. Dies ergab sich, als die Menschen zu Bauern und damit notwendigerweise seßhaft wurden. Gewalt wurde zur Besessenheit, als die Populationen erst einmal begonnen hatten, sich auszudehnen, und die Fähigkeit entwickelten, starke militärische Kräfte zu organisieren. Ist Gewalt ein notwendiges und unausweichliches Merkmal der Menschheit? Es mag sie gegeben haben, als moderne Menschen die archaischen Populationen verdrängten.

Aber es ist noch nicht möglich, hierüber in dieser oder jener Hinsicht Gewißheit zu erlangen. Was sind die Alternativen?

»Es gibt viele Wege, auf denen eindringende Völker die ansässigen Menschen auslöschen können«, sagt Chris Stringer. »Beispielsweise der Wettbewerb um Ressourcen und das Einschleppen fremder Krankheiten. Man kennt viele historische Fälle, in denen lokale Bevölkerungsgruppen durch eingeschleppte Infektionskrankheiten, gegen die sie keine Immunabwehr hatten, zusammenbrachen.« Ein gutes Beispiel ist natürlich die Verwüstung, die Pizarros kleine Truppe im gewaltigen Inkareich anrichtete. Überlegene Technologie, einschließlich der Pferde, war zweifellos ein Faktor; aber die wesentliche Ursache des Sterbens waren die Blattern, eine tödliche Viruskrankheit, die unter der immunologisch jungfräulichen Bevölkerung wütete.

Historische Beispiele für einfachen Wettbewerb um Ressourcen sind schwieriger zu entlarven, aber Ezra Zubrow, ein Anthropologe an der State University of New York in Buffalo, unternahm einige theoretische Analysen – mit überraschenden Ergebnissen. In Europa, sagt er, »hätten die Neandertaler innerhalb eines einzigen Jahrtausends aussterben können« – dies ist auch das Bild, das wir in der prähistorischen Dokumentation antreffen. Ein bescheidener Unterschied in den Fertigkeiten, den Lebensunterhalt zu bestreiten – der eine Differenz von zwei Prozent in der Sterblichkeit ausmacht – scheint kaum ein möglicher Faktor für die Vernichtung einer Bevölkerung zu sein. Aber wie so oft in der Biologie beruhen unsere Vorstellungen auf tagtäglicher Erfahrung. Daher können wir die Auswirkungen kleiner Unterschiede über relativ lange Zeiträume hin nur schlecht einschätzen. In diesem Fall übersetzt sich ein winziger Vorsprung in der Überlebensfähigkeit im Verlauf eines Jahrtausends in den Erfolg der einen Population, während die andere unterliegt. Zubrows Ergebnisse bestätigen nicht, daß die modernen Menschen ihre archaischen Vorgänger tatsächlich wegen eines minimalen Vorteils im Wettbewerb um die Ressourcen einfach verdrängten. Aber seine Arbeit zeigt, daß dies eine einleuchtende Alternative wäre.

Hinweise darauf, daß archaische und moderne Menschen koexistierten, kommen aus zwei geographischen Bereichen, dem Nahen Osten und Westeuropa. Wie wir schon früher sahen, könnten Archaische und Moderne im Nahen Osten über 50 000 Jahre hinweg Zeitgenossen gewesen sein. Wir haben auch erkannt, daß es, jedenfalls in der Werkzeugtechnologie, keinen erkennbaren Unterschied im Verhalten beider Bevölkerungsgruppen gab. Dies bedeutet unter Umständen, daß dennoch »genügend unterschiedliche Verhaltensmuster und/oder Muster der Landnutzung beide Bevölkerungen für wenigstens tausend Generationen genetisch getrennt voneinander hielten«, wie Erik Trinkaus sich ausdrückt. Es wäre aber auch möglich, daß die Koexistenz mehr scheinbar als real ist. Beispielsweise hält Ofer Bar-Yosef für denkbar, daß sich archaische und moderne Populationen im Nahen Osten niemals wirklich begegneten. Er erklärt: »Man könnte sich von der fossilen Mikrofauna her vorstellen, daß gleichzeitig mit den Klimaschwankungen Bewegungen der zwei Bevölkerungsgruppen zu verzeichnen waren. … In kälteren Zeiten wanderten die Populationen der modernen Menschen südwärts, und die Neandertaler besetzten das Gebiet. Bei Erwärmung sollte eine nordwärts gerichtete Wanderung die Neandertaler aus dem Gebiet herausführen und die modernen Menschen würden vom Süden her hereinkommen« – eine Art klimatische Reise nach Jerusalem.

Während die meisten Anthropologen in der fossilen oder archäologischen Dokumentation keinen Hinweis darauf finden, daß im Nahen Osten die archaischen und modernen Populationen in irgendeiner Weise miteinander in Beziehung traten, ist die Geschichte in Europa anders (siehe hierzu Exkurs 5.2). An der Grenze vom Mittel- zum Jungpaläolithikum existiert in Westeuropa eine Steinwerkzeugtradition, die weder archaisch noch modern, sondern eine Mischung aus beidem war. Châtelperronien genannt, umfaßte diese Industrie einige der ältesten Gegenstände aus Knochen, Geweih und Elfenbein. Wegen seines intermediären Charakters wurde vom Châtelperronien gesagt, es repräsentiere die Arbeit einer Population, die dabei war, sich vom Neandertaler zum modernen Menschen zu entwickeln: ein

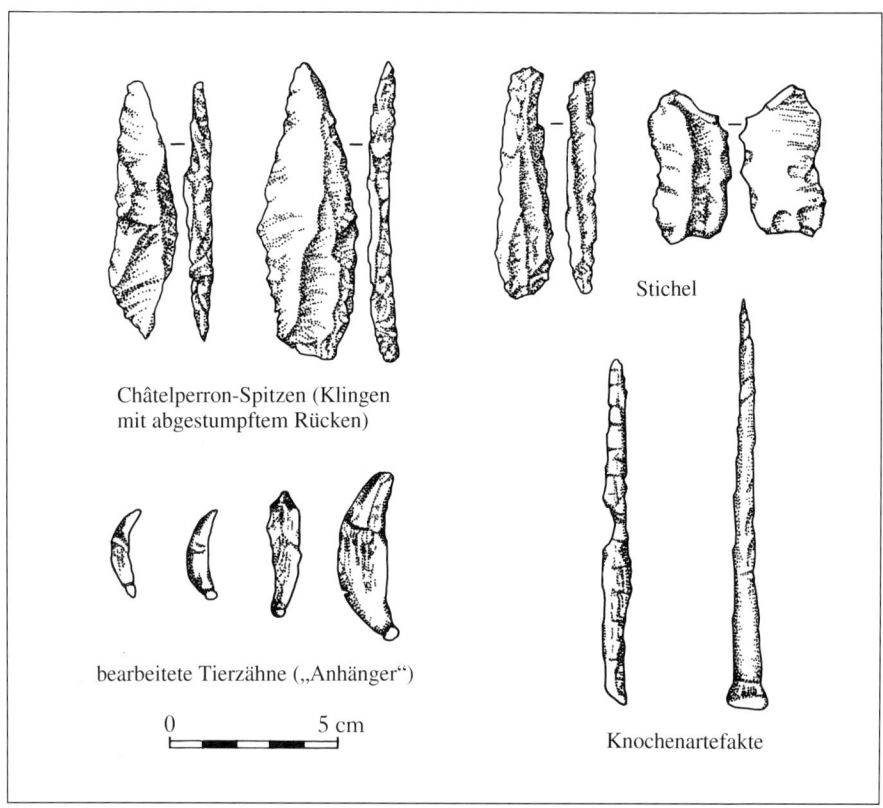

Châtelperron-Spitzen (Klingen
mit abgestumpftem Rücken)

Stichel

bearbeitete Tierzähne („Anhänger")

0   5 cm

Knochenartefakte

5.12 Der Charakter dieser Kollektion aus dem Châtelperronien (Perigordien), die einige der ältesten Knochen-, Geweih- und Elfenbeingeräte enthält, steht bezüglich ihrer Merkmale zwischen den Industrien des Mittel- und des Jungpaläolithikums: Einige Archäologen meinen, diese Industrie sei von einer Bevölkerung hergestellt worden, die sich von Neandertalern zu modernen Menschen entwickelte. Andere behaupten, sie sei das Ergebnis des Kontakts zweier verschiedener Kulturen und kein Hinweis auf eine evolutionäre Kontinuität.

evolutionäres Zwischenstadium. Diese „Kultur" gehörte daher zu den Argumenten der Multiregionalisten. Jedoch entdeckte François Lévêque von der Universität von Bordeaux 1979 bei St. Césaire in Südwestfrankreich an einem Fundort des Châtelperronien ein Skelett. Sollte die Châtelperron-Industrie tatsächlich von einer Population hergestellt worden sein, die sich auf dem evolutionären Weg vom Neandertaler zum Modernen befand, war zu erwarten, daß sich dies in der Anatomie der Menschen des Châtelperronien zeigen würde.

»Dies war absolut nicht der Fall«, sagt Bernard Vandermeersch, ein Kollege von Lévêque. »Das Skelett von St. Césaire war ganz eindeutig ein Neandertaler, und zwar ein sehr charakteristischer.« Später wurden die Überreste eines zweiten Individuums gefunden,

ebenfalls ein Neandertaler. »Man kann sich vorstellen, daß die Neandertaler und die einwandernden modernen Menschen einige Kontakte miteinander hatten und daß die Neandertaler einiges von der neuen Technologie annahmen«, meint Vandermeersch. Jüngere Datierungen dieses und anderer Fundorte weisen darauf hin, daß Neandertaler und moderne Menschen wenigstens für tausend Jahre im gleichen Gebiet lebten, vielleicht sogar noch länger. »Solche Sachen lassen die Vorstellung von Killer-Afrikanern, die in den archaischen Populationen wüteten, lächerlich erscheinen«, sagt Chris Stringer. »Bei einer derartig langen Koexistenz klingen andere Erklärungen viel wahrscheinlicher.«

Diese Untersuchung einiger Gesichtspunkte des Verhaltens in Bezug auf den Ursprung des modernen

145

Exkurs 5.2: Das Aussterben von Bevölkerungen

In Europa, besonders im westlichen Teil, überlappten sich die Populationen des Neandertalers mit denjenigen moderner Menschen sowohl geographisch als auch zeitlich für etwa zwei Jahrtausende. In Mitteleuropa verschwanden die Neandertaler vielleicht erst vor 38 000 und in Westeuropa vor 32 000 Jahren. Obgleich die unmittelbare Ursache des Aussterbens unbekannt ist, verleitet seine Plötzlichkeit zu Spekulationen über ein vermutlich dramatisches Ereignis.

Bei einem Versuch, die betreffenden Möglichkeiten zu beschreiben, entwickelte Ezra Zubrow Modelle, mit denen er das Ergebnis der Wechselwirkungen zweier Bevölkerungen unter verschiedenen demographischen Bedingungen untersuchte. Er kam zu zwei prinzipiellen Schlußfolgerungen: Erstens, daß die Populationsdynamik bei solchen Wechselbeziehungen kompliziert und manchmal entgegen der Erwartung verlaufen kann. Zweitens, daß sehr kleine Unterschiede im Erfolg einer Population gegenüber einer anderen in bemerkenswert kurzer Zeit überraschend große Auswirkungen haben

können. Eine Überlegenheit des *Homo sapiens* von einem Prozent in der Fähigkeit, den Lebensunterhalt zu bestreiten, über *H. neanderthalensis* sollte bei Konkurrenz um die Ressourcen zum Aussterben des letzteren innerhalb von 30 Generationen führen. Das ist weniger als ein Jahrtausend.

Zubrow entwickelte „Modelle des interaktiven Wachstums". Die Populationsdynamik hängt von der Tatsache ab, daß sich gelegentlich Individuen beider Populationen begegnen und daß sie dabei aufeinander einwirken. Es gibt mehrere mögliche Ergebnisse solchen Aufeinandertreffens: 1) unmittelbarer Rückzug, 2) Wettbewerb um Ressourcen, 3) Krieg und 4) Handel und Tauschgeschäfte. Die interaktiven Modelle behandeln alle außer der ersten dieser Möglichkeiten.

Demographen beschreiben Populationen auf sehr verschiedene Weise, aber ein wichtiges Hilfsmittel ist die Sterblichkeitstabelle, die praktisch die Sterblichkeitsrate für verschiedene Alters- und Geschlechtsgruppen einer Population wiedergibt. Sterblichkeitstabellen lassen sich grundsätzlich auf zwei Wei-

sen nutzen. Die erste ist, die Sterblichkeitsquote aller Altersgruppen für eine kurze Zeit, beispielsweise für ein Jahr, darzustellen, sozusagen einen Schnappschuß des Todes der Population aufzunehmen, wie Zubrow es nennt. Die zweite ist, die Sterblichkeit einer bestimmten Alters-Geschlechtsgruppe von Geburt bis zum Tod wiederzugeben. In diesem Fall sehen wir einen Pfad des Todes, keinen Schnappschuß. Für seine Analyse kombinierte Zubrow Elemente beider und stellte die Schicksale aufeinanderfolgender Altersgruppen während des Verlaufs vieler Generationen dar.

Ein Konzept, mit dem die Demographen seit den frühen Jahren dieses Jahrhunderts gearbeitet haben, ist das der stabilen Population, eingeführt durch den Populationsbiologen Alfred Lotka. Stabile Populationen gibt es in vier verschiedenen Formen, die durch Fruchtbarkeits- und Sterblichkeitsprofile definiert sind. Sie heißen West, Nord, Ost und Süd. Diese Bezeichnungen beruhen zum Teil auf tatsächlichen Eigenschaften der Bevölkerungen in den verschiedenen Teilen der Welt. Beispielsweise finden sich die niedrigsten Geburts- und Sterblichkeitsraten in der West- und die höchsten in der Südgruppe. Innerhalb jeder Gruppe gibt es 20 Untertabellen

---

Menschen zeigt klar die Vielschichtigkeit der Belegmuster in der menschlichen Vorgeschichte. Sie offenbart auch das Auftauchen eines Schlüsselmerkmals des Menschen – das der Erfindungsgabe und der Innovation, besonders in der technologischen

Sphäre. In den abschließenden beiden Kapiteln wollen wir verstärkt auf die weniger gut greifbaren Aspekte des Verhaltens blicken, die uns als wirklich menschlich charakterisieren: Symbolismus und Sprache.

mit abgestuften Niveaus für Fruchtbarkeit und Sterblichkeit.

Bleiben sie ungestört, wird jede der Populationen, die durch diese Untertabellen repräsentiert wird, ihre demographischen Eigenschaften im Laufe der Generationen nicht verändern. Bringt man jedoch eine geringe Zunahme der Mortalität in die erste Generation hinein, kann ein Schrumpfen der Population ausgelöst werden, bei der die Sterblichkeit jeder Kohorte von Generation zu Generation ansteigt. Letztlich stirbt die Population aus, sogar, wenn die einmalige Zunahme der Sterblichkeit nur zwei Prozent ausmacht. Dieses einfache Modell zeigt, wie empfindlich Populationen gegenüber ganz geringfügigen Störungen sind.

Das von Zubrow entwickelte Modell einer Wechselbeziehung von Neandertalern und modernen Menschen erwies sich sogar als noch empfindlicher. In diesem vollkommen interaktiven Wachstumsmodell wird die Sterblichkeitsrate einer Population von zwei Faktoren bestimmt: der Mortalitätsrate der vorhergehenden Generation und der der *anderen* Population in der vorigen Generation. Der Effekt ist folgender: Eine Abnahme der Rate in einer Population steigert diese Rate in der anderen.

Ein Anstieg der Sterblichkeit in der einen verursacht deren Abnahme in der anderen Population. Sogar wenn der Beitrag zur Gesamtsterblichkeit durch kompetitive Wechselwirkungen mit einer zweiten Generation nur gering ist (um 2,5 Prozent herum), erweist sich deren Auswirkung als überraschend groß.

Für eine Population mit einem kleinen Sterblichkeitsnachteil in der ersten Generation (wie im vorhergehenden Modell) nimmt die Lebenserwartung in der ersten Generation ab und steigt in der zweiten. Dieser Anstieg in der zweiten Generation ist größer als die Abnahme in der ersten Generation. Außerdem ist die Veränderung der Lebenserwartung beider Populationen in den jüngeren Altersgruppen am stärksten und hat damit größere langzeitliche Auswirkungen. Daraus ergibt sich ein Verstärkereffekt, durch den sich die Verhältnisse mit zunehmendem Tempo verändern.

Zubrow hat die Ergebnisse vieler solcher Interaktionen von Populationen verfolgt, wobei er immer von einem geringen anfänglichen Nachteil und einem geringen Anteil der kompetitiven Wechselwirkung an der Gesamtsterblichkeit von wenigen Prozent ausging.

Immer ergab sich das gleiche Resultat: ein schnelles Aussterben der anfänglich benachteiligten Population. Die Möglichkeiten der Wechselwirkungen zwischen Neandertalern und modernen Menschen betrachtend, sagt er, es sei erfreulich zu erkennen, daß ein kleiner Vorteil des *Homo sapiens* (der anfänglichen einmaligen Zunahme der Konkurrenten in den Modellen entsprechend) genügte, um eine andere Bevölkerung rasch zu verdrängen. Lebten an einem Ort zwei Gruppen nebeneinander, von denen jede beispielsweise 50 Mitglieder hatte, könnte der Verlust eines Neandertalers eine Kaskade von Ereignissen auslösen, die zum Verschwinden in weniger als einem Jahrtausend führte. Der Verlust von vier Individuen würde diesen Vorgang beschleunigen und ein Aussterben in 15 Generationen verursachen. Dieses Ausmaß eines demographischen Vorteils könnte sich entweder aus gelegentlichen gewalttätigen Zusammenstößen oder aus einer größeren Effizienz beim Nutzen begrenzter Ressourcen ergeben. Zubrows Studie schließt solche Gewalt nicht aus. Aber sie zeigt, daß entgegen der ersten Vermutung, eine rasche Verdrängung einer Bevölkerung auch ohne sie eintreten kann.

6.1 Die Halle der Stiere in der Höhle von Lascaux (Dordogne in Frankreich).

6

Symbolismus
und Darstellungen

Es ist nicht einfach, aus Elfenbein eine Perle herzustellen, besonders dann, wenn man dafür nur die einfachsten Stein- und Knochenwerkzeuge zur Verfügung hat. Das Schneiden, Schleifen, Durchbohren und Polieren, das dazugehört, nimmt Zeit in Anspruch und erfordert viel Geschick. Ein geübter Arbeiter kann vielleicht fünf Perlen pro Tag herstellen, von denen jede einen Durchmesser von etwas weniger als einem Zentimeter hat. »Perlen müssen jemandem sehr wichtig sein, wenn er bereit ist, soviel Arbeit auf sie zu verwenden«, bemerkt Randall White, ein Archäologe von der Universität New York.

In Whites Büro dicht neben dem Washington Square lehnen elfenbeinerne Stoßzähne gegen die Wand, Rohmaterial für experimentelle Untersuchungen der prähistorischen Perlenherstellung. Sorgfältig sind in den Schubladen dieses Labors prähistorische Elfenbeinperlen verwahrt, 35 000 Jahre alte Erzeugnisse von Menschenhand aus dem Aurignacien – Beweise dafür, daß sich die Technik schon damals mit Dingen befaßte, die über das rein Nützliche hinausgingen. »Zum ersten Mal bekommt man das starke Gefühl, daß hier ein menschlicher Geist wirkte«, meint White. »Es ist eine vernünftige Annahme, daß die Menschen des Aurignacien [die ersten modernen Menschen in Westeuropa] die Perlen als Körperschmuck benutzten, aber nicht einfach als triviale Verzierung, sondern als Teil eines strukturierten kulturellen Ausdrucks.«

Kulturanthropologen wissen, daß sogar technologisch primitive Völker ihren Körper verzieren – ob mit Stoff, Federn, Schalen, Bemalung, Tätowierung und Narben oder durch die Gestaltung ihrer Haartracht –, um ihre eigene Identität oder die ihrer Gruppe hervorzuheben. Natürlich florieren häufig Idiosynkrasien, aber hinter allem stehen doch die Regeln der Sozialstruktur, von denen etliche vielleicht die Überreste uralter Sitten sind, aber dennoch getreu befolgt werden. Wie Terrence Turner, ein Anthropologe an der Universität Chicago, bemerkt: »Die Oberfläche des Körpers ... wird die symbolische Bühne, auf der das Drama der Sozialisation abläuft, und Körperschmuck ... wird zur Sprache, durch die es sich ausdrückt. Die Verzierung und öffentliche Darstellung des Körpers, so bedeutungslos oder gar frivol sie auch erscheinen mag, ist für Kulturen äußerst bedeutsam.«

Das Material archäologischer Forschung sind die greifbaren materiellen Gegenstände, die uns die frühen Völker hinterließen. Körperschmuck in der Form von Dingen wie Perlen und Anhängern bedeutet daher fruchtbaren Boden für die archäologische Untersuchungen des wichtigen sozialen Ausdrucks von Identität und Zugehörigkeit. White brachte eine reiche Ernte von Belegen für das Auftreten von Körperschmuck in der westeuropäischen prähistorischen Überlieferung ein, das mit dem Erscheinen der modernen Menschen, den Trägern des Aurignacien, zusammenfiel. Er fand in der archäologischen Dokumentation des Aurignacien eine Explosion von Körperschmuck, der sowohl konzeptionell als auch symbolisch, technisch und logistisch komplex gewesen schien. Es gab keinen von primitiveren Formen symbolischen Ausdrucks ausgehenden allmählichen Wandel, keine stetige Entwicklung des Themas – statt dessen aber das plötzliche Auftauchen eines vollkommen menschlichen Verhaltens ohne vorherige Ankündigung (siehe hierzu Exkurs 6.1).

Kunst in einem menschlichen Zusammenhang

Wie wir noch später in diesem Kapitel sehen werden, gibt es über die Fragen, ob die vollentwickelten modernen Menschen tatsächlich plötzlich entstanden und was das für die Art und Weise der Entwicklung zum modernen Menschen bedeuten würde, unter den Anthropologen einige Meinungsverschiedenheiten. Dennoch, als die Menschen des Aurignacien damit begannen, Anhänger und Perlen (wahrscheinlich in Mustern auf die Bekleidung genäht und zu Arm- und Halsbändern gestaltet) als Körperschmuck zu benutzen, wurde das Kapitel der menschlichen Vorge-

150

schichte eröffnet, das als die Kunst der Eiszeit oder als die Kunst des Jungpaläolithikums bekannt ist. Vor 35 000 bis 10 000 Jahren schnitzten, ritzten und malten die Menschen Westeuropas (vor allem in Frankreich und Spanien) die verschiedenartigsten Bildwerke, manchmal in auffälligen Zusammenstellungen und oft an tiefgelegenen, nahezu unzugänglichen Orten. Die bemalten Höhlen von Lascaux (aus der französischen Provinz Perigord und von Altamira (aus Kantabrien in Nordspanien), die bekanntesten Beispiele dieser schönen Kunst, wurden von Menschen geschaffen, die vor weniger als 20 000 Jahren lebten (siehe hierzu Exkurs 6.2).

Die Anthropologin Margaret Conkey aus Berkeley sagt von diesen spektakulären Manifestationen der eiszeitlichen Kulturen: »Obgleich die 20 000 Jahre alte Kunst für den *Ursprung* des modernen Menschen nicht relevant ist, sagt sie uns doch etwas darüber, was es bedeutet, ein moderner Mensch *zu sein*.« Während dieser frühen Periode wurde die Kunst, gleichgültig wo moderne Menschen lebten – in Europa, Afrika, in Australien und vielleicht schon in den beiden Teilen Amerikas – ein Bestandteil menschlicher Lebensäußerung, ein Element des sozialen und kulturellen Zusammenhangs. »Ich vermute, daß sie etwas mit der Bewältigung sozialer Beziehungen zu tun hatte«, meint Conkey. »So sehen wir das Schaffen von Kunst und Darstellungen auch in modernen ethnographischen Zusammenhängen.«

Vorzüglich geschnitzte Pferde: winzige, nahezu perfekte Wiedergaben des „Pferdetums" in Elfenbein; kühne, farbige, auf Felswänden gemalte Bilder von Wisenten, Pferden und Mammuten, die den ehrfürchtigen Betrachter unbedeutend klein erscheinen lassen; eigenartige Kompositionen (ein Seehund, ein Lachs, eine Schlange, eine winzige Blume, einige Blätter und andere Zeichen) auf dem Geweih eines Rentiers, eine Vorliebe für Raubtierzähne als Anhänger, die rätselhafte Anordnung von Bildern innerhalb von Höhlen, mysteriöse Chimären: teils Mensch, teils Tier. Dies war die Kunst der Eiszeit, Darstellungen aus einer Kultur – oder richtiger, aus vielen Kulturen –, die längst vergangen sind. Bisher wurden mehr als 200 ausgeschmückte Höhlen in Europa entdeckt

6.2 Diese stilisierten menschlichen Figuren sind möglicherweise aneinander gefesselte Sklaven oder Stäbe tragende Krieger, die von rechts nach links marschieren. Die von Louis und Mary Leakey 1951 bei Kundusi in Tansania entdeckten Gemälde könnten 25 000 Jahre alt sein.

und über 10 000 verzierte Gegenstände (oft als tragbare Kunst bezeichnet). Solche Objekte waren häufig selbst Kunstgegenstände – ein modelliertes Tier oder ein mit Ritzzeichnungen versehenes Steintäfelchen (vielleicht rituell genutzt) – und manchmal sorgfältig dekorierte Gebrauchsgegenstände, wie Speerschuhe oder Kratzer zum Säubern von Tierhäuten.

Exkurs 6.1: Körperschmuck: Die Sprache der Perlen

Fundorte des Aurignacien, die Gegenstände aus homogenen Feuersteinknollen sowie Knochen- und Elfenbeinartefakte beherbergen, kennen wir aus Frankreich, Deutschland und Belgien. Die Menschen des Aurignacien lebten in kleinen umherschweifenden Lokalgruppen, die Rentiere, Mammute, Wildpferde, Wisente und Rotwild jagten. An diesen Fundorten fand man auch Perlen und Anhänger aus weichem Stein, Weichtierschalen, Zähnen, Geweih und Mammutelfenbein. Viele dieser Gegenstände waren durchlöchert, wahrscheinlich zum Befestigen als Anhänger oder zum Festnähen an der Kleidung.

Eine der Eigentümlichkeiten, wodurch sich die Fundorte des Jungpaläolithikums von denen des Mittelpaläolithikums unterscheiden, ist die Anwesenheit von Rohmaterial, das von über zehn oder gar hunderte Kilometer entfernten Quellen stammt. Solches Material, das von den Anwohnern hergebracht wurde, oder, was wahrscheinlicher ist, durch Tauschhandel hierher gelangte, ist vorwiegend Rohstoff für Körperschmuck. Diese exotischen Objekte besaßen eindeutig einen Wert in sozialem, wenn nicht gar in ökonomischem Sinn. Höchstwahrscheinlich kennzeichneten sie die Gruppenzugehörigkeit und vielleicht auch den persönlichen Status.

Die Vorstellung von Symbolismus ist sogar noch überzeugender, betrachtet man die aus Tierzähnen geformten Anhänger, die deren Träger offenbar mit ihrem Lebenserwerb, der Jagd, identifizierten. Die Zahnanhänger von den Fundstellen des Aurignacien im südwestlichen Frankreich stammen praktisch alle von Raubtieren, besonders von Füchsen. Wie die britischen Völkerkundler Marilyn und Andrew Strathern bei Studien der Gesellschaften Neu-Guineas bemerkten, ist persönlicher Schmuck selten gegenständliche Kunst. Wenn sich die Menschen mit den mächtigen Kräften ihres Kosmos – beispielsweise mit Vögeln – vereinigen wollen, tragen sie keine realistischen Masken, sondern Teile von Vögeln wie Knochen und Federn. Die als Metonymie bezeichnete Praktik, die Kraft des Ganzen durch einen Teil hervorzurufen, ist den Völkerkundlern wohlbekannt.

Aus Zähnen hergestellte Anhänger aus dem französischen Aurignacien bilden etwa ein Drittel aller Schmuckstücke. Der Rest besteht zum großen Teil aus arbeitsintensiv angefertigten Perlen und weiteren Anhängern. Randall White hat solche Gegenstände von drei großen Fundstätten des Aurignacien im Vézère-Tal in Südwestfrankreich untersucht – Abri Blanchard, Castanet und La Souquette. Er unterscheidet neun Anhängertypen, die zumindest fünf verschiedene Herstellungsverfahren repräsentieren: 1) Tierzähne, deren Wurzel durchlöchert ist; 2) runde oder ovale durchbohrte Perlen aus Knochen, Geweih oder Elfenbein; 3) längliche durchbohrte Perlen aus Elfenbein; 4) korbförmige durchbohrte Perlen aus Stein oder Elfenbein; 5) mit Ritzungen verzierte und durchbohrte Anhänger aus Knochen oder Elfenbein; 6) röhren- oder scheibenförmige durchbohrte Perlen aus Stein; 7) ganze, aber bearbeitete und zum Anhängen durchbohrte Tierknochen; 8) fossile oder elfenbeinerne Gegenstände, die an einem Ende von einer Kerbe zum Aufhängen umrundet sind; 9) intakte Schalen (fossil oder rezent) von Meerestieren, die zum Anhängen durchbohrt sind.

Mammute waren im französischen Aurignacien selten wie überhaupt während eines großen Teiles des Jungpaläolithikums. In den drei betreffenden Höhlen fand man keine Knochen von diesen Tieren. White vermutet, das Vézère-Tal könnte ein Handelszentrum gewesen sein, über das Schalen von Meerestieren ostwärts in das heutige Deutschland gelangten, während das Elfenbein den umgekehrten Weg nahm. Die Perlenherstellung begann an diesen drei Fundstätten mit kleinen Elfenbeinstäbchen, die niemals länger als zehn Zentimeter und 0,45 bis 1,4 Zentimeter stark waren. Diese Stäbchen, die aus der weicheren Außenschicht des Mammutstoßzahnes herausgeschnitten wurden, müssen an ihrem Ursprungsort produziert worden sein, weil an den Fundorten im Vézère-Tal keine vollständigen Stoßzähne auftauchen.

Das erste Stadium der Herstellung war die Zerteilung der Elfenbeinstäbchen, die in eine zylindrische Form geschnitzt worden waren, und zwar durch Einkerbungen im Abstand von ein oder zwei Zentimetern um den ganzen Umfang des Stäbchens herum. Dann wurden kleine Stücke vom Stäbchen abgebrochen, die den Grundkörper der Perlen bildeten. Von ihnen fand man Hunderte an den Fundorten des Aurignacien. Anschließend entfernte man geschichtete Lagen von Elfenbein, so daß das eine Ende der Grundform dünner wurde als das andere. Dieser grobgeformte Rohling ähnelt ein wenig bestimmten Tierzähnen, besonders den abgekauten Eckzähnen von Rotwild und Rentieren. White verweist darauf, daß vieles in der Kunst des Aurignacien natürliche Formen nachahmt, was vermutlich kein Zufall ist. Der obere Abschnitt der Perle, der in diesem Stadium etwa 0,2 Zentimeter stark ist, wurde an der Verbindungsstelle zum dickeren Teil mit einem spitzen Steininstrument irgendwie durchbohrt. Nachfolgendes Schleifen und Polieren

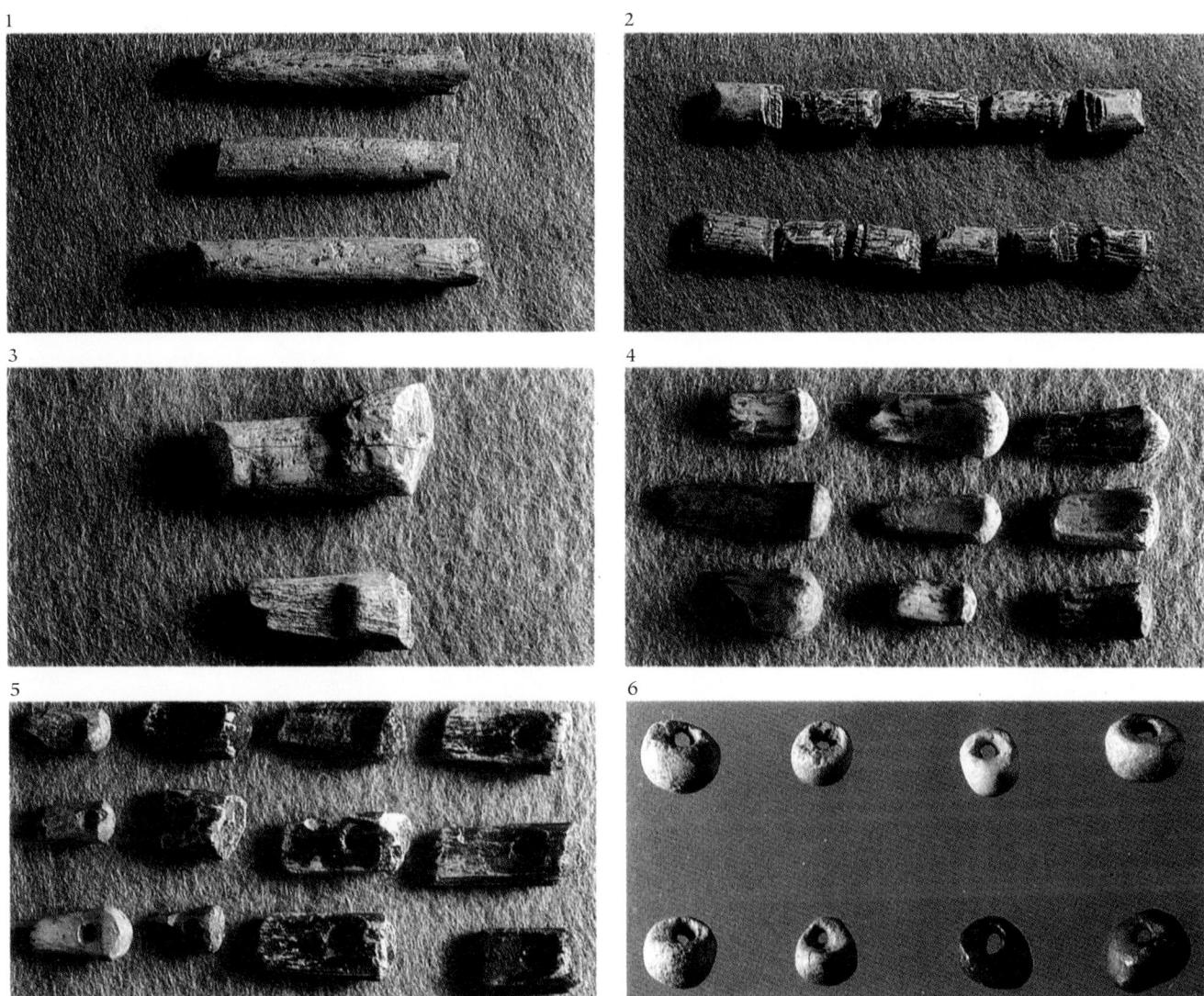

E.6.1.1 Perlenherstellung im Aurignacien in Südwest-Frankreich. Ein Elfenbeinstäbchen (1) wird eingekerbt, um „Rohlinge" für einzelne Perlen (2) zu erhalten. Die Rohlinge werden so gestaltet, daß ein dickes und ein dünnes Ende entsteht und sie somit birnenförmig werden (3 und 4). Der Rohling wird durchbohrt (5) und dann geschliffen und poliert (6).

verringerte die Masse der Perle auf die Hälfte. Vieles von der Substanz ist nun verschwunden. Der Eindruck entsteht, das Loch sei ganz präzise an der richtigen Stelle gebohrt worden.

Der Zweck der Perlen ist weitgehend ein Gegenstand der Spekulation. Die Analogie mit westlichen Gesellschaften stützt die Hypothese, sie gehörten zu Hals- oder Armbändern, obgleich sich dies nicht eindeutig beweisen läßt. Gelegentlich wurden Paare von Perlen gefunden, was auf eine Funktion als Ohrring oder -stöpsel hinweisen könnte. Obgleich Entdeckungen aus dem späteren Jungpaläolithikum zeigen, daß Perlen in verschwenderischer Fülle als Muster auf die Bekleidung genäht wurden, gibt es für das Aurignacien keinen direkten derartigen Beweis.

Kunst um der Kunst willen?

Altamira war die erste ausgeschmückte Höhle, die entdeckt wurde, und zwar 1868. Aber es dauerte mehr als drei Jahrzehnte, bis die Archäologen die großartigen Gemälde als Erzeugnisse einer weit zurückliegenden Zeit akzeptierten. Sogar dann hielt man sie nur für die einfachen Produkte einfältiger Gemüter. Kürzlich belebte John Halverson von der Universität von Kalifornien in Santa Cruz diese Hypothese aufs neue. »Künstlerische Ausdrucksweise war eine neuentdeckte Fähigkeit, ein sowohl intellektuelles als auch motorisches Geschick, die man um ihrer selbst willen immer wieder ausübte«, meinte er. »Es ist absurd zu vermuten, daß menschliches Bewußtsein in vollentwickelter Form, so wie wir es kennen, zufällig gleichzeitig mit dem Gehirn des modernen *Homo sapiens sapiens* erschien.«

Pferde, Wisente und andere Tiere wurden als Einzelindividuen oder in Gruppen dargestellt, aber nur selten in einer annähernd naturalistischen Szene. Die Darstellungen sind präzise, jedoch aus ihrem Zusammenhang gelöst. Für Halverson heißt dies, daß die eiszeitlichen Künstler einfach Bruchstücke ihrer Umwelt malten oder schnitzten, ohne jede mythologische Bedeutung. Die Künstler waren wie Automaten, die Bilder »nicht von bewußter Wiedergabe gelenkt« hervorbrachten, behauptet Halverson. Die Bilder sind einfach, beschreiben keinen Vorgang und zeigen »nichts, was man mit begründeter Gewißheit religiösen Motiven zuschreiben könnte.« Menschliches Bewußtsein, wie wir es erfahren, mußte sich damals erst noch herausbilden, meint er. »In diesem frühen Stadium geistiger Entwicklung mögen Wahrnehmen und Begreifen noch nicht voneinander getrennt gewesen sein.«

In seiner mit Nachdruck vorgebrachten Meinung scheint Halverson die Mensch-Tier-Chimären zu ignorieren, die roten und schwarzen Bilder von Pferden inmitten unrealistischer Kaskaden von Punkten, die geometrischen Zeichen unbekannter Bedeutung oder Absicht und viele andere Beispiele, die nicht der Beschreibung von darstellender Kunst entsprechen. Darüber hinaus fragt man sich, warum

6.3 Die 1879 entdeckte Höhle von Altamira in Kantabrien in Nordspanien wurde bis 1902 nicht als tatsächlich prähistorisch anerkannt. Zusammen mit Lascaux in Frankreich gehört Altamira mit seinen Wisentdarstellungen an einer niedrigen Decke zu den schönsten Beispielen der jungpaläolithischen bemalten Höhlen.

die damaligen Menschen Pferde und Wisente in ihren Köpfen hatten (das heißt auf den Bildern), wenn ihnen Rentiere und Schneehühner im Magen lagen? Die Vorstellung, diese Bilder seien »nicht von bewußter Wiedergabe gelenkt«, ist kaum nachzuvollziehen. Irgendeine Form von Auswahl und Vorstellungsvermögen war offensichtlich beteiligt.

Weiterhin, wie kann ein Betrachter von Darstellungen einer fernen (und nun entschwundenen) Kultur wissen, ob eine religiöse Motivation beteiligt war oder nicht? Das Bild von einem Schäfer mit einem Lamm ist für einen Christen von reicher symbolischer Bedeutung und beschwört viele religiöse Aspekte. Man zeige das gleiche Bild einem Yanomami-Indianer, und es bedeutet ihm nichts als die einfache Darstellung eines Mannes und eines Tieres. Religiöse und mythologische Symbole sind kryptisch. Sie sprechen Bände für Angehörige der betreffenden Kultur, aber für einen Außenseiter mögen sie nur rätselhafte fremdartige Bilder oder anscheinend zusammenhanglose, alltägliche Gegenstände sein. Robert Layton, ein Anthropologe an der Universität Durham in England, ist sehr davon überzeugt, daß die künstlerischen Darstellungen aus dem Jungpaläolithikum für die damaligen Menschen von tiefer Bedeutung waren und einen mythologischen Sinn hatten.

»Es ist schwer zu verstehen, wie ein so straff organisierter Ausdruck der Bilder, den wir in dieser Kunst erkennen, ohne irgendeinen mythologischen Hintergrund möglich wäre«, sagt er. »Leider aber werden wir wahrscheinlich niemals wissen, wie dieser aussah.« Der Wunsch, den Ursprung unserer eigenen Mythen und derjenigen anderer Völker zu erkennen und zu verstehen, ist äußerst stark, sagt Layton. Aber bei der indirekten Ausdrucksweise und der Wichtigkeit verdeckter Symbole (vollständig oder teilweise), die das Erzählen einer jeden Mythe ausmacht, sind die Chancen für einen Außenstehenden gering, auch nur einen Schimmer des Verstehens zu erhaschen. »Würden Sie einen Menschen aus dem Jungpaläolithikum treffen und ihn bitten, die in den Gemälden dargestellten Mythen zu erklären, dann würde es vermutlich damit enden, daß sie ihn an seinem Pelzrevers packen, ihn vor lauter Enttäuschung anbrüllen und wissen wollen, was er nun wirklich mit seiner unverständlichen, bizarren Geschichte meint, die er Ihnen gerade erzählt hat«, sagt Layton.

Die kognitive Fähigkeit, Bildwerke zu schaffen, verleiht dem Menschen die Möglichkeit, Dinge in einer Weise zu handhaben, die jenseits der Sprache liegt.

6.4 Die Kunst der australischen Aborigines wurde vorrangig in einem rituellen Zusammenhang geschaffen, oft in Beziehung zur Welt der Geister. Das hier abgebildete Beispiel aus Nourlangie im Nordterritorium zeigt einen sechsfingerigen Geist.

Darstellungen, die zu Symbolen werden, bewegen sich in einem Kraftfeld. Für viele der San-Leute in Südafrika ist die Elenantilope ein Symbol für Kraft – lebend, aber verstärkt, wenn sie von Schamanen in einer Darstellung abgebildet wird. Wie wir später noch genauer sehen werden, haben Abbildungen der Elenantilope für die San die Funktion eines Wegweisers in andere Welten. Die Menschen des Jungpaläolithikums vergegenständlichten kein einzelnes Tier, so wie die San die Elenantilope. Dafür beherrschten Pferde und Wisente ihre Kunst. Waren diese Tiere mit den Kräften der übernatürlichen Welten verknüpft, so wie die Elenantilopen bei den San?

Breuils Jagdzauber und Leroi-Gourhans Strukturalismus

Anthropologen haben sich fast bis zur Besessenheit mit der Bedeutung von Kunst im Jungpaläolithikum beschäftigt. So verführerisch sie ist, so beredsam und stumm ist sie auch. Die erste bedeutende Interpretation der eiszeitlichen Darstellungen, die über die Deutung „Kunst um der Kunst willen" hinausging, war, daß sie eine Art Jagdzauber, ein mystisches System, das den Erfolg bei der Nahrungssuche sichern sollte, darstellte. Diese Idee war um die Jahrhundertwende durch die Entdeckung von Völkerkundlern angeregt worden, daß viele Gemälde der australischen Aborigines Teil magischer und totemistischer Rituale sind. Das gleiche könnte auch für die Kunst des Jungpaläolithikums gelten, äußerte Salomon Reinach 1903. Beide Völker lebten in einer Wildbeutergesellschaft, bemerkte er. Beide schufen Bilder, auf denen einige Tierarten im Vergleich zur tatsächlichen Umwelt überrepräsentiert sind. Deshalb meinte Reinach, die jungpaläolithischen Men-schen malten ihre Bilder, um die Vermehrung der Totem- und Beutetiere zu sichern, genauso wie man es von den Australiern kannte. Die Anthropologen nennen dies eine ethnographische Analogie, eine nützliche, aber keineswegs narrensichere Betrachtungsweise.

Der berühmteste Name, der sich mit der Idee über den Jagdzauber verband, war Abbé Henri Breuil, der fest von Reinachs Ansichten überzeugt war und dessen intellektueller Ruf ihnen großes Gewicht verlieh. In einer herausragenden Karriere, die im ersten Jahrzehnt des Jahrhunderts begann und fast sechzig Jahre währte, beschrieb, kartierte, kopierte und zählte Breuil Bildwerke aus den Höhlen ganz Europas. Er entwarf auch eine Chronologie der Entwicklung der Kunst im Jungpaläolithikum. Die ganzen Jahre über beherrschte die Vorstellung von paläolithischer Kunst als Jagdzauber das anthropologische Paradigma.

Aber das Bild von Jägern, die sich an einem dunklen und ganz besonderen Ort versammelten, um hier die

6.5 Abbé Henri Breuil (vorne, nach rechts zeigend), der die Erkundung der bemalten Höhlen begann, hier in der Höhle von Lascaux kurz nach ihrer Entdeckung 1940.

Geister für den Jagdzug am folgenden Tag zur Hilfe zu rufen, ist eine recht einfältige Karikatur von der Welt der Wildbeuter. Soweit man das nach genauerer Beschäftigung mit der Lebensweise von Wildbeutern beurteilen kann, leben sie in einer Welt reich an Bedeutungen, animistischen Kräften und mythischen Erklärungen – von denen Kunst nur ein Element unter den vielen ist, mit deren Hilfe sie sich einer komplizierten Umwelt stellen. Jagdzauber, rein und schlicht, ist daher sehr wahrscheinlich eine unvollständige Charakterisierung paläolithischer Kunst.

Als Abbé Breuil 1961 starb, war bereits ein Sinneswandel im Gange, der letztlich die allumfassende frühere Hypothese erledigte. Der französische Archäologe André Leroi-Gourhan hatte seine eigenen Untersuchungen der Kunst mit der Erwartung begonnen, ein »kulturelles Chaos« zu finden, »unordentlich über die Wände verteilte Arbeiten von aufeinanderfolgenden Jägergenerationen«. Aus der Jagdzauber-Hypothese ergab sich, daß die Darstellungen planlos in den Höhlen verteilt sein müßten, und Breuil hatte auch keine Ordnung gefunden. Leroi-Gourhan entdeckte jedoch, daß die Bilder nicht zufällig verteilt waren. »Tatsächlich ist Folgerichtigkeit eine der ersten Tatsachen, die dem Erforscher der paläolithischen Kunst auffällt«, sagte er. »In ihren Gemälden, Ritzzeichnungen und Skulpturen auf Felswänden oder aus Elfenbein, Rentiergeweihen, Knochen und Stein und in den verschiedensten Stilen stellen die paläolithischen Künstler immer wieder den gleichen Tierbestand in vergleichbaren Haltungen dar. Hat er diese Einheitlichkeit einmal erkannt, bleibt dem Forscher nur übrig, nach Wegen zu suchen, die zeitlichen und räumlichen Untergliederungen dieser Kunst systematisch anzuordnen.« Aber was bedeutet diese Ordnung?

Die Tatsache, daß die Höhlenmalereien oft Tiere darstellten, die den Malern nicht als Nahrung dienten, war ein offensichtliches Problem für die Jagdzauber-Hypothese. In vielen Fällen zeigten Tierknochenfunde an Wohnplätzen, daß Rentiere ein wichtiges Nahrungsmittel waren. Doch Rentierdarstellungen sind selten. Das Umgekehrte gilt für Pferde und Wisente. Wie Claude Lévi-Strauss einmal zur Kunst

der San und der australischen Aborigines bemerkte, werden gewisse Tiere nicht deshalb abgebildet, weil sie „gut zu essen" sind, sondern „gut zu denken". Leroi-Gourhan stellte sich die Aufgabe herauszufinden, woran die Menschen gedacht haben, wenn sie ihre Höhlen schmückten. Seine Antwort lautete, an die Trennung in männlich und weiblich.

In Leroi-Gourhans Schema bedeutete die Abbildung von Pferden Männlichkeit und die von Wisenten Weiblichkeit. Hirsch und Steinbock waren ebenfalls männlich, Mammut und Auerochse hingegen weiblich. Seine Theorie ging über die Assoziation zu den Geschlechtern hinaus. Sie umfaßte auch Vorstellungen über die Verteilung dieser Symbole in jeder Höhle. Beispielsweise sind Hirsche in der Nähe des Eingangs häufig, aber in den Hauptkammern selten, wo wiederum Pferd, Wisent und Auerochse dominieren. Raubtiere, die überall selten sind, erscheinen meist tief im Inneren des Höhlensystems. In irgendeiner Weise, meinte Leroi-Gourhan, reflektiert die Struktur, die er in den Höhlen erkannte, eine Struktur, die den jungpaläolithischen Menschen wichtig war – vielleicht die Organisationsform ihrer Gesellschaft oder wie sie die Welt um sich herum wahrnahmen.

Annette Laming-Emperaire, eine andere französische Archäologin, stimmte mit Leroi-Gourhan darin überein, daß es eine Ordnung in den Höhlen gibt und der Dualismus von männlich-weiblich ein Teil davon ist. Unglücklicherweise hatten beide Prähistoriker unterschiedliche Ansichten darüber, welche Tiere das Männliche und welche das Weibliche repräsentieren – Meinungsverschiedenheiten, die »den Kritikern dieser neuen Anschauung der paläolithischen Kunst eine Trumpfkarte zuteilten«, sagte Laming-Emperaire. Gegen Ende ihres Lebens begann Laming-Emperaire den Gedanken zu entwickeln, daß in einigen der geschmückten Höhlen Schöpfungsmythen dargestellt sind, in Bildern erzählte Geschichten. Aber sie starb 1977, bevor sie diese Idee weiter ausführen konnte.

Als Leroi-Gourhan 1986 starb, erfuhr sein herrschendes Paradigma von einer allumfassenden Struktur

6.6 Die sogenannten chinesischen Pferde in der Axialgallerie von Lascaux gehören zu den am schönsten gestalteten Bildern der Kunst des Jungpaläolithikums.

das gleiche Schicksal wie das von Breuil: Es wurde verworfen. »Die Archäologen begannen die Vielfalt der Kunst zu beachten und wandten sich von den monolithischen Erklärungen ab«, erklärt Margaret Conkey. »Es begann eine Konzentration auf die Vielfalt der Bedeutungen und ein Interesse am Zusammenhang, in dem die Kunst stand.«

Vielfältige Deutungen

Der Tod Leroi-Gourhans beendete die zweite große Ära des Studiums der paläolithischen Kunst. Seitdem hat sich keine Einzelperson erhoben, um das Feld zu beherrschen. Dies reflektiert das neu aufgetauchte Thema der Vielfalt. Beispielsweise bestätigt Denis Vialou vom Institut für Paläontologie des Menschen in Paris, daß es eine Ordnung in der Verteilung der Bilder innerhalb der Höhlen gibt, aber eben nicht die globale Ordnung, von der Leroi-Gourhan sprach. »Jede Höhle sollte als gesonderter Ausdruck angesehen werden«, sagt Vialou. Indessen vergleicht Henri Delporte vom Musée des Antiquités Nationales in

der Nähe von Paris die Wandgemälde mit der tragbaren Kunst und sucht dabei nach unterschiedlichen Mustern. Conkey betont den sozialen Rahmen der Bilderherstellung. Randall White analysiert die Technologie, die hinter den Bildern steht, ebenso die französischen Archäologen Jean Clottes und Michel Lorblanchet, und so weiter.

Indem sie auf die unvermeidlich verzerrende heutige Perspektive verweist, mit der wir die Kunst der Eiszeit betrachten, sagt Conkey: »Vielleicht haben wir dadurch, daß wir den Darstellungen des Jungpaläolithikums das Etikett „Kunst" anhefteten, gewisse Untersuchungsrichtungen ausgeschlossen; denn dies setzt ein gewisses ästhetisches Element voraus und bedeutet eine Bewertung der damaligen Aktivitäten aus der Perspektive der heutigen westlichen Welt.« Tatsächlich bezeichnete Leroi-Gourhan einmal die großen bemalten Höhlen der mittleren Eiszeit als »Ursprünge der westlichen Kunst« – eine offensichtlich falsche Einschätzung, zum Teil deshalb, weil diese Form der Darstellung vor etwa 10 000 Jahren ein Ende fand, aber auch, weil einige der Techniken, die man an den eiszeitlichen Bildern erkennt (wie die

Perspektive) in der Renaissance erst neu erfunden werden mußten. In einem Versuch diese Vorurteile zu überwinden, schlägt Conkey vor: »Statt zu fragen, was die Bilder *bedeuten*, sollten wir lieber danach suchen, was sie bedeutungsvoll macht.« – ein kleiner, aber, wie sie behauptet, wichtiger Unterschied.

Der Begriff „Kunst der Eiszeit" wurde oft so ausgelegt, als unterstelle er eine einheitliche Darstellungsweise. Das ist einfach falsch. Damals gab es sowohl räumlich als auch zeitlich außerordentlich verschiedene Kunst. Im vorhergehenden Kapitel wurden die vier kulturellen Perioden der Eiszeit beschrieben – das Aurignacien, das Gravettien, das Solutréen und das Magdalénien. Gewöhnlich werden sie durch Veränderungen in materieller Technologie gegeneinander abgegrenzt. Es gab aber auch einen Wandel bei den Darstellungsweisen, sowohl im Akzent als auch in den Ausdrucksmitteln.

Wie zu Beginn dieses Kapitels erwähnt, ist das erste Zeitalter des Jungpaläolithikums, das Aurignacien, durch sein plötzliches Auftreten einer Vielfalt von Körperschmuck sowie geschnitzten und eingeritzten Objekten bemerkenswert, während Höhlenmalereien praktisch fehlen. Erst im Magdalénien (vor 18 000 bis 10 000 Jahren) gewann Höhlenmalerei wirklich an Bedeutung. Tatsächlich kommen 88 Prozent aller eiszeitlichen Darstellungen aus der späten Periode von Lascaux und Altamira. Dies führte dazu, daß einige Forscher die Vorstellung von einer Explosion künstlerischer Ausdrucksmöglichkeiten zu Beginn des Jungpaläolithikums in Frage stellten, eine Vorstellung, auf die wir noch zurückkommen werden.

In den Diskussionen über das Jungpaläolithikum wird oft die Musik vergessen, denn wir sind vor allem von den großartigen Gemälden gefesselt. Vom Aurignacien bis zum Magdalénien fertigten die Menschen des Jungpaläolithikums Flöten aus Vogel-, Rentier- und Bärenknochen, vermutlich auch noch andere Instrumente. Musik ist beim Herstellen und Nutzen der Bilder der San und der australischen Aborigines wesentlich beteiligt. Vielleicht galt das auch für die jungpaläolithischen Wildbeuter Europas. Allmählich könnte sich ein Bild von den Menschen

6.7 Aus Knochen geschnitzte Flöten entdeckte man an Fundorten des frühesten Jungpaläolithikums. Das hier abgebildete Exemplar wurde aus einem Vogelknochen hergestellt und ist 25 000 Jahre alt.

im Jungpaläolithikum entwickeln, das sie als geschickte Jäger und Sammler mit einer reichen Mythologie zeigt, die durch Tauschgeschäfte und Handel in ausgedehnte soziale und politische Verbindungen eingebunden waren.

Sammelpunkte

Margaret Conkey meinte, die Höhle von Altamira könnte vielleicht ein Ort des Zusammenschlusses gewesen sein, ein Zentrum, an dem sich im Herbst die benachbarten Lokalgruppen (*bands*) zusammenfanden. Der Grund hierfür war vielleicht sozialer, politischer und auch ökonomischer Natur – genau wie bei den Jägern und Sammlern in historischer Zeit. Beispielsweise verbringen die !Kung San der Kalahari in Südafrika einen großen Teil des Jahres als Angehörige kleiner, umherschweifender Lokalgruppen, die aus etwa 25 Personen bestehen, ein Zusammenschluß von Kernfamilien. Während der Trockenzeit treffen sich einige Lokalgruppen an permanenten Wasserstellen, so daß über 100 Individuen relativ nahe beieinander leben. Obgleich diese Vereinigung mit einer ökonomischen Notwendigkeit begründet wird – sicherer Zugang zu Wasser –, sind die sozialen Wechselbeziehungen der Gruppen untereinander intensiv; Heiraten werden arrangiert und vollzogen, politische Allianzen werden gefestigt und modifiziert.

Die G/wi San, Nachbarn der !Kung, die sogar in einem ökologisch noch ungünstigeren Gebiet leben, verbringen ebenfalls einen großen Teil des Jahres in kleinen, beweglichen Lokalgruppen, die sich gelegentlich aus angeblich ökonomischen Gründen zu größeren Verbänden vereinigen. Dies geschieht während der Regenzeit, wenn sich temporäre Wasserstellen bilden. Aber die wichtigsten Konsequenzen sind wiederum intensivierte soziale und politische Beziehungen. Diese Muster wiederholen sich bei allen Völkern mit schweifender Lebensweise. Gleiches mag für die Wildbeuter des Jungpaläolithikums gegolten haben. Conkey meint, die Anordnung der Bilder von Wisenten und anderen Tieren an der bemalten Höhlendecke von Altamira könnte die aktiven sozialen Wechselbeziehungen zwischen den verschiedenen Lokalgruppen reflektieren, weit verteilt, doch verbündet. Nahezu zwei Dutzend vielfarbiger Bilder von Wisenten, die im wesentlichen peripher angeordnet sind, bilden die Hauptstruktur der bemalten Decke. Conkey denkt, sie könnten die verschiedenen Lokalgruppen repräsentieren, die sich an diesem Ort versammelten. Daneben findet man noch weitere Bilder, unter anderem zwei Pferde, einen Wolf, drei Bären und drei Hirschkühe.

Die archäologischen Hinweise, wodurch die Spekulation ausgelöst wurde, Altamira sei ein Zentrum gewesen, bestehen vor allem aus geschnitzten Gegenständen. In Kantabrien wurden aus dem Magdalénien viele unterschiedliche Designs auf Elfenbein- und Steinobjekten gefunden. Zickzacklinien, halbmondförmige Strukturen, miteinander verschlungene Kurven und anderes. Unter diesen vielen Design-Elementen wurden 15 Grundformen identifiziert, von denen eine jede geographisch nahezu beschränkt ist, was auf lokale Stilrichtungen hindeutet. Bei Altamira finden sich jedoch viele dieser Lokalstile nebeneinander. Natürlich könnten die verschiedenen Gruppen diese Gegenstände völlig unabhängig voneinander nach Altamira gebracht haben, aber die Vorstellung, daß sie sich hier trafen, ist plausibel. Das gehäufte Vorkommen von Rotwild im Herbst und Napfschnecken könnten der scheinbare Grund, jedoch soziale Wechselbeziehungen die eigentliche Absicht gewesen sein.

Bisher wurden noch keine archäologischen Hinweise gefunden, die nahelegten, daß auch Lascaux ein großes Aggregationszentrum war. Darüber hinaus gibt es auch keine erkennbaren ökologischen Gründe dafür, dort zu einer bestimmten Jahreszeit zusammenzutreffen (beispielsweise, wenn in diesem Gebiet ein Überfluß an Wild und Fischen herrscht). Dennoch könnte die besondere Konfiguration der Bilder in der Höhle genügend Gründe liefern zu vermuten, daß es sich auch hier um einen Ort periodischer Zusammenkünfte handelt. Für die australischen Aborigines hatten landschaftliche Orientierungspunkte wie Berge und Höhlen oft soziale Bedeutung, nicht aus ökologischen Gründen, sondern weil sie mit mythischen Ereignissen verbunden wurden, die in Beziehung zu den Aktivitäten von Ahnengeistern standen.

Bei der Erforschung vieler Fundorte in Nordspanien erkannte Robert Layton Muster einer nicht zufälligen Verteilung. Er schlußfolgerte, jede der größeren Stätten, einschließlich Altamira, scheint im Zentrum von verstreut gelegenen kleineren Fundplätzen zu liegen. »Die vielfältigeren Fundorte scheinen Brennpunkte irgendwelcher Art darzustellen«, meint er. Nach seiner Berechnung hat jede der großen bemalten Höhlen eine „Einflußsphäre" mit einem Durchmesser von etwa 30 Kilometern – vielleicht ein räumliches Muster politischer Macht, die optimale Entfernung, über die sich Bündnisse leicht aufrechterhalten ließen. Bei den französischen Höhlen wurde eine solche Struktur bislang nicht gefunden.

Hinweise auf Schamanismus

Eines der großen Rätsel der Kunst des Jungpaläolithikums sind die eigenartigen geometrischen Muster – Gitter, punktierte Linien, ineinander verschlungene Kurven, Zickzacklinien, Rechtecke und andere, die man verteilt zwischen den realistischen Tierbildern findet. Diese „Zeichen", wie sie genannt werden, [1] sind eindeutig kein normaler Bestandteil der westlichen Kunst, im allgemeinen aber eine konstante Komponente der Kunst des Jungpaläolithikums. Abbé Breuil vermutete, daß diese geometrischen Muster Jagdutensilien, wie Fallen, Schlingen und sogar Waffen bedeuten. Dies paßte zu seiner Deutung von Kunst als Jagdzauber. Leroi-Gourhan schloß sie in seine Vorstellung vom strukturellen Dualismus dieser Kunst ein. Punkte und Striche waren männliche Zeichen, sagte er, während Ovale, Drei- und Vierecke die weibliche Natur repräsentierten.

Kürzlich meinte ein südafrikanischer Archäologe, David Lewis-Williams, beide Interpretationen seien falsch. Die Bilder entsprangen vielmehr einem men-

6.8 Geometrische Muster wie Gitter, Kreise und Punkte wurden früher als Darstellungen von Jagdausrüstungen, beispielsweise Fallen, gedeutet. Solche Bilder stimmen jedoch mit gewissen einfachen Halluzinationen überein, die in Trancezuständen erscheinen, und könnten auf den schamanistischen Charakter eines Teiles der jungpaläolithischen Kunst hindeuten. Dieses Beispiel stammt aus der Castillo-Höhle in Nordspanien.

talen Zustand der Halluzination, was ein sicheres Zeichen schamanistischer Kunst ist. Seine Behauptung beruht auf dem Studium der Kunst der südafrikanischen San und einem neuropsychologischen Modell, das für viele Darstellungen aus menschlicher Hand bei Wildbeutergesellschaften grundlegend sein könnte, einschließlich derjenigen des Jungpaläolithikums. Vorher hatten schon andere vermutet, daß die jungpaläolithische Kunst schamanistische Elemente enthält, aber das neuropsychologische Modell, das Lewis-Williams zusammen mit seinem Kollegen Thomas Dowson entwickelte, arbeitet diese Idee viel weiter aus. Es sollte angemerkt werden, daß dieses Modell unter Archäologen nicht unwidersprochen ist, obgleich seine Relevanz für die gegenwärtigen Diskussion insofern Beachtung fand, als daß man Lewis-Williams 1990 anläßlich des fünfzigsten Jah-

6.9 Dieses Beispiel der San-Kunst von Bamboo Hollow, Natal Drakensburg in Südafrika, wurde einstmals als eine Darstellung von „Jagdzauber" gedeutet. Heute hält man es für schamanistischen Ursprungs. Das Tier ist nicht das beabsichtige Opfer einer Jagd, sondern eine Art „Regentier". Die übrigen Gestalten sind keine Jäger, sondern Schamanen in Trance.

restages der Entdeckung von Lascaux zu einem Vortrag einlud.

Lewis-Williams begann seine Arbeit mit einem Versuch, die vorgeschichtliche Felskunst Südafrikas anhand der Apollo-11-Höhle in Namibia zu verstehen, deren Werke zum Teil auf 27000 Jahre datiert werden. Sie sind daher zehn Jahrtausende älter als Lascaux. Die afrikanische Kunst ist viel schematischer als die europäische und zeigt weit mehr Men-

schendarstellungen als die eiszeitliche Kunst Europas. Aber sie enthält die gleichen geometrischen Zeichen. Die Kunst der San ist der jüngste Teil dieses südafrikanischen Bildwerkbestands. Sie wurde lange Zeit grundsätzlich für erzählend und dekorativ, mit nur einem kleinen Anteil mythologischer Darstellungen, gehalten. Nach einigen Fehlstarts und Enttäuschungen suchte Lewis-Williams seine Inspiration in der Ethnographie, besonders in Berichten über die San der Kalahari. Die letzten Bilder wurden vor etwa 120 Jahren auf der Schwelle der Gegenwart gemalt.

Unter den Bildern der San nehmen, wie bereits erwähnt, die Elenantilopen einen besonderen Platz ein, wie es allgemein in großen Teilen Südafrikas der Fall war. Die Beschäftigung mit der Ethnographie der Kalahari und der anthropologischen Theorie führte zu der Erkenntnis, daß die Elenantilope ein Symbol mit vielen Bedeutungen war. Man fand es in allen möglichen Zusammenhängen, anläßlich der Pubertätsriten für Mädchen, der Erstlingsbeute bei Jungen, Hochzeiten, Regenzauber, Heilung – einfach überall. Aber es wurde offensichtlich, daß Darstellungen der Elenantilope am weitverbreitetsten in schamanistischen, im Gegensatz zu erzählenden und dekorativen, Zusammenhängen war. Die Schamanen, denen man besondere, für die Kontaktaufnahme mit der übernatürlichen Welt nötige Kräfte zuschrieb, spielten eine bedeutende Rolle in der Bewahrung der Mythologie einer Gesellschaft. Bei den San gehören hierzu willentlich herbeigeführte Trancezustände während ritualisierter Zeremonien, denen oft das Malen von Bildern folgte. Daher ist die Kunst der San vom Schamanismus beherrscht.

Während seiner Studien der San-Kunst lernte Lewis-Williams eine alte Frau kennen, die im Tsolo-Distrikt der südafrikanischen Provinz Transkei lebte. Sie war die Tochter eines Schamanen und behauptete, die heute vergessenen schamanistischen Rituale genau zu kennen. Sie erklärte, daß Schamanen sich willentlich durch verschiedene Techniken in Trance versetzen können, einschließlich Drogen und Hyperventilation, aber fast immer durch rhythmisches Singen, Tanzen und Klatschen von Frauengruppen. In tiefer Trance begannen die Schamanen zu zittern und ihre Arme und Rümpfe kräftig zu vibrieren. Manchmal beugten sie sich auch nach vorn, als empfänden sie Schmerzen, und mußten von Gehilfen gestützt werden. Sie „starben" und besuchten die Geisterwelt, die jenseits der sichtbaren liegt. Dabei halluzinierten sie. An Stirn und Hals einer Elenantilope konnten Schnitte gelegt und das Blut in Schnittwunden an Hals und Kehle einer Person, der es Kraft verleihen sollte, gerieben werden. Später malten die Schamanen ihre halluzinatorischen Erlebnisse, wobei sie oft einiges von dem Blut benutzten und damit einen Bericht von ihrem Kontakt mit der Geisterwelt in diesem speziellen Zusammenhang gaben. Die alte Frau erzählte Lewis-Williams, daß von den Bildern Kraft ausströmte, die dadurch aufgenommen werden konnte, daß man die Hand darauf legte.

Williams durchstöberte die wissenschaftliche Literatur nach experimentellen Untersuchungen der visuellen Erlebnisse während einer Halluzination. Er fand heraus, daß für dieses Thema im späten 19. und frühen 20. Jahrhundert zwar einiges Interesse bekundet wurde, aber daß eine systematische Erforschung erst in den frühen Vierzigern durch den deutschen Psychologen Heinrich Klüver begann. Er und ein halbes Dutzend Forscher, die sich diesen Untersuchungen später anschlossen, entdeckten, daß eine Testperson in verändertem Bewußtseinszustand eine ziemlich regelmäßige Folge visueller Erfahrungen durchlebt, keine zufälligen und anarchischen Empfindungen, wie man früher gedacht hatte. Die Forscher nutzten viele verschiedene Methoden, um den veränderten Bewußtseinszustand auszulösen, einschließlich elektrischer Stimulierung, flackerndem Licht, psychedelischer Drogen (trancewirksame Rauschmittel), Gehörentzug und Hyperventilation.

Die Forschungen zeigten, daß die Menschen im frühen Trancezustand sogenannte entoptische Phänomene „sehen" (entoptisch aus dem Griechischen bedeutet „im Augeninneren gelegen"). Diese entoptischen Bilder haben geometrische Formen – Gitter, parallele Linien, Zickzacklinien, Punkte, Spiralen, ineinandergewundene Kurvenserien und Filigranstrukturen. Im tieferen Trancezustand können diese geometrischen Bilder als etwas Reales erscheinen, abhängig vom Geisteszustand und kulturellen Hintergrund der Person. Wie ein Forscher es ausdrückte: »So kann dieselbe vieldeutige runde Form einer anfänglichen Sinnesempfindung zu einer Orange (falls die Testperson Hunger hat), einer Brust (wenn sie sich in einem Zustand gesteigerten Sexualtriebes befindet), zu einem Becher Wasser (falls sie durstig ist) oder zu einer Anarchistenbombe (falls sie feindlich gesinnt oder furchtsam ist) „illusioniert" werden.« Unter den San ist es üblich, ineinandergewundene Kurven als Honigwaben zu interpretieren, einen Gegenstand, der diesen Menschen sehr wichtig ist.

Nach den Laborberichten ist der Weg in noch tiefere Trance oft von dem Erlebnis eines Wirbels oder eines rotierenden Tunnels begleitet, der die Testperson dann zu umschließen scheint. Die äußere Welt wird immer mehr ausgeschlossen und die innere immer üppiger. Ikonische Bilder können an den Wänden des Wirbels erscheinen, oft auf einem Gitter von Quadraten. Häufig gibt es eine Mischung von bildhaften und geometrischen Formen. Erfahrene Schamanen können rasch in tiefe Ekstase versinken, wo sie die imaginären Bilder gemäß der Natur des von ihnen durchzuführenden Rituals handhaben. Sie halten ihre halluzinatorische Erfahrung jedoch für Visionen von einer Welt, die sie kurzzeitig besucht haben, und nicht für eine von ihnen selbst geschaffene Welt: eine übernatürliche Welt, die zu besuchen sie privilegiert sind.

In diesen tiefsten Trancezuständen können die Halluzinationen sehr bizarr sein. Menschliche und tierische Formen vereinigen sich und bilden so Chimären (oder Therianthrope, aus den griechischen Wurzeln für „Tier" und „menschliches Wesen"). Ein Experimentator aus früheren Jahren berichtete von der Umbildung eines menschlichen Kopfes in einen Katzenkopf. Ein anderer beschrieb seine Erfahrung auf folgende Weise: »Ich dachte, ich sei ein Fuchs, und augenblicklich wurde ich in dieses Tier verwandelt. Ich konnte mich deutlich selbst als Fuchs erleben, konnte meine langen Ohren sehen, und fühlte durch eine Art Introversion, daß meine gesamte Anatomie die eines Fuchses war.«

Aus diesen und anderen Einzelheiten der neuropsychologischen Literatur entwickelten Lewis-Williams und Dowson das, was sie ihr neurospychologisches Modell der drei Stadien nennen. Es entspricht den drei immer tiefer werdenden Trancestadien. Sollte die schamanistische Kunst letztlich den drei Niveaus der Halluzination entspringen, die das Modell beschreibt, müßte sie Bilder aus diesen Stadien enthalten. Beispielsweise sollte es eine gewisse Anzahl geometrischer Zeichen (entoptischer Bilder) geben, einige gegenständliche Bilder und einige Mensch-Tierchimären (Therianthrope). Genau das sehen wir in der als schamanistisch bekannten Kunst der San.

»Das neuropsychologische Modell bringt auch die jungpaläolithische Kunst in eine Reihenfolge und paßt hierzu genauso gut wie zur Kunst der San«, sagt Lewis-Williams. »Das „Zusammenpassen" ist keineswegs einfach. Tatsächlich ist es hochkomplex, und dies stärkt das Vertrauen in die Schlußfolgerung, daß es nicht einfach auf Zufall beruht.« Beispielsweise findet man alle sechs entoptischen Formen in der jungpaläolithischen Kunst, obgleich dies nicht für alle geometrischen Zeichen in den Höhlen gilt. Das Vorhandensein jener Bindeglieder zu veränderten Bewußtseinszuständen wurde jedoch als eine offensichtliche Bestätigung des ersten Stadiums, nämlich Halluzination, und der mit ihm verbundenen Bilder gewertet.

Das zweite Stadium, die Auslegung entoptischer Formen, erwies sich als schwieriger identifizierbar. Dennoch meinen Lewis-Williams und Dowson, daß die übertrieben geschwungenen Steinbockgehörne mit einem zickzackförmigen Außenrand aus der Höhle von Niaux in den Pyrenäen diesem Stadium entsprechen könnten. Vielleicht gilt das auch für die ähnlich übertriebenen Steinbockgehörne auf einer Steinlampe aus der Höhle La Mouthe in der Provinz Dordogne. Die südafrikanischen Forscher führen auch Gemälde und Ritzzeichnungen von Mammuts aus dem ebenfalls in der Dordogne liegenden Roufignac an, in denen die Stoßzähne verschiedener Tiere als ineinander verschlungene Kurven erscheinen. Lewis-Williams und Dowson geben zu, daß diese und andere Mutmaßungen nichts beweisen, aber sie »erwarten, daß ebenso überzeugende Beispiele wie die aus der San-Kunst ans Licht kommen werden«.

Das komplizierteste, dritte Stadium wird durch deutlichere Hinweise belegt. Von den Ergebnissen ihrer Suche nach Kombinationen ikonischer und geometrischer Bilder zitieren Lewis-Williams und Dowson die berühmten Pferde von Peche Merle, bei denen rote und schwarze Punkte in die schwarzen Umrisse dieser Tiere gemalt wurden. Durch die rätselhaften Bilder von Therianthropen gibt es hier deutliche Parallelen zwischen der jungpaläolithischen und der San-Kunst. Früher wurden solche Bilder oft als Jäger oder Schamanen gedeutet, die Masken tragen. Dies erklärt natürlich nicht die vielen Therianthrope mit behuften Füßen. Es gab sogar schon die Auffassung, die Therianthrope seien Produkte einer „primitiven Mentalität", die »noch keine deutliche Grenze zwischen Tier und Mensch kannte«.

Abgesehen von dieser letzten Deutung geben Lewis-Williams und Dowson zu, Schamanen könnten bei gewissen Ritualen tierischen Schmuck getragen haben. Sie betonen aber, daß die allgemeine Natur der therianthropen Bilder sehr gut mit dem dritten Stadium der Trance übereinstimmt. Dies gilt ganz überzeugend sowohl für Gemälde und Ritzzeichnungen im Jungpaläolithikum als auch für die Kunst der San.

Das Geheimnis der Chimären

Die Therianthropen bilden einen kleinen, aber markanten Anteil an den Bildern des Jungpaläolithikums. Das berühmteste Beispiel ist der sogenannte Zauberer in der Höhle Les Trois Frères in den französischen Pyrenäen. Tief unter der Erde beherrscht der Zauberer die enge Höhle. Denis Vialou vom Institut für Paläontologie des Menschen in Paris, der die Höhle bis ins Einzelne untersuchte, beschreibt das Bild folgendermaßen: »Der Körper ist unbestimmt, aber der irgendeines großen Tieres. Die Hinterbeine sind bis über die Knie hinaus menschlich. Der Schwanz stammt von irgendetwas Hundeartigem, einem Wolf oder einem Fuchs. Die Vorderbeine sind abnorm mit menschenähnlichen Händen. Das Gesicht ist das eines Vogels, sonderbar, mit einem Hirschgeweih.« Ungewöhnlich für ein Bild des Jungpaläolithikums ist, daß der Zauberer direkt von der Wand herabblickt; ein Frontalblick, der den Betrachter fixiert.

Unter dem Zauberer befinden sich einige tiefeingeritzte Tafelbilder, eine Orgie aus Tierfiguren ohne erkennbare Ordnung. In der Mitte von alldem eine weitere Tiermenschgestalt, wiederum mit den Beinen eines Menschen. Menschliche Hinterbeine bei Tieren sind in der Kunst des Jungpaläolithikums häufig, ebenso wie Hufe bei sonst menschlichen Figuren. Dieser Therianthrop steht aufrecht, mit Körper, Kopf

6.10 Der sogenannte Zauberer aus der Höhle Les Trois Frères in Frankreich ist ein Beispiel für eine Gestalt, die teils Mensch teils Tier ist, ein Therianthrop, der ein wichtiger Schlüssel zur Natur mancher jungpaläolithischen Kunstwerke sein könnte.

und Hörnern eines Wisents, aber mit einem irgendwie menschlichen Gesicht. Seine Vorderbeine sind ebenso eigentümlich wie die des Zauberers. Das Individuum trägt etwas, das ein Bogen oder ein Musikinstrument sein könnte. »Direkt vor diesem Bild ist ein Tier«, erklärt Vialou. »Es hat die Hinterfüße und das Hinterteil eines Rentieres und läßt sein weibliches Geschlecht deutlich erkennen. Es ist die einzige derartige Zurschaustellung in der Kunst des Jungpaläolithikums. Das Übrige des Körpers ist Wisent; der Kopf blickt über die Schulter auf das erstgenannte Individuum zurück. Irgend etwas Besonderes geht zwischen beiden vor, dessen bin ich mir sicher.«

Etwas Ähnliches kann man in Lascaux sehen. Das allererste Tier des Massenansturms in der Halle der Stiere ist ein Rätsel. Bekannt als das Einhorn – obgleich es zwei ganz gerade Hörner zeigt –, hat dieses Tier einen geschwollenen Leib auf dicken Gliedmaßen und den Kopf eines unbekannten Tieres. Auf dem Körper befinden sich sechs kreisförmige Zeichen und der teilweise Umriß eines Pferdes. Wenn wir nochmals den Kopf betrachten und ihn etwas von der Seite ansehen, verwandelt sich sein Profil in das eines bärtigen Mannes. Es ist ein eigenartiges Bild, von dem Lewis-Williams und Dowson glauben, daß es sehr gut zu den Therianthropen paßt, die während

der Halluzinationen im dritten Stadiums des Trancezustands gesehen werden.

Indem sie behaupten, die Kunst des Jungpaläolithikums stimme mit dem neuropsychologischen Modell der drei Stadien überein und sei daher schamanistischen Ursprungs, meinen die südafrikanischen Forscher keinesfalls, sie hätten die Bedeutung der Bilder erklärt. »Bedeutung ist immer kulturell gebunden«, sagen Lewis-Williams und Dowson. »Worauf wir hinweisen, sind die neurologischen Mechanismen, auf denen die schamanistische Kunst beruht, wo immer sie auftritt. Wie die Menschen

6.11 Diese rätselhafte Gestalt in der Halle der Stiere aus der Höhle von Lascaux wird oft als Einhorn bezeichnet, obgleich sie deutlich zwei Hörner trägt. Dieses teils menschliche, teils tierische Wesen ist ein Beispiel eines Therianthrops, der in der jungpaläolithischen Kunst gefunden wird und ein Hinweis auf das schamanistische Element in dieser Kunst sein könnte.

166

entoptische Bilder deuten und handhaben und welche Art ikonischer Bilder sie zeichnen, all dies wird vom jeweiligen kulturellen Zusammenhang beeinflußt.« Es ist wie bei der Arbeit mit einer Palette von Farben, mit der sich jedes gewünschte Bild malen läßt. Die Bedeutung der Bilder bleibt schwer faßbar, aber das Erkennen, daß es sich um schamanistische Kunst handelt – falls sie es wirklich ist –, bietet zumindest eine Grundlage, sie zu analysieren.

Sollte die jungpaläolithische Kunst wirklich schamanistisch sein, dann, meinen Lewis-Williams und Dowson, könnte sie einen Hinweis auf den Ursprung von Darstellungsformen geben – der Ahnung davon, daß zweidimensionale Linien dreidimensionale Gegenstände repräsentieren können. Prähistoriker und Psychologen haben über dies Problem jahrzehntelang nachgedacht und versucht, die mentalen Vorgänge zu identifizieren, die für diese Schlüsselinnovation nötig waren. Eine neuerdings wiederbelebte Idee ist, daß die Herstellung gegenständlicher Bilder in einem fortschreitenden Prozeß aus nicht gegenständlichen Zeichen heraus erfolgte, nämlich durch eine Reifung kognitiver Fähigkeiten und Einsichten. Die Vermutung, die Kunst sei schamanistisch, macht dies überflüssig.

Einige der Studien über Halluzinationen berichten, daß sowohl geometrische als auch ikonische Bilder oft auf Oberflächen erscheinen, als ob sie an die Wand oder die Decke projiziert wären. Ein Beobachter kommentierte sie als »Bilder, die gemalt werden, bevor sie erdacht sind«. In einem eher naturalistischen Zusammenhang erleben Schamanen ihre Halluzinationen oft, als befänden sich diese auf Felsoberflächen, die als Zwischenebene oder Durchgang von der realen Welt zur Welt der Geister angesehen werden. »Sie sehen die Bilder, als seien diese von den Geistern dorthin gesetzt worden, und wenn sie sie malen, sagen die Schamanen, dann berühren und markieren sie einfach das, was schon vorhanden ist«, erklärt Lewis Williams. »Die ersten Darstellungen waren deshalb keine gegenständlichen Bilder, wie wir sie verstehen. Sie waren fixierte geistige Abbildungen einer anderen Welt.«

Das Ausmaß des Wandels wird diskutiert

Zweifellos werden die Anthropologen weiterhin nach einer Bedeutung in der jungpaläolithischen Kunst suchen und sich um ein Verständnis der kulturellen Komplexität einer längst vergangenen Lebensweise bemühen. Diese war ganz klar das mentale Produkt moderner Menschen, doch unser Geist vermag sie noch nicht zu erfassen. Während die Suche nach einer Bedeutung weitergeht, werden die Beschreibungen einer allgemeinen Regelmäßigkeit in Frage gestellt – insbesondere die Behauptung, zu Beginn des Jungpaläolithikums habe es einen Boom künstlerischen und symbolischen Ausdrucks gegeben. Das Tempo des Erscheinens dieser Kunst – plötzlich oder allmählich – ist eng mit unseren Vorstellungen vom Ursprung der modernen Menschen verknüpft. Wenn, wie es die Anhänger der multiregionalen Evolution glauben, der moderne *Homo sapiens* sich allmählich aus dem archaischen *sapiens* heraus entwickelte, dann wäre zu erwarten, daß sich auch der modernmenschliche Geist nur allmählich auf künstlerische Weise ausdrückte. Sollte jedoch das „Jenseits-von-Afrika"-Modell richtig und die modernen Menschen aus einem abrupten Artbildungsprozeß hervorgegangen sein, dann könnten die künstlerischen Fähigkeiten ebenfalls abrupt entstanden sein. Als diese Menschen dann Europa erreichten, brachten sie ihre vollentwickelten künstlerischen Fähigkeiten mit. (Nur nebenbei, in Afrika gibt es vor dem Later Stone Age kaum Belege für einen künstlerischen oder symbolischen Ausdruck, außer vielleicht der Herstellung einiger Perlen aus Straußeneierschalen.)

Kürzlich untersuchten zwei Anthropologen von der Universität von Pennsylvania, Philip Chase und Harold Dibble, die Zeugnisse künstlerischen und symbolischen Ausdrucks im Mittel- und Jungpaläolithikum mit der Absicht, die Form des Übergangs zwischen beiden zu ermitteln. Ihre Schlußfolgerung war ganz eindeutig: »Der auffallendste Unterschied zwischen Mittel- und Jungpaläolithikum ist der Kontrast zwischen der reichen und hochentwickelten Kunst, die in letzterem Zeitabschnitt gefunden wird, und deren fast völligem Fehlen im ersteren.« Chase und Dibble erkennen an, daß die mittelpaläolithischen Menschen viel mehr füreinander sorgten, als es für andere Primatenarten typisch ist und wie es »das Überleben alter Individuen und von Menschen mit mäßig schweren körperlichen Behinderungen« beweist. Daneben »bezeugen die Hinweise auf Begräbnisse das Vorhandensein starker emotionaler Bindungen, so daß man sogar den verstorbenen Angehörigen der Gruppe eine Behandlung zukommen ließ, die wir bei nichtmenschlichen Primaten niemals finden«. Aber ein vollentwickelter Symbolismus oder ein Herstellen von Bildern ist nicht nachweisbar.

Es gibt einige Hinweise auf Bilderproduktion vor der Zeit des Jungpaläolithikums, aber es sind nur sehr wenige (siehe hierzu Exkurs 6.2). Beispielsweise das Fragment eines Knochens mit einem Zickzack-Motiv von der Fundstätte Bacho Kiro in Bulgarien, das etwas über 35 000 Jahre alt ist, sowie einen

geschnitzten Mammutzahn, der durch Abnutzung glattgeschliffen und mit rotem Ocker markiert ist, von der 50 000 Jahre alten Fundstätte bei Tata in Ungarn. Das älteste derartige Zeugnis ist eine Auerochsenrippe mit einer eingeritzten Serie von Doppelbögen vom französischen Fundort Peche de l'Azé, die etwa 300 000 Jahre alt ist. Ocker wurde an einigen urzeitlichen Wohnstätten gefunden, einschließlich des Lagerplatzes Terra Amata in Südfrankreich, der auf 250 000 Jahre vor unserer Zeit datiert wird. Dennoch, sagen Chase und Dibble, nichts von alldem gibt sich als Ausdruck von menschlichem Symbolismus zu erkennen. Es ist nur ein schwaches Aufglimmen. Außerdem bezeichnen sie viele der mutmaßlichen Elemente für einen Hinweis auf eine Neandertalermythologie, beispielsweise den Schädelkult, als das Ergebnis einer Überbewertung zweideutiger Beweise durch allzueifrige Forscher.

Der Schädelkult bezieht sich auf die vermutete Praxis des Kannibalismus (Anthropophagie), wobei das

6.12 Detail einer vermutlich 300 000 Jahre alten Auerochsenrippe von Peche de l'Azé in Frankreich, die eine Serie eingeritzter Bögen zeigt. Sollten die Bögen wirklich eingeritzt sein, wäre dieses Stück ein Kandidat für eine der ältesten bekannten Ritzzeichnungen.

Gehirn des Individuums entfernt und die Schädelkapsel zum rituellen Bestandteil wird. Das berühmteste Beispiel ist der Schädel Monte Circeo I aus der Grotta Guarttari in Italien. Von diesem 1939 entdeckten Neandertalerschädel wurde gesagt, er sei an seiner Basis aufgebrochen worden, um sein Gehirn zu entfernen, mit dem Schädeldach nach unten auf den Höhlenboden gelegt, mit einem Kranz von Steinen umgeben und in einem Ritual geehrt worden, bei dem man Hirschknochen um ihn herum legte. Diese und manche andere Entdeckung wurden als Beweis dafür angeführt, daß die Neandertaler eine hochentwickelte Mythologie und einen Sinn für das Abstrakte hatten. In jüngeren Untersuchungen haben mehrere Forscher unabhängig voneinander gezeigt, daß Monte Circeo nicht das war, was man ursprünglich angenommen hatte. Beispielsweise zeigten Tim White von der Universität von Kalifornien in Berkeley und Nicholas Toth von der Indiana-Universität, daß es keinerlei Hinweise darauf gibt, daß der Schädel absichtlich vom Rumpf getrennt und an seiner Basis aufgebrochen wurde. Solche Handlungen hinterlassen, wie wir von ethnographischen Beispielen wissen, charakteristische Schnittspuren an den Knochen, die aber bei Monte Circeo fehlen. Mary Stiner von der Universität von Neumexiko hat gezeigt, daß die Ansammlung von Hirschknochen in der Höhle dem entspricht, was sich charakteristischerweise in Hyänenhöhlen anhäuft. Giacomo Giacobini von der Universität Turin unterstützt Stiners Schlußfolgerung und behauptet, den Steinkreis – der in der Literatur oft „als Steinkrone" bezeichnet wird – habe es eher in den Augen der Betrachter als in der Wirklichkeit gegeben.

Sorgfältige Studien dieser Art sind für eine Einschätzung der kognitiven Fähigkeiten – insbesondere des Abstraktionsvermögens und des Symbolismus – der archaischen Menschen wichtig. Für Chase und Dibble unterstützen solche Studien den Schluß, die Herstellung von Abbildern und Symbolismus aus Menschenhand seien zusammen mit den modernen Menschen erschienen. Jedoch stimmt nicht jeder dieser Position zu. Beispielsweise widersprechen John Lindly und Geoffrey Clark von der Arizona State University ausdrücklich. »Wir sind besorgt, daß die

Schlüsse von Chase und Dibble von jenen Anthropologen, die dazu neigen, eine markante Diskontinuität zwischen dem Mittel- und Jungpaläolithikum zu sehen, als weiterer „Beweis" für einen wesentlichen Unterschied zwischen beiden Zeitabschnitten und daher für eine beträchtliche evolutionäre Distanz zwischen dem archaischen *Homo sapiens* und den morphologisch modernen Menschen gewertet werden«, sagen sie in einer Antwort. In ihrer Untersuchung der archäologischen Dokumentation finden Lindly und Clark keinen Beweis für das gemeinsame erste Erscheinen von Symbolismus und anatomisch modernen Menschen (das findet auch sonst niemand). Sie meinen, daß der Übergang vom Mittel- zum Jungpaläolithikum, jedenfalls was den künstlerischen Ausdruck betrifft, allmählich und nicht sprunghaft erfolgte. Sie stellen auch fest, daß die Vielfalt dieses Ausdrucks im Jungpaläolithikum im Laufe der Zeit zunahm. Sie war im Magdalénien weiter entwickelt als im Aurignacien.

Randall White bestreitet Lindlys und Chases Behauptung, das Aurignacien sei irgendwie ärmer im künstlerischen Ausdruck als spätere Zeitabschnitte des Jungpaläolithikums. »Ich habe darum gekämpft, die reiche Vielfalt der Beweise für die Kunst des Aurignacien und Gravettien besonders für Körperschmuck aus West-, Mittel- und Osteuropa zu verstehen«, berichtet er. »Vor allem die Menge des Materials ist atemberaubend.« Paul Mellars von der Universität Cambridge ist ebensowenig von Lindly und Clarks Argument beeindruckt. Er bemerkt: »Ich habe die Behauptung niemals wirklich verstanden, die Bedeutung der symbolistischen und technologischen „Explosion" zu Beginn des Jungpaläolithikums würde in irgendeiner Weise durch Beweise dafür herabgesetzt, daß die „kulturelle Komplexität" in späteren Stadien des Jungpaläolithikums weiter anwuchs. Für Mellars sind solche Veränderungen mit steigender Populationsdichte und sich fortsetzender kultureller Entwicklung zu erwarten. »Zu behaupten, diese Beweise für eine kulturelle „Intensivierung" im ausgehenden Jungpaläolithikum widersprächen der Bedeutung einer weit radikaleren Verhaltensänderung am *Beginn* des Jungpaläolithikums, wäre damit zu vergleichen, die Bedeutung der neolithischen

Exkurs 6.2: Farben der Phantasie

Unter allen von prähistorischen Menschen hinterlassenen Artefakten erregen die gemalten Bilder an Felsvorsprüngen und Höhlenwänden unsere Phantasie am meisten. Sie erzählen uns, die wir in der westlichen Welt heranwuchsen, von Religion und Ritualen, von etwas für die frühmenschliche Mythologie Tiefbedeutsamem. Doch die Bilder entziehen sich einer einfachen Interpretation. In jüngster Zeit kamen Chemie und Physik den Archäologen zu Hilfe und erhellten etwas von ihrem Zusammenhang.

Beispielsweise wurde die erste korrekte Datierung der europäischen Höhlenmalereien 1990 von einer französischen Forschergruppe erbracht, die eine massenspektrometrische Radiokarbontechnik an Holzkohleteilchen aus der Farbe benutzte. Seitdem hat man mehrere der wichtigsten Stätten der Höhlenkunst mit gleicher Technik untersucht. Es wird aber noch viele Jahre dauern, bevor das Alter eines nennenswerten Anteils der Gemälde ermittelt ist. Dann könnte die genaue Datierung der gemalten Bilder eine Chronologie der Menschen des Jungpaläolithikums und ihrer Werke liefern. Darüber hinaus wird sie vielleicht einen Einblick in die stilistische Variabilität erlauben, die sicher eine Beziehung zum kulturellen Ausdruck hat.

Bevor es eine direkte Datierung gab, nutzte man indirekte Methoden, beispielsweise, wenn dies möglich war, die Datierung von Material in den am Höhlenboden abgelagerten Schichten, von denen man annahm, sie hätten eine Beziehung zu den Gemälden. Jeder der beiden französischen Prähistoriker Breuil und Leroi-Gourhan entwickelte eine eigene Chronologie der bemalten Höhlen. Sie beruhten auf ihren Deutungen des Stilwandels der Gemälde im Laufe der Zeit. Die Unsicherheit dieser Methode zeigte sich 1992, als eine Gruppe französischer und spanischer Wissenschaftler Radiokarbondaten von stilistisch ähnlichen Bildern von Wisenten aus den Höhlen von Altamira und El Castillo in Spanien und von einem stilistisch völlig verschiedenen Wisent in der Höhle von Niaux in den französischen Pyrenäen veröffentlichte. Die Daten waren: 14 000, 12 990 beziehungsweise 12 890 Jahre. Damit war klar, daß Alter und Stil nicht immer übereinstimmen.

Die Analyse der Pigmente ging über das Datieren hinaus. Jean Clottes, der Direktor für prähistorische Forschung der französischen Regierung in den Pyrenäen, erlangte in Zusammenarbeit mit Michel Menu und Philippe Walter vom Forschungslabor des Pariser Louvre einige Einsicht in die Technologie der Eiszeitmalerei. Eine ihrer Entdeckungen ist die Tatsache, daß trotz Änderungen in der Farbherstellung der Stil derselbe bleiben kann.

Die bisher am gründlichsten untersuchte Höhle ist Niaux im Kalksteinmassiv des Vicdessos-Tales, die zu dem schönsten halben Dutzend Beispielen der eiszeitlichen Kunst in Europa zählt. Die gemalten Bilder in den praktisch horizontalen Galerien, die sich über mehr als zwei Kilometer erstrecken, wurden 1906 entdeckt und waren seitdem Gegenstand ausgedehnter Untersuchungen. Der am ausgiebigsten geschmückte Abschnitt der Höhle, der Schwarze Salon, ist eine Seitenkammer – ein hochragendes Gewölbe, weit vom Tageslicht entfernt, wo hauptsächlich schwarze Bilder von Wisenten, Pferden, Hirschen und Steinböcken die Wände schmücken, die in Tafelbildern ange-

E.6.2.1 Diese Wisentdarstellung im schwarzen Salon der Höhle von Niaux, Ariège, Frankreich, wurde von Künstlern des späten Magdalénien vor etwa 12 000 Jahren ausgeführt.

ordnet sind und den Eindruck erwecken, sie seien mit Voraussicht und sorgfältiger Überlegung ausgeführt.

Schon lange hatte man angenommen, die in Niaux verwendete schwarze Farbe enthielte eine Mischung von Holzkohle und Mangandioxid. Kürzlich untersuchten Clottes und seine Kollegen 59 winzige Proben schwarzen und roten Farbstoffes von vielen Bildern aus der ganzen Höhle sowie aus der angrenzenden Höhle von Réseau Clastre mit modernen analytischen Methoden. Indem sie ein Raster-Elektronenmikroskop, das an einen Röntgendetektor angeschlossen war (um spezifische Mineralien zu identifizieren), und protoneninduzierte Röntgenemission (um die vollständige Elementzusammensetzung zu bestimmen) nutzten, erhielten die Forscher ein detailliertes Profil der Bestandteile der Farben. Obgleich alle Komponenten an diesem Ort natürlich vorkamen, beruhte ihre Zusammensetzung in den Farben ganz klar auf menschlicher Tätigkeit.

Die Farben – die Pigmente und die mineralischen Bindemittel – waren von den jungpaläolithischen Menschen sorgfältig ausgewählt und zu fünf bis zehn Mikrometern feinen Partikeln zerrieben, um damit eine spezifische Mischung herzustellen. Das schwarze Pigment war, wie vermutet, Holzkohle und Mangandioxid. Aber von wirklichem Interesse waren die Bindemittel, für die es vier verschiedene Rezepte gab, die von den Forschern mit eins bis vier numeriert wurden. Bindemittel unterstützen das Auftragen der Farben und verleihen der Farbe Masse, ohne den Farbton zu verdünnen. Die vier Rezepte für Bindemittel, die in Niaux benutzt wurden, waren Talk, eine Mischung aus Baryt (Schwerspat) und Kaliumfeldspat, Kaliumfeldspat allein und Kaliumfeldspat mit einem Überschuß von Biotit (dunkler Glimmer) gemischt.

Clottes und seine Kollegen experimentierten mit einigen dieser Bindemittel und fanden sie außerordentlich wirkungsvoll.

Im Schwarzen Salon bestanden die Farben der meisten Gemälde aus einer Mischung von Holzkohle und Mangandioxid, aber in einer Zusammensetzung, die sich von allen anderen derartigen Kombinationen in der Höhle unterschied. Die Holzkohleteilchen waren ungewöhnlich groß. Sie lassen es möglich erscheinen, daß ein Holzkohlestäbchen zum Skizzieren des Umrisses genutzt wurde. Über dieser ersten Skizze lag eine Farbe, die sich aus Mangandioxid und einem der Bindemittel zusammensetzte, und zwar Kaliumfeldspat und Biotit (Rezept vier). Indem sie die chemische Zusammensetzung geringfügiger Bestandteile der Farbe untersuchten, fanden die Forscher, daß für ein genauer untersuchtes Tafelbild offensichtlich mehrere „Farbtöpfe" benutzt wurden. Während das Rezept für das Bindemittel im ganzen Tafelbild, das aus drei Bisons besteht, gleich blieb, waren zwei verschiedene Farbmischungen genutzt worden. Clottes und seine Kollegen spekulierten, das Tafelbild könnte in mehr als einer Sitzung oder vielleicht von verschiedenen Malern gestaltet worden sein, die zwar das gleiche Rezept nutzten, die Grundstoffe dafür aber von verschiedenen Orten bezogen.

Die überwältigende Mehrheit der Farben im Schwarzen Salon enthält Rezept vier, aber die anderen drei Bindemitteltypen sind ebenfalls vorhanden. Clottes meint, daß für die meisten Gemälde Rezept vier verwendet wurde, weise vielleicht auf eine zeitliche, aber ganz gewiß auf eine kulturelle Geschlossenheit in ihrer Ausführung hin. Er vermutet, das Ritual, das zweifelsfrei das Herstellen und Nutzen der tief unter der Erde entstehenden Bilder begleitete,

könne sich auf ihr Hervorbringen selbst erstreckt haben.

Die provisorische Datierung einiger Bilder aus der Höhle zeigt, daß man verschiedene Bindemittel zu verschiedenen Zeiten nutzte. Diejenigen Bindemittel, die man zwischen 14 000 und 13 000 Jahren vor unserer Zeit anwandte, enthielten Feldspat, während spätere Rezepturen, bis zur Zeit vor 12 000 Jahren, große Mengen von Biotit bevorzugten. Ob dabei praktische Probleme, beispielsweise die leichte Verfügbarkeit oder rituelle Erwägungen, diese Veränderung veranlaßten, ist unbekannt. Jedoch ist sicher bedeutsam, daß der Stil der Gemälde über diese Zeiträume hinweg bemerkenswert konstant blieb.

Die prinzipielle Schlußfolgerung zum Schwarzen Salon ist, daß er als ein wichtiges Heiligtum betrachtet werden sollte. Die Umrißskizze der Tafelbilder, denen die weitere Ausführung folgte, spricht für eine vorsätzliche Planung, die bei den meisten anderen Bildern, die man oft noch tiefer in der Höhle findet, fehlt. Eine solche Planung paßt zu einer sehr wichtigen Zeremonie, meint Clottes. Gemälde ohne vorläufige Skizze könnten sehr rasch ausgeführt worden sein, wie der französische Prähistoriker Michel Lorblanchet durch eine experimentelle Nachgestaltung solcher Bilder demonstrierte. Bei einem einzigen Besuch in einem tiefen Teil der Höhle, der vielleicht niemals wiederholt werden sollte, hervorgebracht, könnten diese Bilder dennoch eine wichtige Rolle in der Mythologie des Jungpaläolithikums gespielt haben. Die chemische Analyse würde zu bestimmen helfen, wie und wann die Bilder gemalt wurden. Aber selbst diese aussagefähigen Techniken können die interessanteste Frage von allen nicht beantworten: Was bedeuteten diese Bilder den jungpaläolithischen Menschen?

Revolution deshalb abzutun, weil die Dinge sich
während der Bronzezeit weiter komplizierten.«

Zweifel an der Interpretation symbolischen Ausdrucks

Ein Problem, mit dem sich die Archäologen bei der
Suche nach einer Erklärung von Darstellung und
Symbolismus herumschlagen, ist, daß sie sich mit
der Analyse faßbarer, erhaltener Kunstprodukte be-
gnügen müssen, die unsere modernen Augen als
komplex ansehen. Das einfachste der Objekte – beispielsweise ein natürlich abgerundeter Stein – könnte
im Zentrum eines hochkomplizierten Rituals stehen.
Doch das können wir nicht erkennen oder rekonstruieren. In ähnlicher Weise sehen die Augen des Forschers niemals Bildwerke, die aus vergänglichem

Material – beispielsweise Rinde oder Sand – gefertigt wurden. Wie wir schon früher bemerkten, bedeutet die Behauptung, das Fehlen von Beweisen für
Bildherstellung und Symbolismus bedeute nicht
unbedingt, daß es beides tatsächlich nicht gab, ein
besonderes Plädoyer der schwächsten Art. Daß verschiedene Archäologen bei der Untersuchung der
gleichen Tatsachen zu diametral entgegengesetzten
Auffassungen kommen, bildet ein andersartiges
Problem, das mehr im Bereich der Soziologie der
Wissenschaft als in ihrer Methodologie begründet
liegt.

Jedoch gehört es nun einmal zu unserem Wissen, daß
Darstellungen und Symbolismus zum bedeutenden
Bestandteil moderner Kultur wurden und es weiterhin sind. Unser abschließendes Kapitel wird ein
damit eng verwandtes Phänomen untersuchen, und
zwar das von Sprache und Bewußtsein. All dies steht
in einem engen kognitiven Zusammenhang.

7.1 Oft werden Schädel mit feinem Mineral ausgefüllt, das während des Fossilisierungsvorgangs manchmal einen natürlichen Abguß der Form des Gehirns bildet, so wie es sich an der Innenfläche der Schädeldecke abbildet. Solche natürlichen Abgüsse sind ein Leitfaden für die Reorganisation des Gehirns während der Hominidenevolution.

7

Sprache und Ursprung
des modernen Menschen

Nach den meisten Schätzungen gibt es heutzutage etwa 5000 menschliche Sprachen. Der Anthropologe Clifford Geertz aus Princeton bemerkte einmal, daß »es eine der signifikantesten uns betreffenden Tatsachen sein könnte, daß wir alle mit der natürlichen Voraussetzung beginnen, tausend verschiedene Leben zu leben und damit enden, nur eines gelebt zu haben«. Er hätte auch 5000 – oder genauer, unendlich viele – sagen können. Denn die Sprache ist das grundlegende Werkzeug zum Aufbau menschlicher Kultur, und theoretisch sind unendlich viele Sprachen möglich. Dieser bei weitem leistungsfähigste aller Kommunikationskanäle im gesamten Bereich des Biologischen formt zahllose Welten, die wirkungsvoll durch kulturelle Barrieren voneinander getrennt werden. Jede Kultur setzt sich zusammen aus Mythologie, Traditionen, Sitten, gemeinsamen Moralvorstellungen und Geschichte – praktisch aus einem gemeinsamen Bewußtsein. Die gemeinsame Sprache ist der Architekt von allem, sowohl in Hinsicht auf das Individuum als auch auf die Gemeinschaft.

Unser Lernvermögen, unsere außerordentliche Formbarkeit gegenüber neuen Umwelten und Herausforderungen, wird oft als eine wichtige Eigenschaft von *Homo sapiens* angemerkt. Aber, wie Geertz hervorhebt, ist das Einzigartige an uns nicht dieses Lernvermögen, sondern unsere Abhängigkeit von ihm. »Biber bauen Dämme, Vögel Nester, Bienen orten Futter, Affen organisieren ihre sozialen Gruppen, und Mäuse paaren sich. All das geschieht auf der Grundlage von Lernvorgängen, die vorwiegend auf Instruktionen beruhen, die in ihren Genen codiert sind«, sagt Geertz. »Aber Menschen bauen Dämme oder Behausungen, finden ihre Nahrung, organisieren ihre sozialen Gruppen und finden ihre Geschlechtspartner mit Hilfe von Anleitungen, die in Flußdiagrammen und Blaupausen, in Jagdberichten, Moralsystemen und ästhetischen Wertungen, also in begrifflichen Strukturen codiert sind, die ihre noch formlosen angeborenen Begabungen ausgestalten.«

Die Sprache – zweifellos eines der wichtigsten Elemente, das die Menschen auf das herausragende Niveau ihres angeborenen Talents brachte – enthält für Anthropologen viele Fragestellungen. Einige lassen sich leicht formulieren, andere weniger. Wann erreichte die gesprochene Sprache das heutige Niveau? War das Sprechvermögen der Neandertaler geringer als das moderner Menschen? Im Zusammenhang mit welcher Funktion bevorzugte die natürliche Auslese eine solch komplexe Fähigkeit? Wie wir sehen werden, könnte die offensichtliche Antwort – effektivere Kommunikation zwischen Individuen – falsch sein. Tatsächlich meinen einige Wissenschaftler, es habe überhaupt keine Auslese des Sprachvermögens gegeben. Vielmehr sei es nur das zufällige Nebenprodukt eines vergrößerten Gehirns. Wie müßten sich diese und andere Probleme, die mit der Evolution einer vollkommen aussagefähigen Sprache im Zusammenhang stehen, auf die vorgeschichtliche Überlieferung auswirken? (Der Ausdruck *aussagefähige Sprache*, der von René Descartes stammt, bedeutet die »Fähigkeit, verschiedene Worte zusammenzustellen und mit ihnen etwas zu erörtern«, was die Basis der menschlichen Rationalität bildet.) Aber so zentral die Sprache für das Menschliche innerhalb einer Kultur des Menschen auch ist, für die archäologische Überlieferung läßt sich dennoch kaum etwas weniger Greifbares vorstellen.

Viele neurobiologische Experimente und Spekulationen zur Natur der menschlichen Sprache gehen über Rahmen und Ziele dieses Kapitels hinaus. Hier sollen vor allem die beiden für den Ursprung des modernen Menschen relevantesten Fragen beleuchtet werden: Erstens, wann entstand die modern-menschliche Sprache? Und zweitens, was war ihre Aufgabe in einem evolutionären Zusammenhang?

Unausweichlich beschwört die Diskussion dieser die Evolution der Sprache betreffenden Probleme bereits in früheren Kapiteln erörterte Forschungen herauf. Entstand sie verhältnismäßig plötzlich – durch einen abrupten Sprung direkt an der Schwelle zur modern-menschlichen Existenz, vielleicht zwischen Mittel- und Jungpaläolithikum? Oder baute sie sich allmählich auf und erreichte das moderne Niveau nicht durch einen raschen Schritt, sondern durch das ste-

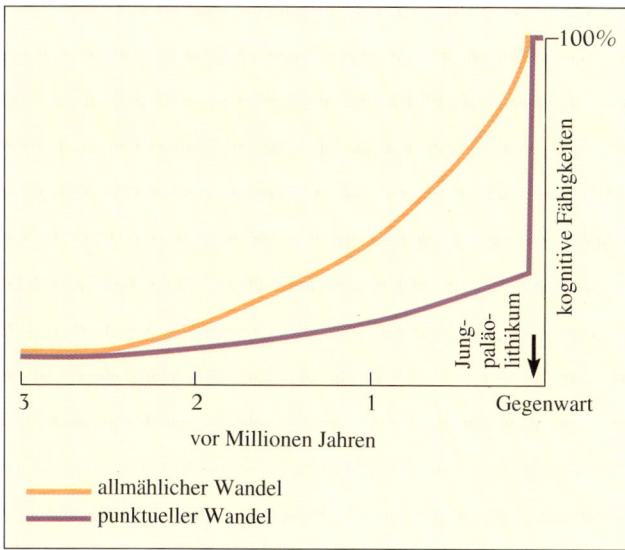

7.2 Zwei Modelle beherrschen die Erforschung des Ursprungs der gesprochenen Sprache. Das eine vermutet einen allmählichen Anstieg des Sprachvermögens im Verlauf der Vorgeschichte des Menschen, während das zweite einen kurzfristigen Anstieg dieses Vermögens etwa zeitgleich mit dem Ursprung des modernen Menschen postuliert.

tige Anhäufen kleiner Fortschritte? Das „sie" in diesen Fragen ließe sich gleichermaßen durch Erzeugen von Darstellungen, technologische Neuerung oder Sprache ersetzten – wahrscheinlich nicht wegen einer bloßen Analogie, sondern weil es eine reale biologische Verbindung zwischen diesen Dingen gibt. Könnte beispielsweise eine vollentwickelte Sprache ohne Bildermachen denkbar sein und umgekehrt? Gleiches kann man zum modernen Ausmaß an Innovationen und ganz gewiß zum introspektiven Bewußtsein fragen.

Wie ließe sich der Zeitpunkt des Entstehens moderner Sprache in spezifischer Weise herausfinden? Zum einen geben uns die Produkte des Sprachvermögens gewisse Hinweise – allerdings nur sehr indirekte, da Sprache weder zum Fossil wird noch in der archäologischen Dokumentation sichtbar ist, abgesehen von der Schrift, die erst sehr spät entwickelt wurde. Zum anderen durch die Untersuchung jener anatomischen Strukturen, die Sprache hervorbringen: des Gehirns und der Stimmorgane.

Eine erst junge, abrupte Erscheinung?

Für Randall White bezeugen die Beweise für die verschiedenen Formen menschlicher Tätigkeit, die älter als 100 000 Jahre sind, »ein totales Fehlen von allem, was moderne Menschen als Sprache anerkennen würden.« Mit der damaligen Evolution zum anatomisch modernen Menschen erschienen zum ersten Mal Geschöpfe mit neurologischen, wenn auch noch nicht sozialen und kulturellen Voraussetzungen für Sprache, behauptet White. Schließlich hatte sich die Fähigkeit zu sprechen vollkommen herausgebildet. Dies läutete das Jungpaläolithikum beziehungsweise das Later Stone Age ein. »Diese Revolution wurde von Populationen des *Homo sapiens* mit leistungsfähigen Nervensystemen während einer außerordentlich langen Auseinandersetzung vollzogen«, meint White. »Vor 35 000 Jahren hatten diese Populationen … Sprache und Kultur gemeistert, so wie wir sie heute kennen.«

Mit anderen Worten, White behauptet, die Kluft zwischen den sprachlichen Fähigkeiten des modernen *Homo sapiens* und denjenigen seiner Vorgänger war riesig. Es gab kein einfaches Anwachsen der sprachlichen Fähigkeiten, kein Hinzufügen von ein oder zwei nützlichen Nuancen. Statt dessen gab es einen bedeutenden evolutionären Wandel, der die modernen Menschen mit einer geistigen Maschinerie ausrüstete, die, um voll genutzt zu werden, einen langen Lernprozeß in einem vergrößerten sozialen und kulturellen Rahmen erforderte.

White listet sieben archäologische Belegtypen auf, die seiner Meinung nach auf eine dramatische, mit dem Jungpaläolithikum beginnende Steigerung der sprachlichen Fähigkeiten hinweisen, was vielleicht das abschließende Ergebnis eines langsamen Vorgangs war, der schon 65 000 Jahre früher ausgelöst wurde. An erster Stelle stehen Hinweise auf das absichtliche Bestatten von Toten, was nahezu gewiß schon zur Zeit der Neandertaler auftrat, aber im Jungpaläolithikum weiter (auch mit Grabbeigaben) ausgestaltet wurde. Zweitens taucht künstlerischer Ausdruck – Erzeugen von Abbildungen und Körperschmuck – erst im Jungpaläolithikum und im Later Stone Age auf. Drittens beobachten wir eine plötzliche Beschleunigung des Tempos technologischer Innovation und kulturellen Wandels. Viertens beobachtet man jetzt zum ersten Male regionale kulturelle Unterschiede. Fünftens verstärken sich Hinweise auf Kontakte über große Entfernungen hinweg – exotische Gegenstände, die zwischen den Gruppen ausgetauscht wurden. Sechstens nahm die Größe der Wohnstätten unübersehbar zu (eine komplexe Sprache ist Vorbedingung für Planung und Koordination). Siebtens, die Technologie, in der bisher vorwiegend Steine verwandt wurden, nutzt nun auch andere Rohmaterialien wie Knochen, Geweih und Ton.

Diese Zusammenstellung von »Erstlingen« in den Aktivitäten des Menschen wirkt eindrucksvoll, obgleich, wie wir gesehen haben, manche Wissenschaftler das plötzliche Erscheinen einiger dieser Elemente bezweifeln. Dennoch, für White und einige andere, einschließlich Richard Klein und Lewis Binford, sind die Beweise für einen auf komplexer und vollkommen moderner Sprache beruhenden, historisch bedeutsamen Wandel überzeugend. Beispielsweise findet Binford im Gegensatz zum Jungpaläolithikum unter den Menschen des Mittelpaläolithikum noch keine Belege für ein langfristiges Planen, sondern nur für eine geringe Fähigkeit, vorauszuschauen und künftige Ereignisse und Aktivitäten zu organisieren. »Wenn Sie fragen: „was diesen [Wandel] ermöglichte", würden Sie gewiß antworten: Intelligenz.«, meint Binford. »Aber noch wichtiger waren Sprache und speziell Symbolik, was Abstraktion ermöglicht. Ich sehe sonst keinerlei Medium, mit dessen Hilfe eine rasche Veränderung eintreten könnte, außer einem guten, biologisch begründeten Kommunikationssystem.« Der dieser Aussage im wesentlichen zustimmende Klein erwähnt die archäologischen Hinweise auf eine drastische Ver-

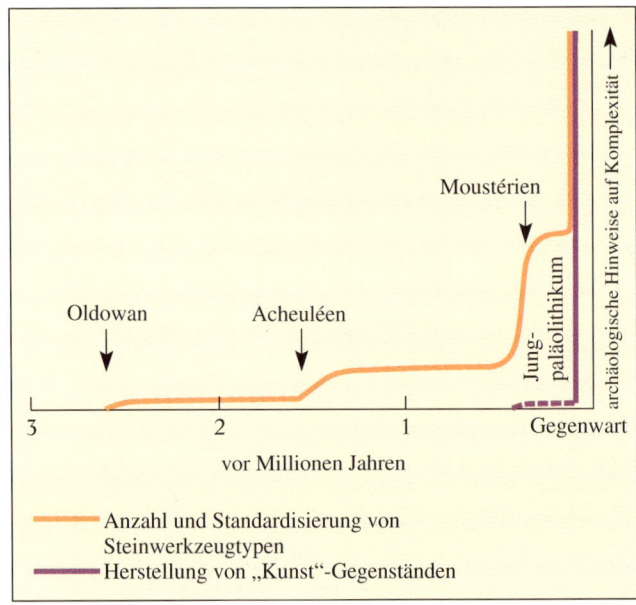

7.3 Falls die Komplexität der archäologischen Überlieferung als Leitfaden dienen kann, entstand das Sprachvermögen erst spät in der Hominidengeschichte.

besserung der Jagdtechniken am Übergang vom Middle zum Later Stone Age in Südafrika.

Die meisten heutigen Anthropologen meinen daher, die Sprache sei eine jüngere prähistorische Entwicklung, die mit dem Erscheinen der modernen Menschen zusammentreffe. Wir wollen jetzt einige archäologische Belege untersuchen, die zu dieser Angelegenheit etwas aussagen. Wir beginnen mit der Technologie.

Technologie deutet auf eine anfänglich allmähliche Sprachentwicklung

Wird der allgemeine Verlauf der technischen Entwicklung von seinen Anfängen vor 2,5 Millionen Jahren bis ins Jungpaläolithikum hinein verfolgt, offenbart sich ein bedeutsames Muster. Es läßt sich als Stütze für ein spätes Entstehen der menschlichen Sprache ansehen. Glynn Isaac, der 1985 starb, behandelte diese Regelmäßigkeit auf einer wegweisenden Konferenz über den Ursprung der Sprache an der New Yorker Akademie der Wissenschaften. Er bemerkte: »Einen Archäologen zu bitten, den Ursprung der Sprache zu diskutieren, kommt etwa einem Maulwurf gleich, der gebeten wird, das Leben in den Baumwipfeln zu beschreiben.« Er hob aber hervor, daß die Archäologie zum Ursprung der Sprache interessante Informationen liefern kann. Beispielsweise wurden im langen Verlauf der Geschichte der menschlichen Technologie die verschiedenen Elemente der Artefaktkollektionen immer zahlreicher und deutlicher voneinander abgrenzbar mit wesentlichen „Verbesserungen", die vor etwa 1,6 Millionen und rund 250 000 Jahren plötzlich auftraten. Diese Zeiten treffen mit dem Erscheinen des *Homo erectus* und des archaischen *sapiens* zusammen.

Eine Interpretation dieses Musters ist, daß mit dem Voranschreiten der Menschheitsgeschichte die Hersteller von Steinwerkzeugen geschickter wurden. Sie produzierten zwar die gleichen Artefakte, aber unter strengeren Standards. Beile sahen immer öfter auch nach Beilen aus, Schaber wie Schaber und so weiter. Aber, so argumentiert Isaak, »die Zunahme der Komplexität bedeutet nicht unbedingt, daß auch die Anzahl der mit Hilfe von Steinwerkzeugen ausgeführten Aufgaben anwuchs. Auch bedeuten kunstvoll gestaltete Werkzeuge nicht unbedingt eine Steigerung der Effizienz im ingenieurtechnischen Sinn. Diese Tatsache wird oft übersehen.«

Sollte Isaaks Argument zutreffen, was könnte dann das ständig steigende Produktionsniveau motiviert haben? »Meine Intuition in dieser Sache ist, daß wir in den Steinwerkzeugen die Widerspiegelung von Veränderungen bemerken, die die Kultur als Ganzes betreffen«, meinte er. »Wahrscheinlich verursachte das Mehr und Mehr an Gesamtverhalten, was oft, aber nicht immer, das Verhalten einer Herstellung von Werkzeugen einschließt, komplexere Regelungssysteme. Im Bereich der Kommunikation bestanden diese aus einem Mehr und Mehr an detaillierter Syntax und an einem vergrößerten Vokabular. Im Bereich der sozialen Beziehungen bewirkte dies vielleicht eine Zunahme der Anzahl an abgegrenzten Klassen, Verpflichtungen und Vorschriften und im Bereich des Lebensunterhalts anwachsende Bestände von vermittelbarem Know-how.«

Aus der Maulwurfsperspektive Isaaks gab es daher ein allerdings langsames Anwachsen einer willkürlichen Strukturierung der Gesellschaft im Verlauf der Zeit. Es scheint klar zu sein, daß unsere *Homo*-Vorfahren – *habilis* und *erectus* –, was immer sie auch taten, weit über das hinausgegangen waren, was wir im täglichen Leben der Menschenaffen beobachten. Dies sollte uns nicht sonderlich überraschen, denn während dieses Zeitraumes hatten sich die Hominidenhirne auf das Doppelte der Gehirne von Menschenaffen vergrößert. Läßt sich dies als eine archäologische Spur eines stetig zunehmenden Sprachvermögens bewerten, das mit den ersten *Homo*-Arten begann und sich gleichmäßig bis zu den modernen Menschen fortsetzte? Nein, sagte Isaak, denn der Verlauf des technologischen Wandels richtet sich vom Jungpaläolithikum an dramatisch aufwärts, und dies muß eine Bedeutung haben.

In der Zeit zwischen 2,5 Millionen und 250 000 Jahren vor unserer Zeit verläuft das Tempo des technologischen Wandels (und wie man folgern kann, des durch Sprache ausgelösten kulturellen Wandels) streng parallel zum Anwachsen der Hirngröße und sieht daher nach einer biologischen Evolution aus. Danach, insbesondere im späten Jungpaläolithikum, bleibt die Gehirngröße unverändert, während der technologische Wandel an Tempo gewinnt – ein sicheres Zeichen, daß hier der (mit modern-menschlicher Sprache ausgerüstete?) Geist des modernen Menschen am Werk war. Mit anderen Worten, eine echte kulturelle Evolution setzte ein. Es ist also vernünftig, aus den archäologischen Dokumenten der Steinwerkzeugtechnologien auf eine allmähliche Entwicklung eines gewissen Sprachvermögens zu schließen, das sich mit dem Ursprung der Gattung *Homo* herausbildete. Aber es ist verlockend zu folgern, daß anschließend das Jungpaläolithikum durch

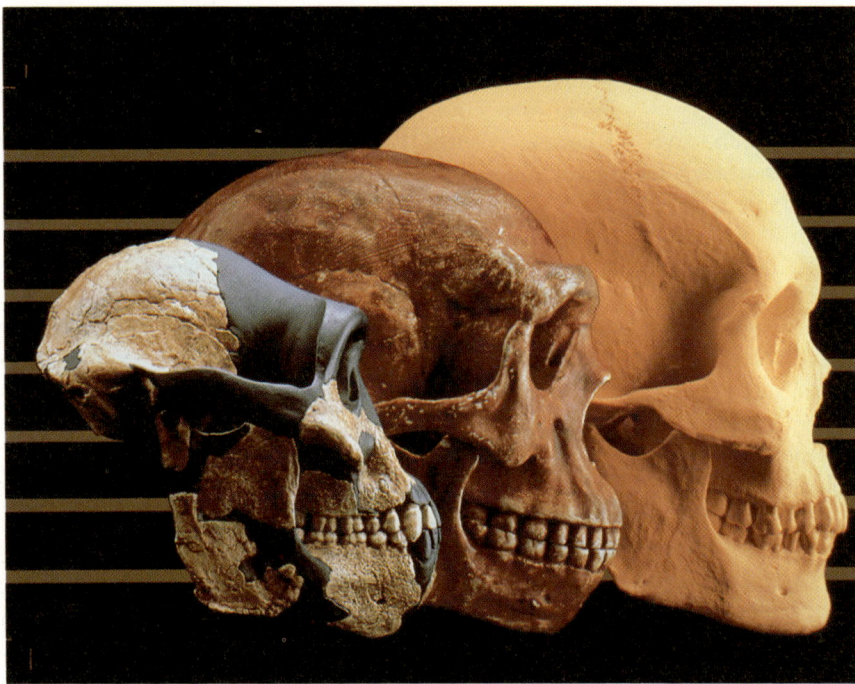

7.4 Während der Evolution des Menschen verdreifachte sich die relative Hirngröße. Dies zeigt ein Vergleich zwischen *Australopithecus afarensis* (links), einem frühen Hominiden, *Homo erectus* (Mitte) und *Homo sapiens* (rechts).

eine drastische Verbesserung dieses Sprachvermögens eingeleitet wurde – ja tatsächlich dessen Konsequenz war.

Ein jungpaläolithisches Signal

Das gleiche Muster finden wir auf dem zweiten relevanten Gebiet archälogischer Tatsachen, das den Namen Kunst trägt. Wie wir im vorhergehenden Kapitel gesehen haben, erschienen solche Aktivitäten wie Ritzen von Zeichnungen, Anfertigen von Skulpturen und Malerei spät in der prähistorischen Überlieferung, und zwar plötzlich und zusammen mit dem Auftauchen von Innovationen und raschem Wandel, was die Werkzeugtechnologien des Jungpaläolithikums prägt. Tatsächlich ist das Vorspiel zur jungpaläolithischen Kunst sogar noch unscheinbarer als die technologischen Vorläufer der jungpaläolithischen Werkzeugtechnologie. Falls die Fähigkeit und

Neigung, Bildwerke und Schmuckgegenstände zu produzieren, in Beziehung zum Sprachvermögen gesetzt werden können, dann wiese der Befund der archäologischen Überlieferung auf eine dramatische Steigerung in der späten menschlichen Vorgeschichte hin.

Der australische Archäologe Ian Davidson sprach sich kürzlich für eine solche Beziehung aus. »Das Herstellen von Bildwerken, die Gegenständen ähneln, kann in prähistorischen Gesellschaften nur mit einem gemeinsamen System von Bedeutungen entstanden sein«, versicherte er in Zusammenarbeit mit seinem Kollegen William Noble, der ebenfalls an der Universität von Neuengland tätig ist. Davidsons und Nobles Hauptvorstoß ist jedoch die Behauptung, die Entwicklungen von Sprache und Bilderzeugung bedingten einander; jede von beiden fördere die jeweils andere. Daher seien die gegenständlichen prähistorischen Bilder ein Ausdruck von Sprache in greifbarer Form.

Technologischer und künstlerischer Bereich der archäologischen Dokumentation signalisieren somit klar eine späte, wesentliche Verbesserung der Fähigkeiten zur gesprochenen Sprache. Dieses Muster halten White, Binford, Klein und andere für zutreffend. Es stimmt mit weiteren Aspekten der Dokumentation überein. Von den sieben Hinweisen, die White eingangs anführte, sind Technologie und Kunst sicher die interessantesten.

Die Hirnanatomie vermittelt eine andere Perspektive

Wenden wir uns anderen Aspekten der prähistorischen Überlieferung zu, insbesondere den anatomischen Hinweisen von Gehirn und Vokaltrakt, dann taucht ein anderes, allerdings weniger klares Bild auf. Insgesamt läßt sich aus diesen anatomischen Befunden ablesen, daß sich die sprachlichen Fähigkeiten im Verlauf der menschlichen Evolution seit dem Erscheinen der Gattung *Homo* allmählich herausbildeten, ohne dann in der späten Vorgeschichte eine deutliche Schwelle zu überschreiten.

Wie wir gleich sehen werden, ist es keine leichte Aufgabe, in der paläontologischen Dokumentation anatomische Belege zu finden, aus denen sich das Ausmaß des Sprachvermögens erschließen läßt. Allerdings ist die Zunahme der Gehirngröße relativ problemlos zu ermitteln. Die Arten der Australopithecinen, die ersten Angehörigen der menschlichen Familie, hatten im wesentlichen menschenaffengroße Gehirne mit einem Volumen von mehr oder weniger 450 Kubikzentimetern. Mit dem Erscheinen der Gattung *Homo* begann die Hirngröße zu wachsen. Die Gehirnvolumen des *Homo habilis* (etwas über zwei Millionen Jahre bis vielleicht 1,7 Millionen Jahre vor unserer Zeit) lag im Bereich von 600 bis 800 Kubikzentimetern. Sein vermutlicher Nachfahre, *Homo erectus* (1,7 Millionen bis 250 000 Jahre vor unserer Zeit), besaß ein Hirnvolumen von 850 bis zu 1 100 Kubikzentimetern. Der Durchschnitt für den modernen *Homo sapiens* liegt

bei etwa 1 350 Kubikzentimetern. (Die Neandertaler, damit wir sie nicht vergessen, hatten einen höheren Durchschnitt als die modernen Menschen, ungefähr 1 550 Kubikzentimeter.) Was bedeutet dies für die Evolution der Sprache?

Nach Terrence Deacon von der Harvard-Universität – alles. Auf der Grundlage von Studien der Nervenverbindungen in Affengehirnen und einem Neubewerten der Veränderungen in der Gesamtanatomie des vergrößerten menschlichen Gehirns schließt Deacon, daß sprachliche Entwicklung der Zunahme der Hirngröße im Verlauf der Evolutionsgeschichte des Menschen folgte. »Darüber hinaus war Sprache

7.5 Ralph Holloway von der Columbia-Universität hat sich intensiv mit Hirnabgüssen von Hominiden beschäftigt. Hier arbeitet er mit einem kraniometrischen Stereoplotter, um eine detaillierte Karte der Oberfläche von einem Gehirnabguß zu erzeugen.

die wesentliche Ursache, nicht einfach die Konsequenz der Evolution des menschlichen Gehirns«, behauptet er. »Die neurologischen Befunde zeigen, daß die Sprache keine erst kürzlich gewonnene Zugabe zur menschlichen Kultur ist, sondern größenordnungsmäßig schon seit zwei Millionen Jahren existiert.« Deacon meint auch, daß die Neandertaler sprachlich hochentwickelt waren und sich mit modernen Menschen unterhalten konnten, auch wenn ihre Sprache zweifellos recht nasal und für uns schwierig zu verstehen war.

Ralph Holloway, ein Paläoneurologe an der Columbia-Universität, stimmt dem im wesentlichen zu. »Meine Voreingenommenheit besteht darin, daß ich annehme, die Ursprünge des menschlichen Sprachverhaltens reichten weiter in die paläontologische Vergangenheit zurück und seien ansatzweise bereits während des Zeitalters der Australopithecinen vor etwa 2,5 bis 3,5 Millionen Jahren vorhanden, aber im Wachsen begriffen gewesen«, erklärt er. »In seiner Form zweifellos primitiv, verfügte es aber über eine

begrenzte Anzahl von Lauten, die systematisch genutzt wurden und auf einem gut bekannten Aspekt der Geselligkeit von Affen beruhten, der Fähigkeit, wenn nicht gar der Vorliebe, zum Lärmen.« Holloway studierte viele Jahre lang die inneren Oberflächen fossilisierter menschlicher Schädelkapseln und registrierte die schwachen Hinweise auf die Hirnstruktur, die sich naturgemäß im Knochen abbildet. Schon seit langem hatte er festgestellt, daß eine menschenähnliche allgemeine Hirnanatomie – ausgeprägte Frontallappen, verhältnismäßig kleine Hinterhauptslappen – bei unseren Ahnen von Anfang an existierte. Dieses Muster kontrastiert mit dem der Menschenaffen, bei denen die Frontallappen kleiner und die Hinterhauptlappen größer sind. Diese und andere Hinweise von fossilen Hirnstrukturen deuten auf einen innerhalb der menschlichen Vorgeschichte frühen Beginn der Entwicklung von gesprochener Sprache hin.

Dean Falk, die, wie Holloway, fossile menschliche Gehirne untersuchte, zieht den gleichen allgemeinen Schluß. Auch wenn sie nicht mit Holloways Ansicht übereinstimmt, schon die Australopithecinen hätten über eine menschenähnliche Hirnstruktur verfügt, akzeptiert sie die Auffassung, daß diese bereits bei den frühesten Angehörigen der Gattung *Homo* zu sehen sei. Falk, die an der State University of New York in Albany arbeitet, bemerkte kürzlich: »Was die

7.6 Während die allgemeine Struktur der Gehirne von Schimpanse (links) und Mensch (rechts) gleich ist, sehen wir Unterschiede in den Größenverhältnissen verschiedener Regionen. Bei den Menschen ist der Occipitallappen verhältnismäßig klein, hingegen sind Parietal- und Frontallappen relativ groß.

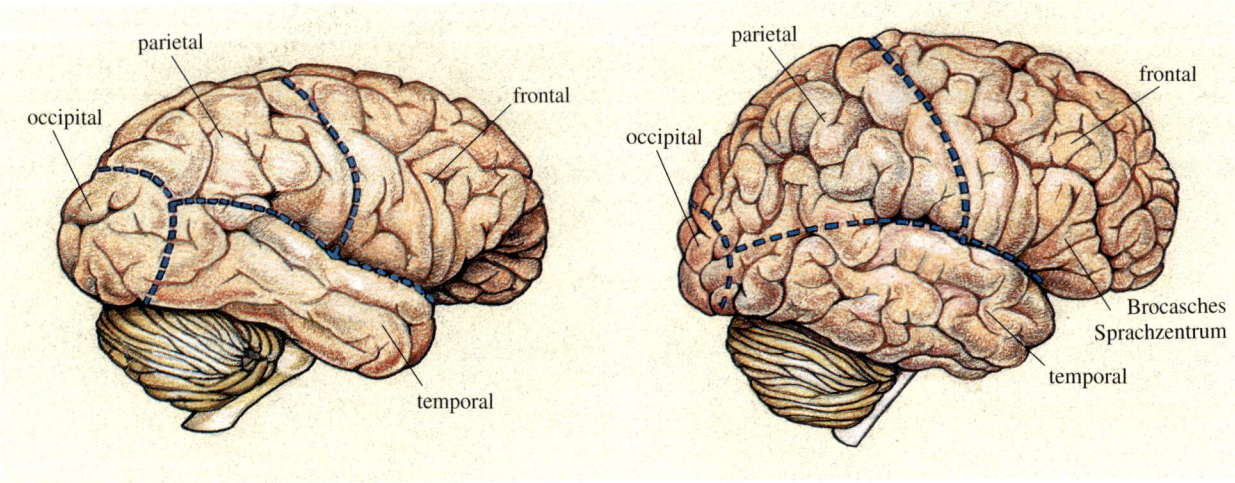

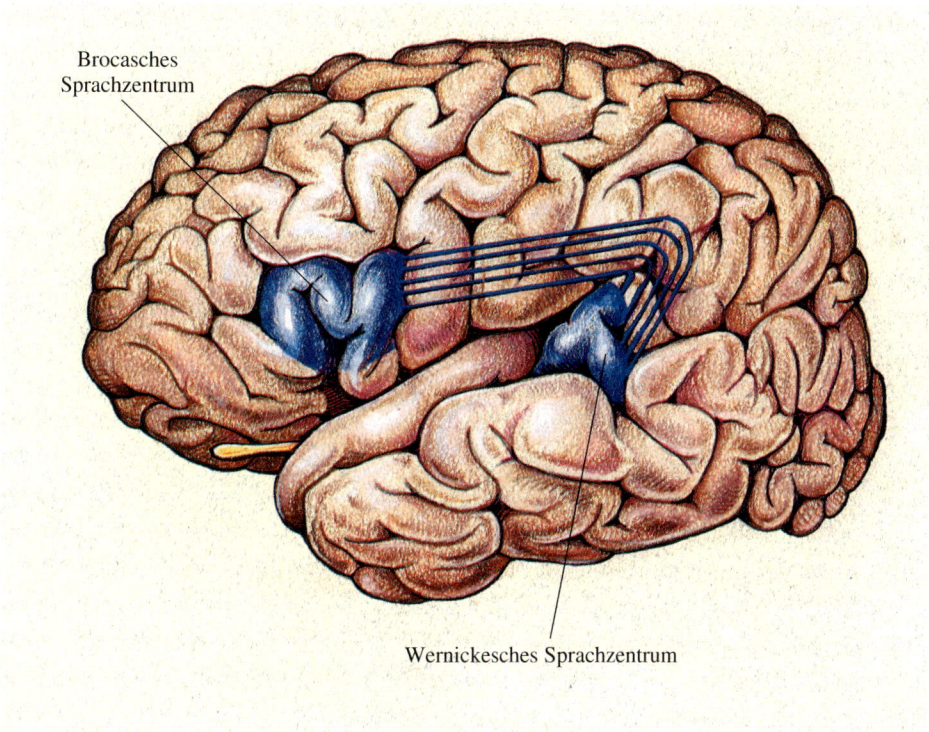

Brocasches
Sprachzentrum

Wernickesches Sprachzentrum

7.7 Die klassische Hirnanatomie schrieb zwei Hirnregionen Sprach-funktionen zu, nämlich dem Wernickeschen und dem Brocaschen Sprachzentrum. In den vergangenen Jahren wurde klar, daß viele Regionen am Hervorbringen und Verstehen von Sprache beteiligt und über die gesamte Präfrontalregion verteilt sind.

Debatte darüber, wann bei den Hominiden die Spra-che entstand, *beilegen* kann, wäre eine Zeitma-schine«, dennoch, fährt sie fort, »wenn die Homi-niden keine Sprache nutzten und verfeinerten, möchte ich gerne wissen, was sie dann mit ihren autokatalytisch [selbstbeschleunigt] anwachsenden Gehirnen *anfingen*«.

Jene, die menschliche Fossilien nach Hinweisen auf Sprachvermögen untersuchten, haben traditionell nach einer kleinen Verdickung an der (gewöhnlich) linken Seite des Gehirns in der Nähe der Schläfe gefahndet, dem Brocaschen Sprachzentrum, eines der beiden neuralen Hinweise auf Sprache. Man erkennt es am Schädel 1470, einem 1,8 Millionen

Jahre alten *Homo habilis*-Schädel aus Nordkenia, wie Holloway vor nun schon mehr als zwei Jahr-zehnten feststellte. Jedoch deuten jüngere Untersu-chungen verschiedener Laboratorien, einschließlich des von Marcus Raichle am Washington University Medical Center geleiteten, darauf hin, daß das Brocasche Zentrum ein weniger zuverlässiger Indi-kator für Sprachvermögen ist, als man früher annahm.

Dennoch wertete man die Befunde an Gehirnen – lebenden und toten – allgemein als Hinweis auf ein allmähliches Anwachsen des Sprachvermögens während der gesamten menschlichen Vorgeschichte (zumindest, nachdem *Homo* erschienen war) und darauf, daß es keinen kognitiven Sprung mit dem Erscheinen des modernen Menschen gab. Wie wir gesehen haben, beruhte diese Beweisführung auf der Größe und allgemeinen Organisation des Gehirns. In diesem Zusammenhang hat Holloway kürzlich das Neandertalerhirn neu beurteilt, das man einstmals als im Vergleich zum modernen Menschen „unzulänglich" und „primitiv" beschrieben hatte. In einem Aufsatz mit dem Titel *Poor Brain of Neanderthal: See What You Please …* („Dürftiges Gehirn des Neandertalers: Sehen Sie, was Sie wünschen …") folgerte Holloway, daß dieses Gehirn vollkommen menschlich war und in seiner Organisation im wesentlichen dem unsrigen glich. Der einzige Unterschied war sein im Vergleich zum *Homo sapiens*-Gehirn größeres Volumen. »Die Neandertaler hatten eine Sprache«, konstatiert er unmißverständlich.

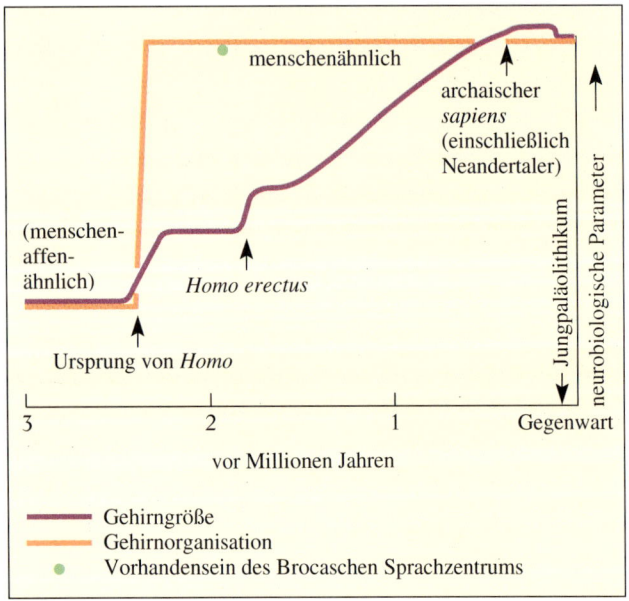

7.8 Die allgemeine Hirnorganisation erreicht das menschliche Niveau, lange bevor die Hirngröße das moderne Ausmaß annimmt. Dies führt zu potentiell einander widersprechenden Hinweisen auf das Entstehen des Sprachvermögens. Das Brocasche Sprachzentrum, das man heute für einen weniger zuverlässigen Indikator für Sprachvermögen hält als früher, erscheint gleichzeitig mit dem Entstehen der Gattung *Homo*.

Botschaft aus dem Kehlkopf

Natürlich ist das Gehirn nur ein Teil der für die Sprache zuständigen anatomischen Ausrüstung. Die Sprachzentren im Gehirn kontrollieren letztlich die Tätigkeit der verschiedenen Funktionen des Vokaltraktes – Kehlkopf, Rachen, Stimmbänder, Zunge, Lippen und Kiefer. Weil vieles von dieser Architektur aus weichem Gewebe besteht (Muskel, Knorpel und Haut), findet man nichts davon in der Fossildokumentation. Dies ist sehr schade; denn das menschliche Stimmorgan ist unverkennbar und spiegelt die besondere Funktion wider, die es innehat. Jedoch geht nicht alles davon verloren, wie Philip Lieberman, Edward Crelin und Jeffrey Laitman in den vergangenen Jahren entdeckten.

Bei allen Säugetieren außer den Menschen liegt der Kehlkopf hoch im Hals. Dies hat zwei Konsequenzen. Erstens erlaubt dies dem Kehlkopf, sich im Nasenrachenraum – dem Luftraum nahe der „Hintertür" der Nasenhöhle – festzulegen. Das ist insofern wichtig, weil das Tier dadurch gleichzeitig atmen und trinken kann. Zweitens ist wegen der durch den hochliegenden Kehlkopf notgedrungen kleinen Rachenhöhle – der Tonkammer – der von Tieren hervorgebrachte Tonbereich sehr begrenzt. Für Säuger hängt die Stimmgebung deshalb typischerweise von der Mundhöhle und den Lippen ab, die im Kehlkopf hervorgebrachte Töne abwandeln.

Beim Menschen liegt der Kehlkopf viel tiefer im Hals. Deshalb können wir nicht gleichzeitig sprechen und trinken. Daher auch die ständige Gefahr, daß wir uns beim Trinken oder Essen verschlucken, vielleicht gar ersticken. Bei einem Risiko dieser Größenordnung muß irgendein bedeutender Nutzen mit der tiefen Lage des Kehlkopfes verbunden sein. Der offensichtlichste ist ein viel größerer Kehlkopfraum über den Stimmbändern, wodurch sich die Töne weit besser abwandeln lassen. »Der ausgedehnte Kehlkopf ist der Schlüssel zu unserer Fähigkeit, uns vollkommen deutlich auszudrücken«, erklärt Laitman von der Mount Sinai School of Medicine in New York.

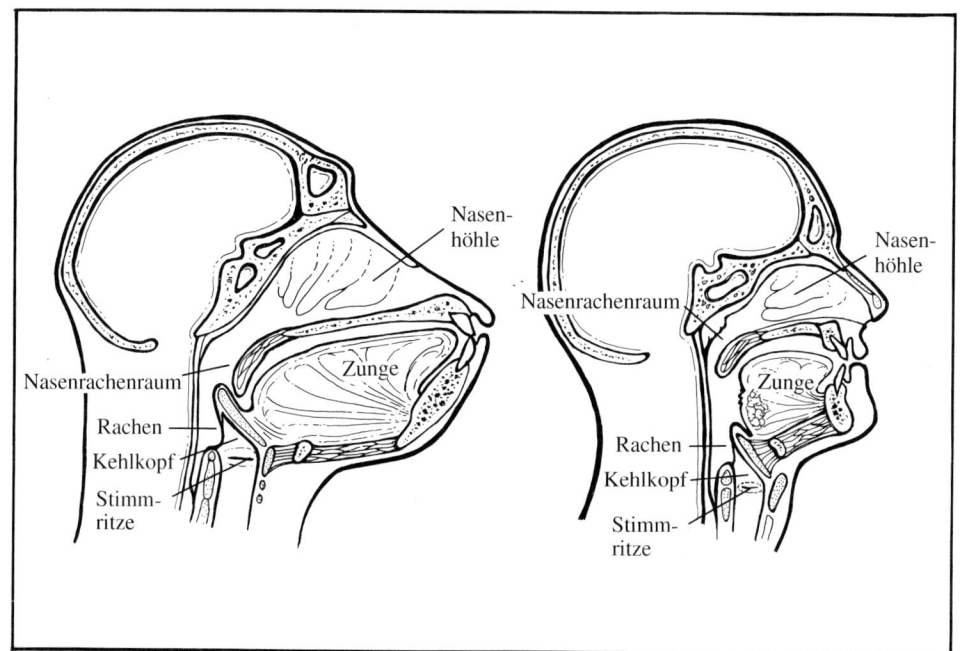

7.9 Im Vokaltrakt der Schimpansen (links) liegt der Kehlkopf wie bei allen Säugetieren hoch im Hals. Dadurch kann das Tier gleichzeitig atmen und schlucken. Allerdings wird die Lautpalette, die im Rachenraum entstehen kann, dadurch eingeschränkt. Der Kehlkopf des Menschen (rechts) liegt tiefer. Dadurch kann er eine große Tonpalette anlauten, jedoch nicht gleichzeitig atmen und schlucken. Der Vokaltrakt der Australopithecinen glich dem der Schimpansen.

Laitman und seine Kollegen entdeckten, daß Menschenkinder während ihrer Entwicklung im wesentlichen einen Vorgang unserer Evolutionsgeschichte wiederholen. Babies werden mit einem hoch im Hals liegenden Kehlkopf geboren, somit in der für Säugetiere typischen Lage, die auch nötig ist, damit sie bei der Nahrungsaufnahme nicht ersticken. Nach etwa eineinhalb Jahren beginnt der Kehlkopf den Hals herabzuwandern und erreicht schließlich mit etwa 14 Jahren die Position, die er bei den Erwachsenen einnimmt. Die Entwicklung des Sprachvermögens entspricht dieser Abwärtsbewegung.

Was bedeutet dies für den Anthropologen, der es mit fossilisierten Schädeln ohne irgendeinen Teil des Stimmorgans zu tun hat? »Während unserer Untersuchungen bemerkten meine Kollegen und ich, daß die Form der Unterseite des Schädels – der Schädelbasis – eine Beziehung zur Lage des Kehlkopfes hat«, erklärt Laitman. »Dies überrascht nicht, denn die Schädelbasis dient als Dach des oberen Atemweges.« Bei typisch säugetierhafter Ausbildung ist die Unterseite des Schädels im wesentlichen flach. Bei den Menschen ist sie gewölbt. Obgleich sie ein empfindlicher Schädelteil ist, der beim Begräbnis und während der Versteinerung oft zerbricht, bleibt die Schädelbasis dennoch ab und zu intakt und liefert so Hinweise auf die Struktur des früheren Vokaltraktes. Eine flache Schädelbasis kann als Anzeichen für das Fehlen von Sprache gewertet werden, während das Ausmaß der Wölbung Hinweise auf verschiedene Ausmaße des Sprachvermögens gibt.

Deshalb untersuchten Laitman und seine Kollegen so viele Schädel mit vollständiger oder nahezu vollständiger Schädelbasis, wie sie finden konnten. »Das Muster, das wir sehen, ist interessant«, sagt Laitman. »Erstens, bei allen Australopithecinen, die ich untersuchte, sieht man ein typisch menschenaffenähnliches Basikranium. Dies bedeutet für mich, daß es ihnen unmöglich gewesen sein muß, einige der universellen Vokallaute hervorzubringen, die menschliche Sprachmuster auszeichnen. Der früheste Zeitpunkt, an dem man beim sogenannten archaischen *Homo sapiens* ein vollkommen gebogenes Basikranium findet, liegt etwa 300 000 bis 400 000 Jahre zurück.«

Wann begann sich das Basikranium vorzuwölben, seit wann gab es dieses vermutliche Anzeichen für ein sich ausdehnendes Stimmorgan? »Wir können sagen, daß es mit *Homo erectus* schon begonnen hatte«, sagt Laitman. »Wir untersuchten den Schädel 3 733, ein schönes, etwa 1,6 Millionen Jahre altes *Homo erectus*-Fossil vom Westufer des Turkana-Sees. Das Ausmaß der Vorwölbung, das wir an ihm erkennen, entspricht etwa dem eines sechsjährigen Menschen. Man kann also sagen, daß *Homo erectus* sehr verschiedene Töne hervorbrachte, weit mehr, als es ein Menschenaffe vermag.« Vielleicht produzierten die *erectus*-Menschen aber nicht alle Vokale. Vermutlich fehlten beispielsweise jene aus den englischen Wörtern *boot*, *father* und *feet*. Dennoch, sollten die Schlüsse, die wir aus dem Stimmorgan ziehen, zutreffen, scheint es klar zu sein, daß die Sprachentwicklung schon früh im Verlauf der menschlichen Evolution weit fortgeschritten war. Bei einigen Neandertalern ist übrigens die Schädelbasis weniger gewölbt als bei *erectus*, was auf eine Umkehr der Evolutionsrichtung hindeutet – ein außerordentlicher Vorgang. Laitman vermutet, die Abflachung des Basikraniums des Neandertalers könnte in Beziehung zur ungewöhnlichen allgemeinen Schädelanatomie, insbesondere zum „hervorgezogenen" Gesicht, stehen. Das hat vielleicht zu einer ziemlich nasalen Sprache geführt, der möglicherweise einige der modernen Vokale fehlten. Aus diesen Tatsachen schloß Lieberman beispielsweise, daß die Neandertaler nicht so gut sprachen wie moderne Menschen – vielleicht einer der Gründe ihres Aussterbens, wie er meinte. Die Frage, wie weit die Sprache bei den Neandertalern fortgeschritten war und ob sie sich tatsächlich vom Niveau, das *Homo erectus* schon erreicht hatte, wieder rückentwickelte, bleibt noch umstritten.

Wie verhält es sich mit dem frühesten Homo – mit *Homo habilis*, dem Vorfahren von *Homo erectus*? Hatte sein Kehlkopf schon begonnen, sich nach unten zu bewegen, und übertraf sein Sprachvermögen den allerersten Anfang? Unglücklicherweise hat

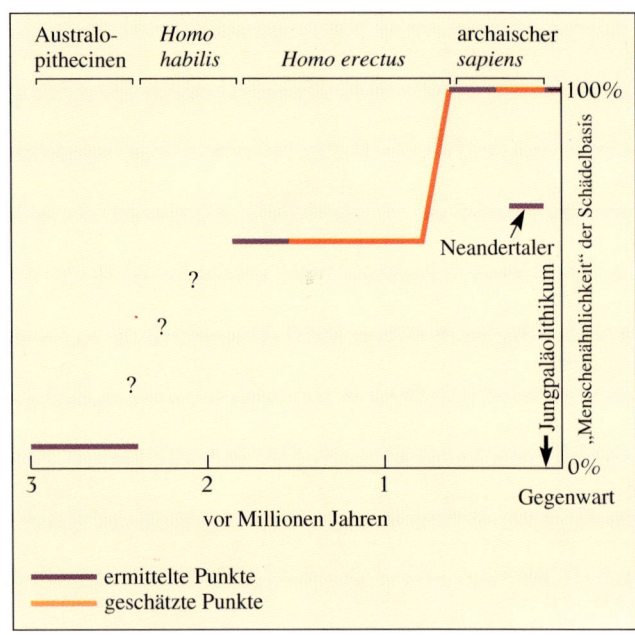

7.10 Als ein Indikator für die „Menschlichkeit" des Vokaltraktes läßt die Form der Schädelbasis das Erreichen des modernen Status mit der Entstehung des archaischen *sapiens* erkennen (mit einer idiosynkratischen Rückentwicklung bei den Neandertalern).

kein Exemplar von *habilis* eine intakte Schädelbasis, so daß auch diese Frage offen bleibt.

Die Frage nach einem späten, dramatischen Ursprung der modern-menschlichen Sprache statt eines langsamen, schrittweisen Anstiegs bleibt deshalb ungelöst. Die archäologischen Belege werden im allgemeinen so interpretiert, als sprächen sie für erstere Auffassung, die paläontologischen sprechen für letzteres. Natürlich muß die Interpretation aus dem einen oder dem anderen Bereich falsch oder unvollständig sein.

Menschenaffensprache

In mancher Hinsicht spiegelt sich in der Dichotomie der Interpretationen in den Bereichen von Archäologie und Paläontologie die theoretische Dichotomie

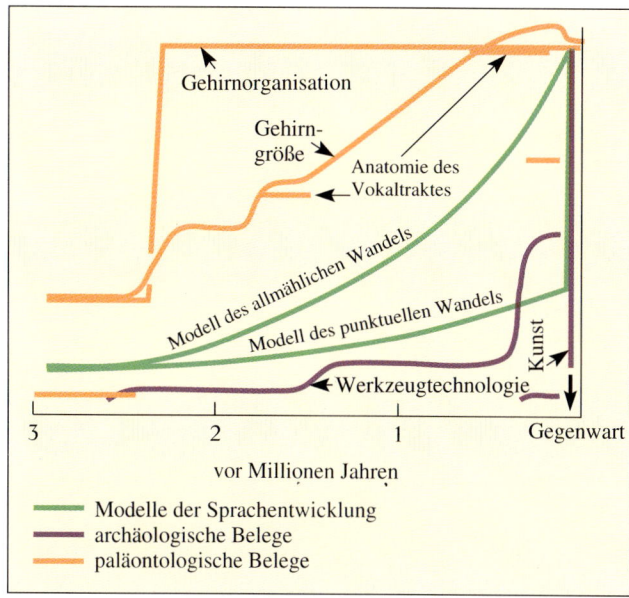

Gehirnorganisation

Gehirn-
größe

Anatomie des
Vokaltraktes

Modell des allmählichen Wandels

Modell des punktuellen Wandels

Kunst

Werkzeugtechnologie

3   2   1   Gegenwart

vor Millionen Jahren

— Modelle der Sprachentwicklung
— archäologische Belege
— paläontologische Belege

7.11 Ein Vergleich aller Beweislinien – sowohl paläontologischer als auch archäologischer Natur – stützt widerspruchslos weder die punktuellen noch die graduellen Modelle der Entwicklung des Sprachvermögens.

über die eigentliche Natur der menschlichen Sprache wider. Die Anhänger der Diskontinuität, für die sich vor allem der bedeutende Linguist Noam Chomsky einsetzt, sehen in der Sprache eine einzigartige menschliche Eigenschaft, ohne direkte evolutionäre Verbindung zum Hirn der Menschenaffen. Für die Anhänger der Kontinuität ist die Sprache Bestandteil eines intellektuellen Kontinuums, das in unseren menschenaffenähnlichen Ahnen wurzelt und letztlich auch in den grundlegenden kommunikativen und kognitiven Fähigkeiten unserer nächsten Verwandten, der großen Menschenaffen.

Seit mehr als drei Jahrzehnten haben sich Psychologen und andere Forscher mit dieser theoretischen Trennung beschäftigt, im wesentlichen dadurch, daß sie nach den kognitiven Stützen von Sprache bei den heutigen Menschenaffen, insbesondere bei Schimpansen, suchten. Diese Forschung wurde von Disputen über deren Methodologie begleitet, die manchmal offensichtlich schlampig war, so daß sich viele

Ergebnisse nicht zuverlässig interpretieren ließen. Etliche Forscher haben behauptet, sie hätten einige sprachliche Fähigkeiten bei Schimpansen nachgewiesen. Aber ihre Deutungen ließen sich mit Recht anzweifeln. Kürzlich scheint aber ein Forschungsprojekt mit dem Zwergschimpansen oder Bonobo (*Pan paniscus*) diese methodologischen Probleme überwunden und überzeugende Beweise für einige der neurologischen Grundlagen für Sprache erbracht zu haben (siehe hierzu Exkurs 7.1).

Sue Savage-Rumbaugh vom Language Research Center der Georgia State University hat gezeigt, daß Kanzi, ein zehnjähriger männlicher Bonobo, komplexe gesprochene Sätze versteht. Dies ist erstmalig für Sprachstudien an Menschenaffen. Kanzi erweiterte seinen jetzt ausgedehnten Schatz an Begriffen gleich Menschenkindern, die sprechen lernen, nämlich durch Teilnahme an täglichen Unterhaltungen – die im Fall von Kanzi durch gesprochene und durch ein Lexigramm gezeigte Worte geführt wurden. (Bei früheren Projekten zur Affensprache ließ man wenige Symbole auf einmal auswendig lernen.) Kanzi zeigte auch ein gewisses Vermögen, seine Äußerungen, die er mittels eines Lexigramms von 260 Symbolen hervorbrachte, zu strukturieren. Diese Fähigkeit beweist, obgleich sie sich auf Sätze aus zwei oder drei Worten beschränkt, logische Folgerichtigkeit. Beispielsweise folgte dem Hinweis auf eine bestimmte Tätigkeit der Gegenstand dieser Tätigkeit (»iß Apfel« oder »kitzle Kanzi«). Aus diesem Grund sollte man das, was Kanzi zeigt, am besten als Protogrammatik bezeichnen und nicht behaupten, er besäße die umfangreichen grammatikalischen Fähigkeiten, die eine aussagefähige Sprache erfordert. »Es ist vernünftig zu folgern, daß wir bei Kanzi die kognitive Grundlage der menschlichen Sprache sehen«, sagt Savage-Rumbaugh, »begrenzt, wie man es bei einem Hirn von einem Drittel der Größe des menschlichen erwartet, aber gewiß vorhanden«. Obgleich solche Forschungen den Verlauf der späteren Stadien der Sprachentwicklung nicht direkt berühren, würde ihre Schlußfolgerung, sollte sie zutreffen, die Vorstellung unterstützen, diese Entwicklung habe schon sehr früh in der Menschheitsgeschichte eingesetzt.

Exkurs 7.1: Menschenaffensprache

Seit etwas über einem Jahrzehnt scheinen Studien zur Sprache der Menschenaffen diskreditiert zu sein. Herbert Terrace, ein Psychologe an der Columbia-Universität in New York, konstatierte in einer wegweisenden Arbeit in *Science* (März 1980), daß Menschenaffen kaum mehr leisten, als ihre Lehrer zu imitieren – etwas, was auch Ratten und Tauben auf ihre Weise mit Leichtigkeit vollbringen. Er schrieb, die Menschenaffen zeigten bei ihrer Verwendung von Symbolen keinen Sinn für eine grammatische Struktur. Das Problem war mit einer intellektuellen Dichotomie verknüpft: Einerseits sah eine Kontinuitätsschule die menschliche Sprache als Teil eines kognitiven Kontinuums an, dem schon unsere menschenaffenähnlichen Ahnen angehörten. Andererseits glaubte eine Diskontinuitätsschule, Sprache sei ein allein menschliches Charakteristikum ohne direkte evolutionäre Verbindung zum Affenhirn.

Studien der Affensprache, die in den sechziger Jahren unseres Jahrhunderts begannen, waren in der ersteren dieser beiden Schulen verankert. Indem sie bei den Menschenaffen das Vorhandensein solcher Elemente menschlicher Sprache zu zeigen versuchten wie die Verwendung verschiedener Symbole innerhalb einer grammatikalischen Struktur, hofften sie das „kognitive Substrat" der menschlichen Sprache bei unseren nahen Verwandten zu finden. Für die Anhänger der Schule der Diskontinuität, deren herausragendste Gestalt Noam Chomsky war, suchten die Erforscher der Menschenaffensprache nach etwas, was es gar nicht gibt. Falls die Sprache ein einzigartig menschliches Merkmal

sei, könne man bei Menschenaffen nichts Ähnliches finden, behaupteten sie. Deshalb sollten Behauptungen, Kontinuität nachgewiesen zu haben, illusorisch sein.

Sue Savage-Rumbaugh hat sich seit den frühen Siebzigern mit Studien zur Menschenaffensprache befaßt, anfänglich an der Universität von Oklahoma, wo Roger Fouts eine Schimpansin namens Washoe trainiert hatte, später an der Georgia State University und am Yerkes Regional Primate Research Center. Mit ähnlichen Bedenken wegen der Brauchbarkeit der Ergebnisse aus bisherigen Arbeiten zur Menschenaffensprache, wie sie Herbert Terrace äußerte, ging Savage-Rumbaugh zu Yerkes, wo sie schließlich eine interessante neue Methode entwickelte. Während Terrace unter strengen Laborbedingungen nach dem Hervorbringen einer grammatikalischen Struktur suchte, begann Savage-Rumbaugh den Akzent ihrer Arbeit zu verändern, sowohl technisch als auch ihre Ziele betreffend. Anstatt die Schimpansen das Vokabular von Symbolen auf einmal auswendig lernen zu lassen, entschloß sie sich zu einem natürlicheren Verfahren. Von Beginn an wurde ein großes Vokabular in einer Sprache genutzt, wie man sie in der Umgebung menschlicher Kinder verwendet.

Einige Programme zur Erforschung des Sprachvermögens der Menschenaffen nutzten die amerikanische Zeichensprache für Taubstumme, in der die Tiere unterrichtet wurden, indem man ihre Hände und Finger wiederholt in die richtige Stellung brachte. Dies ist ein mühsames Verfahren und eines, meint Savage-Rumbaugh, das mit der Kom-

munikation interferiert. Statt dessen nutzt das System des Language Research Center ein ausgedehntes Lexigramm, eine Matrix von 256 geometrischen Zeichen auf einem Brett. Die Lehrer berühren die Symbole, die Verben, Adjektive und Hauptworte bedeuten, um einfache Bitten oder Befehle auszudrücken. Gleichzeitig wird der Satz gesprochen, um das Verständnis des über das Gehör vernommenen Englisch zu prüfen.

E.7.1.1 Verschiedene Versuche wurden unternommen, Schimpansen beizubringen, Zeichen symbolisch zu verwenden. Hier sehen wir einen gewöhnlichen Schimpansen mit dem Lexigrammsystem, das Duane Rumbaugh und Sue Savage-Rumbaugh am Language Research Center an der Georgia State University entwickelten.

Im Alter von zwei Jahren hatte Kanzi, ein männlicher Zwergschimpanse (Bonobo), etwa ein halbes Dutzend Symbole und gesprochene Worte aufgeschnappt, »ganz natürlich, wie es menschliche Kinder tun«, sagt Savage-Rumbaugh. Bei den Menschen verläuft die Aneignung der Sprache verhältnismäßig langsam und verteilt sich über etwa sechs Jahre. Im Verlauf ungefähr des gleichen Zeitraumes veränderten sich auch Kanzis sprachliche Fähigkeiten; sowohl das Begriffsvermögen als auch die Struktur wurden ausgefeilter. Dieser ähnliche, wenn auch langsamere und begrenztere Vorgang bei den Zwergschimpansen deutet auf das Vorhandensein eines kognitiven Substrats für Sprache bei den Menschenaffen, meint Savage-Rumbaugh.

Im Alter von zehn Jahren verfügte Kanzi über ein Vokabular von rund 200 Worten, die ihm gegenüber entweder durch Symbole oder sprachlich geäußert wurden. Jedoch war nicht der Umfang des Vokabulars bedeutsam, sondern das, was ihm diese Worte anscheinend bedeuteten. Experimentalpsychologen kennen die außerordentlichen assoziativen Leistungen, zu denen selbst die bescheidensten Tiere manchmal in der Lage sind. Von den sehr gewitzten Schimpansen ist anzunehmen, daß sie sich so komplex verhalten können, daß sie Sprachvermögen imitieren, obwohl es sich tatsächlich um reine Assoziation handelt, um Verknüpfung von Lauten und Symbolen mit Objekten, auch ohne ein wirkliches Verständnis des Zusammenhangs. Savage-Rumbaugh glaubt, daß Kanzis Fähigkeiten hierüber hinausgehen und in das Gebiet der Anfänge einer Sprache hineinreichen. Kürzlich hat das Language Research Center eine Serie von Prüfungen von Kanzis Auffassungsgabe unternommen, indem man

ihn mit Sätzen – Bitten, bestimmte Dinge zu tun – konfrontierte, die jemand äußerte, den er nicht sehen konnte. Die Mitglieder der Forschergruppe, die sich mit Kanzi zusammen im Raum befanden, trugen Kopfhörer. Sie konnten die an Kanzi gerichteten Instruktionen nicht hören und ihm daher keine Hinweise geben, auch nicht unbewußt. Keiner der Sätze war vorher geübt worden, und alle unterschieden sich voneinander. Die ersten waren relativ einfach. »Kannst Du diese Rosinen in die Schale legen?« »Kannst Du dieses Getreide Karen geben?« Kanzi tat das ohne Probleme.

Savage-Rumbaugh und ihre Kollegen entdeckten, als sie einen Schritt weitergingen, einen interessanten Unterschied, den Kanzi bei der Struktur gewisser Instruktionen machte. Weil der Befehl »Geh zum Kolonieraum und nimm die Orange« einfach zu einer geistigen Verbindung von Raum und Orange führen könnte, die der Bonobo dort finden würde, fügten sie eine Komplikation ein. Die Instruktion wurde wiederholt, während Kanzi eine Orange vor sich hatte. In 90 Prozent der zur Verfügung stehenden Zeit schien Kanzi unsicher zu sein. Dann ging er in den Kolonieraum und holte die Orange von dort. Wenn die Instruktion jedoch anders formuliert wurde: »Nimm die Orange, die im Kolonieraum ist«, dann zögerte Kanzi nicht. Die Formulierung »die im … ist« ist hier der Schlüssel. »Dies scheint mir darauf hinzuweisen, daß der syntaktisch kompliziertere Satz besser verstanden wird als der einfache«, sagt Savage-Rumbaugh.

Kanzis Wortproduktion mittels des Lexigrammsystems erweiterte sich ebenfalls mit seinem Alter, was auf einen Entwicklungsprozeß hindeutet. In Zusammenarbeit mit Patricia Marks Greenfield, einer Psychologin von der

Universität von Kalifornien in Los Angeles, zeigte Savage-Rumbaugh, daß Kanzi beim Zusammenstellen von Wortkombinationen nicht nur einfache grammatikalische Regeln erlernen, sondern auch eigene Regeln erfinden konnte. Die Regel, die er von seinen Pflegern aufschnappte, war, daß in Zweiwortsätzen die Handlung dem Objekt vorausging. Obgleich Kanzi während des ersten Monats der Studie keine bestimmte Reihenfolge von Handlungs- und Gegenstandssymbolen einhielt, tat er das in den letzten Monaten in einem statistisch signifikantem Ausmaß. »Diese Entwicklungstendenz von einer zufälligen zu einer bevorzugten Anordnung wird auch bei Kindern auf dem Zweiwortstadium gefunden«, bemerken die Forscherinnen.

Diese und andere Beobachtungen überzeugen Marks Greenfield und Savage-Rumbaugh, daß sie Zeugen eines echten Beweises für das kognitive Substrat sind, auf dem die menschliche Sprache beruht. »Die Fähigkeit, mit grammatikalischen Regeln (einschließlich willkürlichen) umzugehen, bei Kanzis semiotischen Leistungen zeigt, daß Grammatik ein Bereich evolutionärer Kontinuität ist«, sagt sie. »Wir sprechen besser von einer Protogrammatik als von Grammatik. Jedoch … sind die vergleichenden Daten von der Art, daß, wenn wir die Bonoboregeln als Protogrammatik bezeichnen, wir diesen Ausdruck auch auf ein zweijähriges Kind anwenden sollten.«

Warum entstand Sprache?

Wenden wir uns nun vom zeitlichen Verlauf der Entwicklung der vollkommenen modernen Sprache ihrer Funktion zu, der kritischen Kategorie für die natürliche Auslese. Kommunikation ist die offensichtlichste Antwort. Die vom Menschen gesprochene Sprache ist im Tierreich ohne Beispiel, sowohl hinsichtlich des Umfangs ihres Informationsgehalts als auch der Geschwindigkeit von dessen Übertragung. In unserer modernen Welt, wo Information alles durchdringt, nutzen wir die Sprache ständig zum Kommunizieren. Daher ist die Kommunikationshypothese für den Ursprung von Sprache verführerisch. Es fällt auch leicht, sich vorzustellen, wie nützlich die Sprache für [die frühen] Wildbeuter zum Organisieren und Planen gewesen sein könnte.

Allerdings sollten wir beim evolutionären Theoretisieren niemals vergessen, gegenwärtige Nützlichkeit vom anfänglichen Selektionswert zu trennen. In den vergangenen Jahren kamen viele Forscher zu dem Schluß, daß, eine so wichtige Rolle die Sprache bei der Kommunikation zwischen den Menschen auch immer spielen mag, ihr Ursprung mit etwas ganz anderem verknüpft sein könnte.

»Die Rolle der Sprache bei der Kommunikation entwickelte sich anfänglich als eine Nebenwirkung der Konstruktion der Wirklichkeit«, meint Harry Jerison, ein Neurologe an der Universität von Kalifornien in Los Angeles, der speziell die Evolution des Gehirns untersuchte. »Wir können Sprache als bloßen Ausdruck eines weiteren neuralen Beitrags zum geistigen Vorstellungsvermögen ansehen.« Gehirne wurden während der gesamten Evolutionsgeschichte dazu ausgebildet, eine innere Welt zu formen, die dem täglichen Leben der Art entspricht. Bei Amphibien liefert das Sehvermögen das prinzipielle Element dieser Welt, bei Reptilien ist es ein ausgeprägter Geruchssinn. Für die frühesten Säugetiere wurde zudem das Gehör wichtig. Schließlich schafft bei den Primaten eine Mischung sensorischer Einflüsse ein vollständiges geistiges Modell der äußeren Realität. Menschen, sagt Jerison, haben dem noch eine weitere Komponente hinzugefügt: Sprache, oder

genauer, Reflexion und Vorstellungskraft. So ausgerüstet, schafft der menschliche Geist ein inneres Weltmodell, das in einzigartiger Weise in der Lage ist, die komplexen praktischen und sozialen Herausforderungen darzustellen und ihnen zu begegnen. Innere Reflexion, nicht äußere Kommunikation war die Fähigkeit, worauf die natürliche Auslese einwirkte, behauptet Jerison. Die Sprache war ihr Medium – und gleichzeitig ein wirkungsvolles Werkzeug der Kommunikation. Diese Hypothese findet heute weite Unterstützung.

Die innere Welt der aussagefähigen Sprache ist eng mit dem Vorstellungsvermögen verknüpft (und wie wir gleich sehen werden, mit dem introspektiven Bewußtsein). Vorstellungen sind sowohl ein machtvolles analytisches als auch kreatives Medium. Wie es Jerson ausdrückt: »Indem wir die Worte eines anderen hören oder lesen, teilen wir buchstäblich dessen Bewußtsein.« War die Schaffung einer inneren Welt tatsächlich die Triebkraft einer reflektierenden Sprache und diese über Jahrtausende hinweg ein wesentlicher Teil der kognitiven Entwicklung? Dann ist die drastische Steigerung der Hirngröße, die während der gesamten menschlichen Evolutionsgeschichte erfolgte, prinzipiell im Zusammenhang mit der Evolution von Sprache zu erklären. Das gleiche behauptete auch Terrence Deacon, der sich dabei auf grundlegende neurologische Belege stützte.

Die hauptsächlichste alternative Hypothese zur Erklärung des Anwachsens der Hirngröße, das ständig zunehmende technologische Leistungsvermögen, scheint Jerison »eine ungenügende Erklärung zu sein, nicht zuletzt, weil sich Werkzeuge auch mit sehr geringer Hirnmasse herstellen lassen«. Im Gegensatz dazu meint er: »Das Hervorbringen einer einfachen, aber brauchbaren Sprache erfordert eine erhebliche Masse Gehirn.«

Sprache und introspektives Bewußtsein sind unlösbar miteinander verknüpft, gewiß in der Weise, wie es die meisten von uns erleben. Waren auch sie in einem evolutionären Zusammenhang verknüpft, aneinandergefesselt als ein Objekt der natürlichen Auslese? Das menschliche Bewußtsein war jahrhundertelang das Ziel vieler philosophischer Erörterungen und wurde oft zu einem mystischen Phänomen erhoben. Aber in den vergangenen Jahren kamen viele Anthropologen und Primatologen zu der Ansicht, die Fähigkeit zum Bewußtsein sei ein nützliches Hilfsmittel in der Welt der soziallebenden Primaten, aus denen sich die Menschen entwickelten.

Sprache als soziales Hilfsmittel

Ebenso wie man annehmen kann, die Sprache habe sich als Hilfsmittel entwickelt, um bessere geistige Modelle herzustellen (die Behauptung Jerisons), läßt sich das auch für unser Bewußtsein vermuten. Insbesondere könnte sich das Bewußtsein zum Verstehen – und genaueren Voraussehen – eines komplexen sozialen Umfelds herausgebildet haben. Die meisten Lebewesen sind mit ziemlich begrenzten und sich wiederholenden alltäglichen Herausforderungen konfrontiert: Nahrung suchen, Feinden ausweichen und Paarungspartner finden. Aber für Primaten, besonders höhere Primaten, ist das Leben bedeutend komplizierter. Ihr hochentwickeltes Sozialleben beinhaltet Elemente der Unvorhersehbarkeit, denen im Dasein der meisten Organismen nichts gleichkommt. Das Knüpfen und Lösen von Beziehungen zu anderen Individuen, die Manipulierung des Verhaltens anderer, das Beobachten des Verhaltens anderer, um nicht selbst manipuliert zu werden – diese intensiven sozialen Verknüpfungen im Leben der höheren Primaten stellen außerordentliche Anforderungen an die intellektuellen Fähigkeiten. »Sie erfordern ein Intelligenzniveau, für das es in anderen Lebenssphären keine Parallelen gibt«, meint der Psychologe Nicholas Humphrey, ein führender Erforscher der Natur des Bewußtseins. »Wie Schach, ist eine soziale Wechselwirkung typischerweise eine Angelegenheit zwischen sozialen Partnern. Beispielsweise könnte ein Tier durch sein eigenes Verhalten dasjenige eines anderen verändern wollen. Aber weil das andere Tier selbst reagiert und intelligent ist, wird diese Wechselbeziehung bald zu einer zweiseitigen Auseinandersetzung, in deren Verlauf jeder „Spieler" bereit sein muß, seine Taktik – und vielleicht auch seine

Ziele – zu ändern. Daher muß der soziale Mitspieler über die Fähigkeit zur Einsicht in den augenblicklichen Stand des Spieles hinaus, ebenso wie der Schachspieler, zu einer besonderen Art des Vorausplanens fähig sein.«

Deshalb begann sich das Bewußtsein in einer stark von Konkurrenz geprägten sozialen Umgebung herauszubilden, meint Humphrey. Weil es wie ein „inneres Auge" arbeitet, erlaubt das introspektive Bewußtsein zu vermuten, wie sich der andere in einer bestimmten Situation verhalten könnte. Dabei nutzt es in der ähnlichen Situation sich selbst bewußte Erfahrung. »Bewußtsein liefert mir ein erklärendes Modell, eine Möglichkeit, meinem Verhalten einen Sinn zu geben, in einer Form, die ich mit anderen Mitteln nicht ersinnen könnte«, erklärt Humphrey. »Das privilegierte Bild von den inneren Gründen seines eigenen Verhaltens kann der mit der Gabe der Introspektion Ausgestattete unmittelbar und direkt auf andere Menschen projizieren. Er kann und wird seine Erfahrung dazu nutzen, in die Haut anderer Menschen zu schlüpfen« – und somit effektiver soziales Schach spielen.

Bewußtsein ist besonders in Primatengesellschaften wertvoll, um das Verhalten anderer Individuen vorherzusagen und so die Gelegenheiten zur Reproduktion zu optimieren. Sobald bei einer Tierart soziale Fähigkeiten erst einmal bedeutsam werden, wird die Auslese sie weiter vervollkommnen. »Unter diesen Umständen gibt es kein Zurück«, sagt Humphrey. »Ein evolutionärer „Sperrhaken" wurde eingebaut …, um das allgemeine intellektuelle Niveau der Art anzuheben.«

Hiernach haben die höheren Primaten wahrscheinlich ein gewisses Ausmaß von Eigenbewußtsein. Es gibt zudem gewisse experimentelle Hinweise, daß dies auch tatsächlich zutrifft. Auf einem gewissen Niveau arbeitet das Eigenbewußtsein nahezu gewiß in den Gehirnen der Menschenaffen, vielleicht dadurch unterstützt, was Savage-Rumbaugh »das zugrundeliegende Substrat der Sprache« nennt, die geistige Maschinerie, die gedankliche Vorgänge organisiert. Aber das Erscheinen der gesprochenen Sprache –

insbesondere bei *Homo* – läßt sich als Teil eines Vorgangs ansehen, der das Bewußtsein zu der außerordentlichen Klarheit menschlicher Introspektion erhebt.

Sollten sich Sprache und Bewußtsein tatsächlich im Zusammenhang mit der Steigerung der Fähigkeit der Individuen, innerhalb der Komplexität des sozialen Lebens zu handeln, entwickelt haben, dann müssen ihre Auswirkungen weit über ihren ursprünglichen Selektionswert hinausgehen. In evolutionären Systemen findet man oft Unterschiede zwischen gegenwärtiger Funktion und anfänglichem Nutzen. Eine der außerordentlichsten Folgen der Evolution des introspektiven Bewußtseins könnte das Auftauchen von Mythologie sein.

Die Quelle der Mythen

Mythologie – mehr oder weniger detaillierte Geschichten darüber, wie die Welt entstand und wie sie funktioniert – ist ein Kennzeichen des modern-menschlichen Geistes, die Schöpfung von Welten, die am Medium Sprache teil hat. Das Zentrum aller Mythologien (und den Kern sämtlicher Religionen) bildet ein Schöpfungsmythos – eine Erklärung, wie die Menschen auf die Welt kamen. »Der Mensch kann sich offensichtlich nicht im Universum behaupten, ohne an irgendeine Version des allgemeinen Erbmythos zu glauben«, bemerkte Joseph Campbell. »Jedes Volk besitzt sein eigenes Siegel und Zeichen einer übernatürlichen Herkunft, das seinen Heroen überbracht wurde und sich täglich im Leben und in den Erfahrungen seiner Leute bestätigt.« Edward Wilson, Biologe in Harvard, sagt dasselbe, allerdings etwas mehr analytisch gefärbt: »Die Anfälligkeit für religiösen Glauben ist die komplexeste und stärkste Kraft des menschlichen Geistes und mit aller Wahrscheinlichkeit ein unauslöschlicher Teil menschlichen Verhaltens ... Sie ist eine der Universalien sozialen Verhaltens, die in jeder Gesellschaft, von den Lokalgruppen der Wildbeuter bis hin zu den sozialistischen Republiken, erkennbare Formen annimmt.«

Wie konnte diese Kraft dem Bewußtsein entspringen? »Als sich die Menschen ihrer selbst als Individuen mit Gefühlen und Zielen bewußt wurden, schrieben sie ähnliche Gefühle nicht nur anderen Menschen, sondern auch anderen Tieren und unbelebten Objekten zu«, meint der Psychologe Kordon Gaulle von der State University of New York in Albany. »Ebenso wie das Verhalten von Individuen verstanden und manchmal manipuliert werden kann, wurde die Vorstellung geboren, daß sich auch die übrige Welt verstehen und beeinflussen ließe. Dennoch schien die Welt oft voller rätselhafter Mächte zu sein, voller Geheimnisse, die bedeutende Kräfte verrieten.«

Diese Argumentationslinie, die hier kurz dargestellt wurde, erlaubt zu sehen, daß seit dem Augenblick, da das Bewußtsein hell im Geist der modernen Menschen aufflammte, ein universaler Drang vorhanden war, die übrige Welt zu verstehen – Geschichten zu erzählen, wie die Dinge entstanden, welche Kräfte gut, welche schlecht waren und wie sie beeinflußt werden könnten. »Das Bewußtsein«, bemerkt Humphrey, »das sich anfänglich entwickelte, um mit den Problemen der zwischenmenschlichen Beziehungen fertig zu werden, fand mit der Zeit seinen Ausdruck in den institutionellen Schöpfungen des „Geistes von Wilden“ – den hochrationalisierten Verwandtschaftsstrukturen, dem Totemismus, in Mythen und Religion, wodurch einfache Gesellschaften gekennzeichnet sind«.

Mit dem Bewußtsein von uns selbst kommt unausweichlich das Bewußtsein vom Tod – die letzte Sorge, wie Theodosius Dobzhansky es ausdrückte. Das Todesbewußtsein und das Ausführen von Begräbnissen, die es manchmal begleitet, geben den Archäologen die Möglichkeit, aus den Zeugnissen der Vergangenheit etwas über das Ausmaß von Bewußtsein im Geist unserer Ahnen zu erfahren. Die Entdeckung der fossilisierten Überreste eines Individuums, das offensichtlich einem Grabe anvertraut und mit Grabbeigaben verschiedener Art beschenkt wurde, liefert ein beredtes Zeugnis von einem hochentwickelten Bewußtsein unserer selbst und vom Tode. Beweise für solche Vorgänge, nach denen die

Archäologen eifrig gesucht haben – und die sie fanden –, führten zu dem Schluß, daß die Neandertaler ein vollentwickeltes menschliches Bewußtsein besaßen. Sie erinnern sich sicher des Eröffnungsszenariums unseres Prologs. Obgleich praktisch kein Beweis für ein Begräbnisritual vor der Zeit der Neandertaler zu finden ist, akzeptierte man doch weitgehend, daß eine solche Praktik bei diesen Menschen schon recht fortgeschritten war. Neuerdings wurde dieser Ansicht jedoch widersprochen. Man bezeichnete die Belege für rituelle Begräbnisse als überinterpretiert (siehe hierzu und zum folgenden Abschnitt Exkurs 7.2).

Belege aus dem Grab

Es lohnt, sich daran zu erinnern, daß die Durchführung von Bestattungen vor allem ein Phänomen der westlichen Welt ist. In vielen Kulturen vollführt man sorgfältig ausgestaltete Totenrituale, beispielsweise um der entfliehenden Seele einen sicheren Weg ins Jenseits zu gewährleisten. Dies aber hinterläßt keine archäologische Spur. Einäscherung auf einem Scheiterhaufen ist ein offensichtliches Beispiel, ebenso wie das zeremonielle Niederlegen der sterblichen Hülle an einem Berghang, wo sie von Aasfressern verschlungen wird, oder auch das Aufbahren der Toten auf einer Plattform, wo Verwesung eine Fossilisierung unmöglich macht. Das Fehlen von Hinweisen auf ein Begräbnis schließt deshalb Todesbewußtsein nicht unbedingt aus. Aber natürlich bewegen sich die Archäologen bei positivem Befund auf sichererem Grund als bei negativem.

Zweifellos begruben die Menschen des Jungpaläolithikums ihre Toten, oft zusammen mit Schmuckgegenständen und anderen Artefakten. Jedoch sind solche Begräbnisse nicht allgemein gültig. Aus dem Magdalénien, dem Höhepunkt der Eiszeitkunst, kennen wir keines. Die wirkliche Frage ist, wann begann diese Praktik? Und wann erschien dem menschlichen Geist erstmals das Todesbewußtsein? Es gibt einige Dutzend mutmaßliche Neandertalerbegräbnisse, beinahe regelmäßig in Höhlen. Jedoch fehlen, im

Gegensatz zum Jungpaläolithikum, Grabbeigaben praktisch immer. Dennoch, läßt nicht allein schon die Praktik des Begräbnisses – denken wir an den alten Mann von Shanidar und die Blumengirlanden, wie es auf den Anfangsseiten dieses Buches beschrieben wurde –, ein menschliches Bewußtsein zuverlässig erkennen?

Nicht, wenn man die Tatsachen leidenschaftslos bewertet, argumentiert Robert Gargett, ein Anthropo-

7.12 Bei diesem 20 000 Jahre alten Begräbnis bei Sungir, 210 Kilometer östlich von Moskau, sieht man Ketten und Perlen sowie ein Stirnband aus Mammutelfenbein und Fuchszähnen.

Exkurs 7.2: Ein urzeitliches Ritual, das keines war

Die Durchführung von Begräbnissen, insbesondere mit begleitendem Ritual, wird richtigerweise als Hinweis auf menschliche Geistigkeit gewertet. Deshalb hat man nach archäologischen Belegen für eine solche Tätigkeit gesucht, um zu ermitteln, wann genau sich der vollausgebildete menschliche Geist entwickelte. Für den Archäologen haben Begräbnisse den Vorteil, daß man sie mit hoher Wahrscheinlichkeit in der prähistorischen Überlieferung findet.

Vor dem Erscheinen der Neandertaler gibt es keine Anzeichen für Begräbnisse. Mit dem Ursprung des modernen Menschen lassen sich Begräbnispraktiken eindeutig identifizieren. Seit der Jahrhundertwende wurde von wenigstens 30 der 200 Neandertalerfunde gesagt, sie offenbaren Beisetzungen, einschließlich solcher Praktiken wie das Richten des Körpers, das Beifügen von Gaben und Tierknochen zum Grab und das bedeutungsvolle Arrangieren von Steinen.

Robert Gargetts Neuuntersuchung der Berichte von sechs berühmten Beispielen für vermutliche Bestattungen – La Chapelle-aux-Saints, Le Moustier, La Ferrassie, Teshik Tash, Regourdou und Shanidar – konzentrierte sich, wie fast alle Fälle von angenommenen Begräbnissen, auf Neandertalergebeine, die in Höhlen oder unter Felsvorsprüngen gefunden wurden. Gargett verweist darauf, daß die Ablagerungs-, Erosions- und Wiederablagerungsvorgänge in den Höhlen oft sehr dynamisch und die Deutung der Funde daher außerordentlich problematisch ist. Beispielsweise können Deckeneinstürze den Eindruck hervorrufen, der Körper sei mit einer Steintafel bedeckt oder die Knochen seien absichtlich in einem Ritual zerbrochen worden. Auch die Nutzung der von Menschen bewohnten Höhlen durch Raubtiere, insbesondere Hyänen, kompliziert die Situation.

Obgleich viele Wissenschaftler Gargett zustimmen, daß die Beweislast denjenigen zufalle, die behaupten, Hinweise auf Begräbnisse zu sehen, meint die Mehrheit doch, er sei mit seiner Verneinung zwingender Beweise für diese Sitte zu weit gegangen. Eine allgemeine Tatsache, die für Neandertalerbegräbnisse spricht, ist die außerordentliche Anzahl bekannter teilweise oder vollständig erhaltener Skelette. Und doch fiel eines der berühmtesten vermutlichen Beispiele für ein Totenritual bei den Neandertalern durch die Prüfung, als es kürzlich genau untersucht wurde.

1939 fand man einen Neandertalerschädel in einer Kalksteinhöhle an einem Südhang des Monte Circeo, etwa hundert Kilometer südlich von Rom. Von dem Schädel wurde gesagt, er zeige Spuren einer rituellen Verstümmelung: das Foramen magnum war vergrößert worden, um Zugang zum Gehirn zu erlangen, und vom Schädel selbst wurde berichtet, er habe auf seinem Dach, mit aufwärtsgerichteter Basis, im Mittelpunkt eines Steinringes geruht. Der Schaden an der rechten Seite des Schädels sollte die Folge eines Ritualmordes sein. Mehr als ein halbes Jahrhundert lang erschienen in populären Anthropologiebüchern Abbildungen von der Rekonstruktion des vermuteten rituellen Kannibalismus als Zeugnis von der geistigen Natur des Neandertalers. 1991 studierte Mary Stiner von der Universität von Neumexiko die bei dem Schädel liegende Fossilkollektion. Tim White von der Universität von Kalifornien in Berkeley und Nicholas Toth von der Indiana-Universität fügten ihr Urteil über den Schädel selbst hinzu. Ihre Schlußfolgerungen unterschieden sich stark von früheren Deutungen.

Stiner bestimmte die Tierarten, deren Knochenbruchstücke auf gleicher Ebene mit dem Neandertalerschädel lagen, und suchte nach Hinweisen auf die Tätigkeit von Raubtieren, wie Bißspuren auf den Knochenoberflächen. Das gleiche unternahm sie für unter dem Schädel liegende Schichten, in denen man Moustérienwerkzeuge gefunden hatte. Diese Daten verglich sie mit Knochenkollektionen von einem nahegelegenen bekannten Neandertalerfundort und von einer Hyänenhöhle. Obgleich die tieferliegende Schicht, in der die Werkzeuge lagen, den Verhältnissen eines von Menschen genutzten Platzes entsprach und wenige, kaum mit Bißspuren versehene Tierknochen enthielt, ließ sich die Kollektion aus der Ebene des Schädels nicht von jener der Hyänenhöhle unterscheiden, in der sich ein Überfluß an Knochen mit Bißspuren und

loge an der Universität von Kalifornien in Berkeley. In der Fossildokumentation vor der Zeit der Neandertaler fehlen vollständig erhaltene Skelette fast völlig. Tatsächlich existieren zwei Skelette, und dies für einen Zeitraum von drei Millionen Jahren Menschheitsgeschichte. Dazu gehört das berühmte Skelett von „Lucy", einer Angehörigen der ersten Hominidenart, *Australopithecus afarensis*. Nach dem Erscheinen der Neandertaler wurden vollständige Skelette für die Überlieferung charakteristisch,

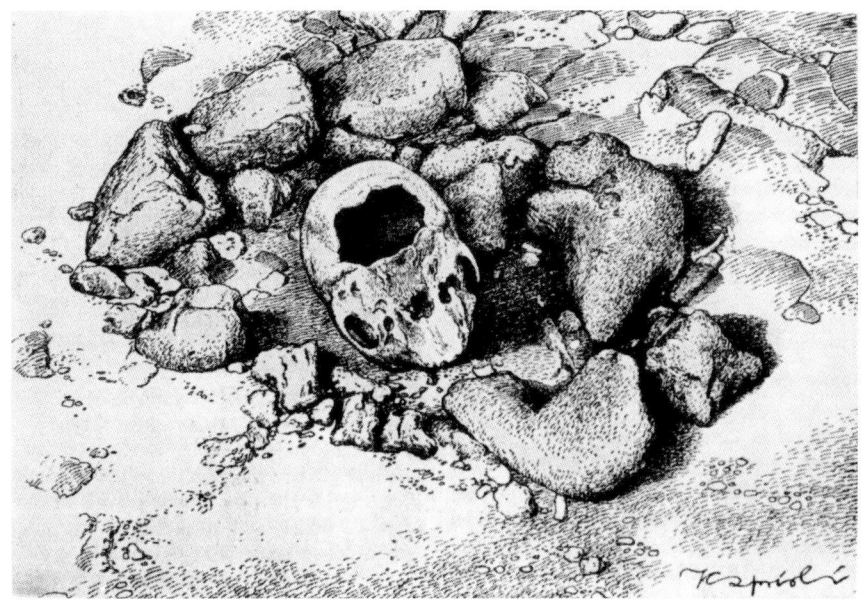

E.7.2.1 Alberto Blancs Rekonstruktion des Neandertalerschädels innerhalb eines Steinringes in der Höhle von Monte Circeo in Italien, der, wie er behauptete, auf rituellen Kannibalismus hindeutet. Eine neuere Analyse zieht diese Deutung in Zweifel.

von Raubtierzähnen hervorgerufenen Löchern zeigte. Die Wissenschaftlerin folgerte, daß der Neandertalerschädel genauso wie die anderen Knochen in die Höhle gelangt war – im Fang einer Hyäne. White und Toth machten sich für ihre Studie mit der Anatomie der rituellen Anthropophagie (Kannibalismus) vertraut, indem sie Schädel aus dem amerikanischen Südwesten und aus Melanesien untersuchten. Das Entfleischen der Schädel und ihre Vorbereitung für das Ritual hinterläßt viele charakteristische Spuren, einschließlich durch Steinmesser hervorgerufene Schnittspuren an der Oberfläche der Knochen, Polierung sowie Knochensplitter im Inneren des Schädels, die von äußeren, insbesondere rings um das Hinterhauptloch ausgeführten Schlägen herrühren.

Nach ihrer Untersuchung des Neandertalerschädels stellten die Forscher als erstes fest, daß die Verteilung der Farbe und eine partielle Ablagerung von Höhlenkorallen (Kalziumkarbonat) zeigt, daß der Schädel auf seiner linken Seite gelegen hatte und nicht direkt auf seinem Dach, wie ursprünglich berichtet wurde. Verletzungen, die von Werkzeugen herrührten, stammten von Bohrern und Pickeln, die man beim Ausgraben und Präparieren des Fossils gebrauchte – nicht aus der Zeit vor 60 000 Jahren, als das Individuum starb. Es gab keine alten Schnittspuren, keine Polierung, keine Splitter – keinerlei Hinweise darauf, daß der Schädel durch menschliche Hände verändert worden war, bevor er als Fossil geborgen wurde. Die Beschädigung an der linken Seite des Schädels, die als Beweis für einen Ritualmord interpretiert worden war, könnte auch vom Biß eines Tieres herrühren, meinten White und Toth.

Alle drei Forscher hoben hervor, daß der Beweis für einen Steinkreis, der im besten Falle dürftig ist, sich besser als eine unregelmäßige Verteilung von Steinen deuten läßt, wie man sie überall in der Höhle findet.

Der Fall von Monte Circeo beweist nicht, daß die Neandertaler keine Begräbnisrituale ausführen konnten, nur daß sich ein solches hier nicht zeigt. Aber die rigorose Aufarbeitung dieses Falles, der tief in das anthropologische Sagengut eingedrungen war, hatte eine heilsame Wirkung. Sie zeigt uns, welche Art von Beweisen für eine verläßliche Interpretation früherer menschlicher Aktivitäten relevant ist. Sie erinnert uns auch daran, daß der Wunsch, Hinweise auf einen menschlichen Geist bei unseren jüngsten Vorfahren zu finden, stark, manchmal auch zu stark ist.

obgleich sie auch damals nicht gerade häufig waren. Insgesamt kennen wir mehr als 20. Einige Forscher zitieren allein schon diese Tatsache als Hinweis auf bewußt vorgenommene Begräbnisse durch Neandertaler, denn ein Begräbnis erhöht die Aussicht eines Skeletts erheblich, während des Fossilisierungsprozesses vollständig zu bleiben. Jedoch meint Gargett, daß komplette Skelette bei Neandertalerfunden einfach deshalb häufiger sind, weil natürlichen geologischen oder anderen Prozessen weniger Zeit zur Ver-

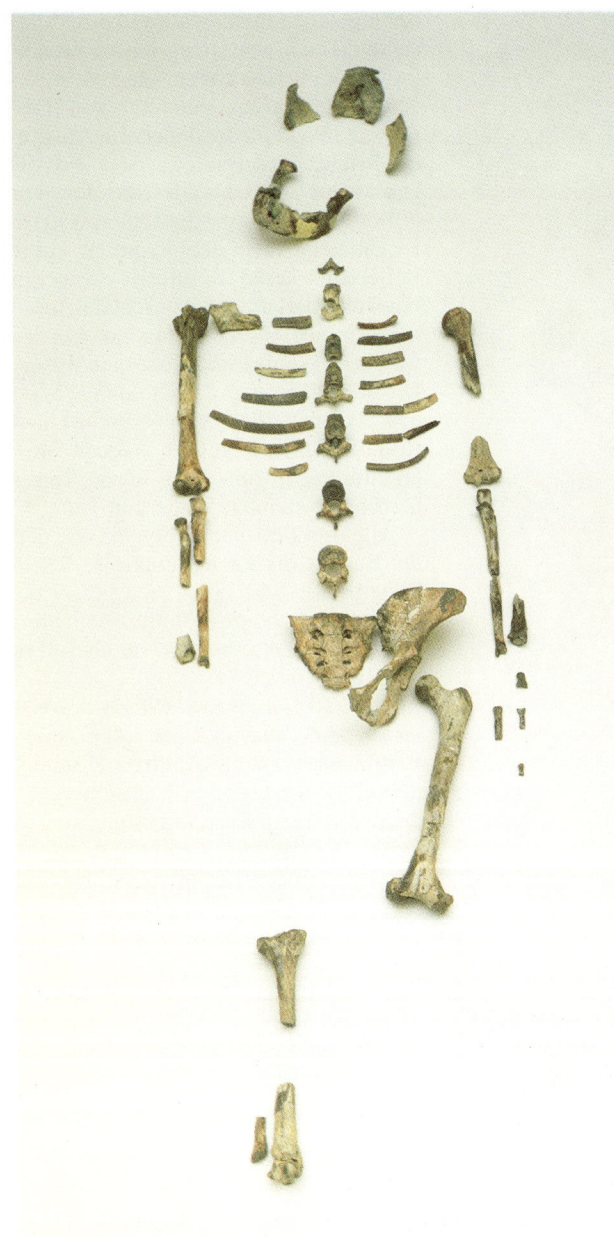

7.13 Dieses drei Millionen Jahre alte Exemplar von *Australopithecus afarensis*, genannt Lucy, wurde 1974 in Äthiopien gefunden und ist eines der beiden einzigen teilweise erhaltenen Hominidenskelette, die älter als die Neandertaler sind. Das zweite Exemplar ist das des Turkana-Knaben, ein 1,6 Millionen Jahre alter *Homo erectus* aus Kenia.

fügung stand, sie zu beschädigen. Sein Haupteinwand gegen Begräbnisse bei den Neandertalern bezieht sich aber auf die vermeintlichen Beispiele selbst.

»Wenn Sie sich die in der Literatur zitierten Hinweise auf Begräbnisse sorgfältig ansehen, beispielsweise flache Gräber, neben dem Skelett angeordnete Tierhörner und so weiter, können Sie immer auch eine natürliche Erklärung finden«, sagt er. So würde auch sanft den Körper oder das Skelett umfließendes Wasser in einer auf Bodenniveau liegenden Höhle eine flache Vertiefung erzeugen, die man fälschlicherweise für ein absichtlich ausgehobenes Grab halten könnte. »In vielen Fällen hat man einfache und naheliegende Erklärungen zugunsten komplizierter Szenarien, die rätselhaftes, absichtliches Handeln vermuten ließen, einfach übersehen.«

Die Vorstellung, der alte Mann von Shanidar sei auf einem Blumenbett zur Ruhe gelegt worden, »übersieht den wahrscheinlichsten Grund für die Ablagerung von Blumenpollen, den Wind«, sagt Gargett. »Weil man schon vorher glaubte, daß ein absichtliches Niederlegen möglich war, überzeugte die Entdeckung von Blumenpollen die Forscher davon, daß die Neandertaler ihre Toten mit Blumen begruben.« Solche „Selbsttäuschung" war üblich bei Ausgrabungen, wo man eine absichtliche Bestattung vermutete, behauptet Gargett. In einer scharfen Entgegnung sagt Arlette Leroi-Gourhan: »Gargett stellt sich vor, der Wind habe die Pollen ausgerechnet in die Erde des Neandertalergrabes geweht und sich dabei gerade solche mit leuchtenden Farben aus fünf verschiedenen Gattungen ausgesucht. Es ist traurig, daß er bei seiner Behauptung weder die Verbreitungsmöglichkeit von Pollen berücksichtigt, noch meine Arbeit zu diesem Gegenstand gelesen hat.«

In seiner eigenen, 1989 in *Current Anthropology* erschienenen Arbeit schlußfolgerte Gargett, daß »es die Arbeitshypothese sein sollte, die Neandertaler hätten ihre Toten nicht begraben oder auf eine andere Weise Ablagerungen beim Vollziehen eines Rituals verändert«. Mehrere Wissenschaftler antworteten in der gleichen Ausgabe der Zeitschrift mit Bemerkungen, die von »eine sehr gut begründete und vernünftige neuerliche Deutung« bis zu »wir finden es schwer, in dieser Arbeit einen wissenschaftlichen Wert zu entdecken« reichten. Erik Trinkaus, ein bedeutender Neandertalerforscher an der Universität von Neumexiko, meint, Gargett habe recht, wenn er sagt, daß die Hinweise auf rituelle Begräbnisse in »einigen Fällen überbewertet wurden«. Er denkt jedoch, Gargett ginge zu weit, indem er alle solche Behauptungen verwirft. »In anderen Fällen,« bemerkt Trinkaus, »unabhängig davon, wie kritisch man ist, bleibt ein absichtliches Begräbnis die einzig vernünftige Deutung. Die Neandertaler begruben ihre Toten. Was man aber daraus macht, ist eine andere Frage.«

Eine endlose Suche

Sollte Trinkaus mit seiner Folgerung recht haben, daß rituelle Begräbnisse tatsächlich ein Bestandteil der Kultur der Neandertaler waren – und die meisten Anthropologen stimmen dieser Interpretation der Belege zu –, dann scheint es sicher anzunehmen, daß das Todesbewußtsein eine geistige Erfahrung der Neandertaler bildete. Aber wie ausgeprägt war diese Erfahrung? Der Versuch, die Erfahrung eines anderen Lebewesens zu erforschen, ist in menschlichem Sinn enttäuschend, insbesondere, wenn diese Erfahrung viele Jahrtausende von uns entfernt liegt. Noch entmutigender ist die Deutung einer prähistorischen Dokumentation, die sich bestenfalls unvollständig und schlimmstenfalls vieldeutig präsentiert.

Wie wir sahen, lassen sich die greifbaren Belege auf sehr verschiedene Weise interpretieren. Entstand die moderne, reflektierende Sprache erst kürzlich und auf dramatische Weise oder in einem langen, allmählichen Prozeß? Hatte das Volk von Shanidar seinen Schamanen begraben, wie es im einleitenden Abschnitt beschrieben wurde, oder unterstellt dieses Szenarium nur höchst vieldeutige Tatsachen aus der Sicht heutiger Menschen? Dies bleiben die gewichtigsten archäologischen Fragen.

Die Ursprünge von Sprache – jenem menschlichen Medium des Denkens, der Kommunikation und vieler Elemente von Kultur und Bewußtsein – und ihre Rolle für das Entstehen des modernen Menschen bleiben rätselhaft. Da wir ohne Dean Falks Zeitmaschine auskommen müssen, werden wir die vollständigen Antworten auf diese Fragen möglicherweise nie erhalten. Gewiß ist nur, wir werden es immer wissen wollen.

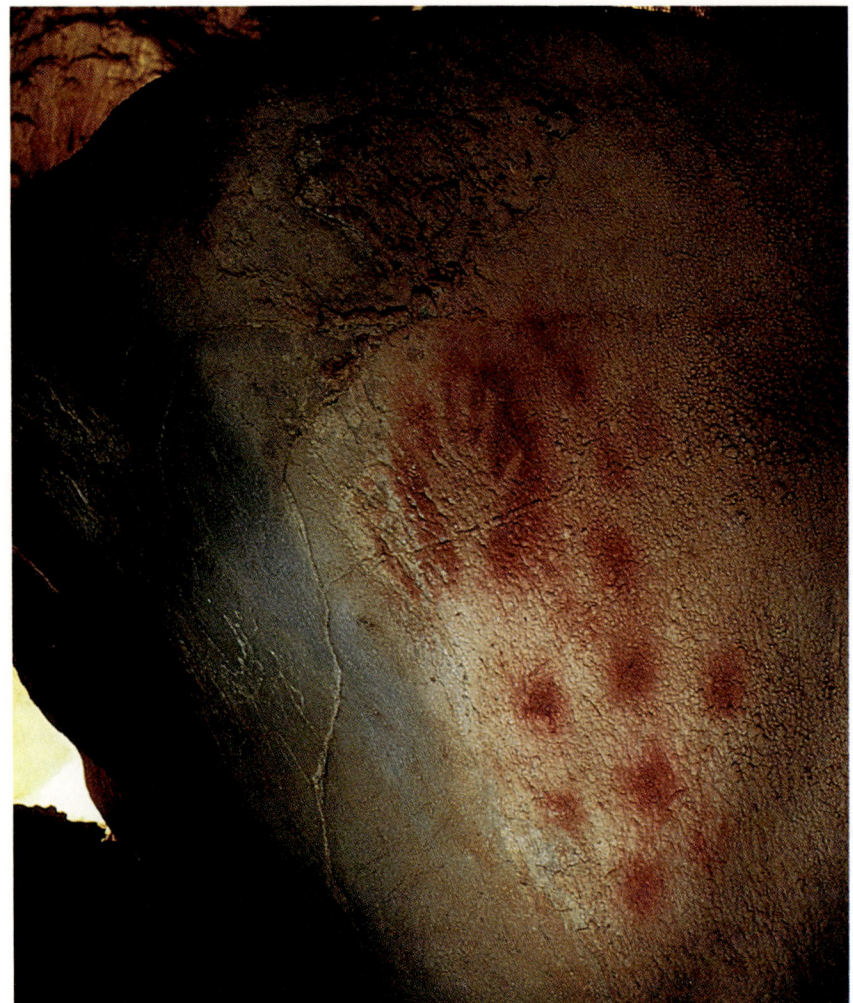

7.14 Negative Handschablonen, die durch Blasen des Farbstoffes gegen die an die Felswand gehaltene Hand geschaffen wurden, sind überall in der prähistorischen Kunst zugegen. Dieses 18 000 Jahre alte Beispiel stammt aus der Höhle Peche Merle aus der Lot-Region in Frankreich.

Glossar

Abgeleitetes Merkmal Ein Merkmal, das von einigen Angehörigen einer evolutionären Gruppe erworben wurde, diese daher im taxonomischen Sinn vereinigt und sie von den übrigen abtrennt. (Vergleiche: ursprüngliches (primitives) Merkmal.)

Absolute Datierung Eine Altersangabe für ein Fossil oder ein Artefakt, die durch eine – gewöhnlich radiometrische – Messung des Alters eines Sediments gewonnen wurde, worin man es fand.

Acheuléen Name einer Steinwerkzeugindustrie, die sich durch große zweischneidige Geräte, einschließlich Faustkeilen, auszeichnet. Es begann vor etwa 1,5 Millionen Jahren und setzte sich in Afrika und Eurasien bis vor etwa 200 000 Jahren fort.

Allel Alternative Form eines Gens, beispielsweise für eine bestimmte Augenfarbe. Alle genetischen Loci umfassen mindestens zwei Allele, deren Auswirkungen davon abhängen, ob sich im Individuum zwei identische oder zwei verschiedene Allele befinden. *Siehe auch* Polymorphismus.

Altpaläolithikum Menschliche Kulturperiode, die mit dem ersten Erscheinen von Werkzeugen beginnt und vor etwa 200 000 Jahren endete. Gewöhnlich bezieht sich der Ausdruck auf Europa (für den späteren Teil) und Nordafrika. Der entsprechende Terminus für das Afrika südlich der Sahara ist Early Stone Age.

Analogie Ähnlichkeiten zwischen Lebewesen, die auf konvergenter Evolution beruhen. (Vergleiche: Homologie.)

Anpassung Der evolutionäre Prozeß, durch den ein Lebewesen für seine Umgebung tauglich wird. Ein Merkmal, das sich unter natürlicher Auslese für eine bestimmte Tätigkeit entwickelte.

Anthropoiden Informeller Name für die Unterordnung der Primaten, der niedere Affen, Menschenaffen und Menschen angehören.

Anthropologie Wissenschaft vom Menschen, einschließlich seiner Evolution, seiner Variabilität sowie seines früheren und gegenwärtigen Verhaltens.

Arboreal Baumlebend.

Archäologie Die Wissenschaft von den prähistorischen Kulturen.

Archaischer *Homo sapiens* Ein Terminus, der für Hominiden angewandt wird, die in der Zeit zwischen 400 000 Jahren vor der Gegenwart bis zum Erscheinen des modernen Menschen lebten. Diese Hominiden gehören vielleicht alle zu einer oder auch zu mehreren Arten. Zu dieser Frage gibt es erhebliche Meinungsverschiedenheiten.

Arcus zygomaticus Backenknochen.

Arid Wüstenhaft, trocken. Gebräuchliche Bezeichnung der klimatischen und Bodenverhältnisse in Trockengebieten (Halbwüsten, Deserts) der Erde.

Artbildung Fie Entwicklung einer neuen Art durch das Aufspalten einer bereits vorhandenen, so daß die Artenvielfalt wächst (auch Speziation genannt).

Artefakt Ein von Menschen angefertigter Gegenstand.

Aurignacien Die erste große Kultur des Jungpaläolithikums in Europa, benannt nach einem Felsvorsprung in den französischen Pyrenäen.

Australopithecinen Geläufiger Name für Angehörige der Gattung *Australopithecus*.

Basikranium Die Unterseite des Schädels.

Biostratigraphie Datierungsmethode, die auf den evolutionären Wandlungen innerhalb einer sich entwickelnden Organismengruppe beruht.

Bipedie Aufrechter Gang auf den beiden Hinterbeinen, wie bei der gewöhnlichen Fortbewegung der Menschen.

Blatt Ein Abschlag, der mindestens doppelt so lang wie breit ist (auch Blattspitze).

Bottleneck (einer Population) Entsteht durch den Zusammenbruch einer Population auf eine geringe Individuenzahl (Engpaß), die danach wieder anwächst (wörtlich übersetzt: Flaschenhals).

Brocasches Sprachzentrum Region im menschlichen Gehirn, die an der unteren Rückseite des (gewöhnlich) linken Stirnlappens liegt. Früher als eines der Hauptsprachzentren betrachtet, gilt es heute nur als eine von vielen Hirnregionen, die beim Sprechen mitwirken. Es wurde nach dem französischen Chirurgen Paul Broca (1824–1880) benannt.

Châtelperronien Jungpaläolithische Gerätekultur am Übergang vom Mousterien zum Aurignacien mit Merkmalen beider. Sie ist vielleicht das Ergebnis kulturellen Kontakts zwischen archaischen und modernen Menschen. Sie wurde nach dem Höhlenfundort Châtelperron im Allier in Frankreich benannt.

Chopper Altsteinzeitliches Geröllgerät mit einseitiger Arbeitskante.

Cleaver Ein grobes, axtförmiges Steinwerkzeug, das aus einem zweischneidigen Abschlag besteht und häufig zusammen mit Faustkeilen aus der Acheuléen-Industrie gefunden wird.

Diastema Lücke zwischen dem seitlichen Schneidezahn und dem Eckzahn, insbesondere im Oberkiefer.

Dimorphismus Zwei klar unterscheidbare Formen, beispielsweise in der Ausbildung der Eckzähne oder der Körpergröße.

Dorsal Sich auf den Rücken oder die Rückseite eines Tieres beziehend. (Vergleiche: Ventral.)

Enzephalisationsquotient Ein Maß für die Größe des Gehirns im Vergleich zur Körpergröße.

Ethnographische Analogie Eine Analogie zwischen dem Verhalten in heutigen Gesellschaften und dem in prähistorischen Gemeinschaften.

Ethologie Die Wissenschaft vom sozialen Verhalten einer Tierart in ihrer natürlichen Umwelt.

Eva der Mitochondrien (Modell) Eine Hypothese, die behauptet, die modernen Menschen seien erst relativ kürzlich in Afrika entstanden und dann in die übrige Alte Welt ausgewandert; dabei hätten sie die bereits dort existierenden archaischen Populationen vollständig verdrängt. Sie gründet sich auf genetische Befunde. *Siehe auch* multiregionale Evolution und „Jenseits-von-Afrika".

Fauna Tierwelt. Die tierische Komponente eines Ökosystems.

Faunenkorrelation Die Datierung eines Fundortes durch den Ähnlichkeitsvergleich seiner fossilen Fauna mit einer anderen von bekanntem Alter.

Faustkeil Mandelförmiges Steinwerkzeug mit langer Achse und zwei Schneiden, die in einer Spitze oder einem gerundeten Ende zusammenlaufen. Typisch für das Acheuléen.

Femur Oberschenkelknochen.

Fibula Einer der beiden Knochen im Unterschenkel.

Flora Die pflanzliche Komponente eines Ökosystems.

Folivor Ein blätterverzehrendes Tier.

Frugivor Ein früchteverzehrendes Tier.

Gendrift Genetische Veränderungen in einer Population, die nicht durch Auslese, sondern durch Zufallseffekte herbeigeführt werden.

Genfluß Austausch von Genen zwischen Populationen durch Kreuzung.

Genom Die Gesamtheit der Gene einer Art und die mit ihnen verknüpfte DNA.

Genotyp Die genetische Zusammensetzung eines Organismus. (Vergleiche: Phänotyp.)

Genpool Alle Gene in einer Population zu einem gegebenen Augenblick.

Geochronologie Eine Bezeichnung für Datierungsmethoden in der Geologie.

Geschlechtsdimorphismus Vorhandensein eines beträchtlichen Unterschieds in einem anatomischen Merkmal zwischen Männchen und Weibchen.

Gradualismus Evolution durch stetiges Anhäufen kleiner Veränderungen. (Vergleiche: Punktualimus.)

Grazil Klein, leicht gebaut. *Siehe auch* Robust.

Halbaffen Übliche Bezeichnung für eine Unterordnung der Primaten, der Lemuren, Loris und Tarsier angehören.

Hinterhauptloch Die Öffnung an der Schädelbasis, wo das Rückenmark eintritt.

Hirnrinde Die äußere Schicht der Hirnhemisphären.

Höcker Die konischen Vorsprünge auf der Oberfläche von Zähnen.

Holozän Geologische Epoche, die mit dem Ende des Pleistozän vor 10 000 Jahren begann.

Hominiden Informeller Name für die Hominidae, die Familie des Menschen, wie gegenwärtig klassifiziert.

Hominoide Menschen und Menschenaffen.

Homologie Ähnlichkeit von Strukturen verschiedener Arten, die auf gemeinsamer Abstammung beruhen.

Homoplasie Ein verschiedenen Arten gemeinsames Merkmal, das auf konvergenter Evolution beruht.

Humerus Oberarmknochen.

Industrie Einer von mehreren Termini, die die Gesamtheit der Artefakte beschreibt, die von einer bestimmten Hominidenart hergestellt werden. Andere gleichsinnige Bezeichnungen sind beispielsweise Kollektion, Kultur und Tradition.

Innenabdruck (Endocast) Der Abdruck des Gehirns an der Innenfläche der Schädelkapsel. Er kann natürlich entstehen oder experimentell erzeugt werden.

Innominate Das verschmolzene halbe Becken mit den drei Knochen: Darm-, Sitz- und Schambein.

„Jenseits-von-Afrika" (Modell) Hypothese, nach der die modernen Menschen zuerst in Afrika entstanden und sich dann in die übrige Alte Welt ausbreiteten. Sie stützt sich vor allem auf Fossilien. *Siehe auch* Eva der Mitochondrien und Multiregionale Evolution.

Jungpaläolithikum Die kulturelle Periode in Nordafrika und Europa, die vor 40 000 Jahren begann und vor 10 000 Jahren endete. Im subsaharischen Afrika entspricht ihr das Later Stone Age.

Jungsteinzeit Die kulturelle Periode, die vor etwa 40 000 Jahren im subsaharischen Afrika begann und vor 10 000 Jahren endete.

Kalium-Argon-Datierung Eine radiometrische Technik zum Datieren vulkanischen Gesteins. Sie beruht auf dem Zerfall von Kalium-40 zu Argon-40. Sie ist eines der wichtigsten Hilfsmittel für die Datierung in der Paläoanthropologie.

Kalvarium Schädel ohne Unterkiefer.

Karnivor Fleischfressendes Tier.

Kehlkopf Das Organ in der Kehle, das die Stimmbänder enthält, die Stimmkammer.

Klade Eine Gruppe von Arten, die ihren gemeinsamen Vorfahren nebst all seinen Abkömmlingen enthält.

Kladistik Schule der evolutionären Biologie, die Verwandtschaftsbeziehungen auf der Grundlage der Polarität von (ursprünglichen oder abgeleiteten) Merkmalen ermittelt.

Kladogramm Diagrammförmige Darstellung der Verwandtschaftsverhältnisse von Arten. *Siehe* Kladistik.

Klassifikation Die Praktik, Arten ihren Verwandtschaftskategorien zuzuordnen.

Knöchelgang Vierfüßige Fortbewegungsform der Schimpansen und Gorillas auf den Knöcheln der Hand und den Sohlen der Füße.

Kollektion Eine von mehreren Bezeichnungen für die Gesamtheit der von einer Hominidenart angefertigten Artefakte. Andere gebräuchliche Termini hierfür sind beispielsweise Industrie, Kultur und Tradition.

Kranium Der vollständige Schädel (Schädelkapsel, Gesicht und Gaumen sowie der Unterkiefer). *Siehe auch* Postkranium.

Kultur Die Gesamtheit menschlichen Verhaltens, einschließlich technischer, mythologischer, ästhetischer und institutioneller Aktivitäten.

Later Stone Age Die kulturelle Periode, die vor etwa 40 000 Jahren im subsaharischen Afrika begann und vor 10 000 Jahren endete.

Levallois-Technik Technik der Werkzeugherstellung, die vor 200 000 Jahren in Afrika begann. Dabei wird ein Steinkern hergestellt, von dem Abschläge vorherbestimmter Größe und Form erzeugt werden können. Sie ist für die Moustérien-Technologien charakteristisch.

Lumbar Den unteren Teil der Wirbelsäule, die Lendengegend, betreffend.

Magdalénien Eine der größeren Kulturen des Jungpaläolithikums, die sich über den Zeitraum von etwa 17 000 bis 12 000 Jahren vor unserer Zeit erstreckte. Nach dem Felsvorsprung La Madeleine in der Dordogne in Frankreich benannt.

Mandibel Unterkiefer.

Manuport Stein mit einem archäologischen Fundort, an dem er natürlicherweise nicht vorkommt und der daher von Menschen dorthin gebracht worden sein muß.

Maxille Oberkiefer.

Menschenaffen Die Primatengruppe, die Schimpansen, Gorillas und Orang-Utans (die sogenannten großen Menschenaffen) sowie die Gibbons und Siamangs umfaßt.

Mitochondrien Kleine Organellen, die für den Energiestoffwechsel der Zelle verantwortlich sind. Sie enthalten ihr eigenes, kleines Genom.

Mittelpaläolithikum Kulturperiode in Nordafrika und Europa, die vor etwa 200 000 Jahren begann und vor 40 000 Jahren endete. Das Äquivalent im subsaharischen Afrika heißt Middle Stone Age.

Molaren Die Backenzähne, die hinter den Prämolaren stehen.

Molekulare Uhr (im biologischen Sinn) Das Ausnutzen der im Genom angesammelten Mutationen als Maß für die verflossene Zeit.

Morphologie Die körperliche Erscheinungsform eines Organismus.

Mosaikevolution Terminus für die Tatsache, daß sich verschiedene Körperteile mit unterschiedlicher Geschwindigkeit des evolutionären Wandels entwickeln.

Moustérien Der Name einer europäischen Steingeräteindustrie, die durch Abschläge charakterisiert ist, die von Kernsteinen abgetrennt wurden. Sie begann vor 200000 Jahren und endete vor etwa 40000 Jahren.

Multiregionale Evolution (Modell) Hypothese, nach der die modernen Menschen überall in der Alten Welt mehr oder weniger gleichzeitig aus bereits vorhandenen Populationen hervorgingen. Das Modell stützt sich im wesentlichen auf Fossilien. *Siehe auch* Eva der Mitochondrien und „Jenseits-von-Afrika".

Neolithikum Jungsteinzeit, die man gewöhnlich mit dem Beginn des Pflanzenbaues verknüpft.

Nucleotid Grundbaustein der DNA.

Occiput Das Hinterhaupt des Schädels.

Ökosystem Die Gesamtheit der Tier- und Pflanzenarten sowie der Umweltbedingungen, die ein ökologisches System, wie Savanne, Regenwald oder Waldland, bilden.

Oldowan Steingeräteindustrie, die durch Abschläge und Chopper, die durch Schläge mit einem Hammerstein auf Steinknollen erzeugt wurden, gekennzeichnet ist. Es begann vor 2,5 Millionen Jahren und setzte sich in Teilen von Afrika und Asien bis zu

200000 Jahren vor unserer Zeit fort, wo diese Industrien besser Chopper-Kollektionen (Chopper-Industrien) genannt werden.

Omnivore Arten, die sehr verschiedenartige Futtertypen verzehren (Allesfresser).

Ordnung Eine Klassifizierungskategorie. Unterordnung von Klasse.

Paläoanthropologie Das multidisziplinäre Studium der menschlichen Evolution.

Paläolithikum Altsteinzeit. Sie begann mit dem ersten Erscheinen von Steinwerkzeugen vor 2,5 Millionen Jahren und endete mit dem Beginn der Landwirtschaft vor 10000 Jahren. *Siehe auch* Altpaläolithikum, Mittelpaläolithikum und Jungpaläolithikum.

Paläomagnetismus Datierungsmethode, die auf der periodischen Umpolung des Magnetfeldes der Erde beruht.

Paläontologie Wissenschaft von den Fossilien und der Biologie ausgestorbener Lebewesen.

Pharynx Der oberhalb des Kehlkopfes gelegene Rachen.

Phänotyp Die physischen Eigentümlichkeiten eines Individuums. *Siehe auch* Genotyp.

Phyletischer Wandel Die Evolution einer neuen Art durch allmähliche Veränderung einer vorhandenen ohne Zunahme der Artenvielfalt.

Phylogenie Evolutionäre Geschichte einer Gruppe verwandter Organismen. Stammbaum.

Pleistozän Erste Epoche des Quartär. Es begann vor etwa zwei Millionen Jahren und endete vor 10000 Jahren.

Pliozän Letzte Epoche des Tertiär, von etwa fünf bis zwei Millionen Jahren vor unserer Zeit.

Polymorphismus (genetischer) Das Nebeneinander von Genvarianten mit oder ohne phänotypische Auswirkung. *Siehe auch* Allel.

Postkranium Alle Teile des Skeletts, die unterhalb des Schädels liegen.

Primaten Ordnung der plazentalen Säugetiere. Sie umfaßt Halbaffen, Affen und Menschen.

Prognath Vorspringend, etwa ein über die Linie des Obergesichts (Profil) hervortretender Kiefer.

Punktualismus Evolutionstyp, bei dem sich Wandlungen auf kurze Zeitabschnitte zusammendrängen. (Vergleiche: Gradualismus.)

Quartär Die zweite Periode des Känozoikums. Es umfaßt Pleistozän und Holozän.

Radiation Stammesgeschichtliche Ausbreitung, bei der während eines relativ kurzen geologischen Zeitraumes aus einer Ausgangsform zahlreiche neue Formen entstehen. *Adaptive Radiation:* Auf Anpassung beruhende Radiation.

Radiometrie Datierungsmethode, die auf dem Zerfall radioaktiver Isotope beruht. Hierzu gehören die Kalium-Argon- und die Karbon-14-Datierung.

Radius Einer der beiden Knochen im Unterarm. *Siehe auch* Ulna.

Robust Groß, schwer gebaut. *Siehe auch* Grazil.

Sagittalkamm Von vorn nach hinten über den Schädel verlaufender Knochenkamm. Er vergrößert die Ansatzfläche für Kaumuskeln.

Schnittmarke Eine gewöhnlich längliche Markierung an einem Knochen, die durch Anwendung eines Artefakts hervorgerufen wurde.

Solutréen Eine große Kultur des Jungpaläolithikums, die sich von 23000 bis 18000 Jahre vor unserer Zeit erstreckte. Benannt nach dem Fundort Solutré in Ostfrankreich.

Sparsamkeit (Technik) Eine Methode, die wahrscheinlichsten Verwandtschaftsverhältnisse zwischen verschiedenen Arten oder Populationen zu ermitteln (Parsimonie).

Speziation *Siehe* Artbildung.

Steinzeit Die früheste Periode menschlicher Kultur, von etwa 2,5 Millionen Jahren bis zur ersten Benutzung von Metall vor etwa 5000 Jahren. Sie wird in Altsteinzeit und Jungsteinzeit unterteilt.

Stratigraphie Schichtenweise Ablagerung von Sedimenten.

Subsistenz Ethnologischer Begriff für die Bestreitung des menschlichen Lebensunterhalts in der Auseinandersetzung mit der Natur.

Systematik Die Wissenschaft von der Klassifizierung, beispielsweise Taxonomie.

Taphonomie Das Studium jener Vorgänge, die sich auf den Kadaver bei seinem Tod auswirken. Hierzu gehören beispielsweise langsames Bedecktwerden und nachfolgende Fossilisation.

Taxonomie Klassifizierung von Lebewesen entsprechend ihrer evolutionären Verwandtschaft.

Terrestrisch Bodenbewohnend.

Thorakal Den Teil des Körpers zwischen Hüfte und Hals betreffend.

Tibia Einer der beiden Knochen des Unterschenkels. *Siehe auch* Fibula.

Tuff Verdichtete Ablagerungsschicht vulkanischer Asche.

Ulna Einer der beiden Knochen des Unterarmes. *Siehe auch* Radius.

Ursprüngliches (primitives) Merkmal Ein Merkmal, das bereits beim gemeinsamen Vorfahren einer Gruppe vorhanden war und daher auch bei allen Angehörigen dieser Gruppe vorkommt. (Vergleiche: abgeleitetes Merkmal.)

Ventral Sich auf die Bauchseite eines Tieres beziehend. (Vergleiche: Dorsal.)

Vorgeschichte Jener Teil der menschlichen Geschichte, die vor der schriftlichen Überlieferung erfolgte.

Wernickesches Sprachzentrum Mit dem Sprachverständnis verknüpfte Region des menschlichen Gehirns. Es liegt im oberen Bereich der Schläfenrinde und wurde nach dem deutschen Anatomen Carl Wernicke (1848–1905) benannt.

Zahnbogen Die Form der Zahnreihe.

Literatur

Es gibt einige allgemeinverständliche Bücher, die sich mit der menschlichen Evolution befassen. Hierzu gehören:

Johanson, D.; Shreeve, J. *Lucys Kind.* München, Zürich (Piper) 1989 [Originaltitel: *Lucy's Child.* New York (William Morrow) 1989].

Leakey, R.; Lewin, R. *Der Ursprung des Menschen.* Frankfurt (S. Fischer) 1993 [Originaltitel: *Origins Reconsidered.* (Doubleday) 1992].

Lewin, R. *Bones of Contention.* New York (Simon & Schuster) 1987.

Falk, D. *Braindance.* Basel (Birkhäuser) 1994. [Originalausgabe bei Henry Holt, 1992].

Reader, J. *Missing Links.* Boston (Little Brown) 1981.

Schick, K. D.; Toth, N. *Making Silent Stones Speak.* New York (Simon & Schuster) 1993.

Streit, B. (Hrsg.) *Evolution des Menschen.* Heidelberg (Spektrum Akademischer Verlag) 1995.

Trinkaus, E.; Shipman, P. *Die Neanderthaler – Spiegel der Menschheit.* München (Bertelsmann) 1993 [Originaltitel: *The Neanderthals.* (Alfred Knopf) 1993].

Bücher eher wissenschaftlichen Charakters über den Ursprung moderner Menschen gibt es zahlreich. Hierzu gehören:

Bräuer, G.; Smith, F. (Hrsg.) *Continuity or Replacement: Controversies in* Homo sapiens *Evolution* Rotterdam (A. A. Balkema) 1992.

Mellars, P.; Stringer, Ch. (Hrsg.) *The Human Revolution.* Princeton (University Press) 1989.

Trinkaus, E. (Hrsg.) *The Emergence of Modern Humans.* Cambridge (University Press) 1989.

Eine detailliertere Liste zum vertiefenden Lesen:

Prolog

Leroi-Gourhan, A. *The flowers found with* Shanidar IV, *a Neanderthal burial in Iraq.* In: *Science* 190 (1975) S. 562–564.

Solecki, R. Shanidar IV, *a Neanderthal flower burial in northern Iraq.* In: *Science* 190 (1975 S. 880–881.

Kapitel 1: Vorspiel zu *Homo sapiens*

Aiello, L. C. *Pattern of stature and weight in human evolution.* In: *American Journal of Physical Anthropology* 81 (1990) S. 186–187.

Andrews, P.; Martin, L. *Cladistic assessment of extant and fossil hominoids.* In: *Journal of Human Evolution* 16 (1987) S. 101–118.

Cartmill, M.; Pilbeam, D.; Isaak, G. *One hundred years of paleoanthropology.* In: *American Scientist* 74 (1986) S. 410–420.

Coppens, Y. *Geotektonik, Klima und der Ursprung des Menschen.* In: *Spektrum der Wissenschaft* (Dezember 1994) S. 64–71.

Hill, A.; Ward, S. *The origin of the Hominidae.* In: *Yearbook of Physical Anthropology* 31(1988) S. 49–83.

Lovejoy, C. O. *Die Evolution des aufrechten Gangs.* In: *Spektrum der Wissenschaft* (Januar 1985).

Pilbeam, D. *Die Abstammung von Hominoiden und Hominiden.* In: *Spektrum der Wissenschaft* (Mai 1984).

Rodman, P. S.; McHenry, H. *Bioenergetics of hominid bipedalism.* In: *American Journal of Physical Anthropology* 52 (1980) S. 103–106.

Simons, E. *Human Origins.* In: *Science* 245 (1989) S. 1343–1350.

Tattersall, I. *Species concepts and species recognition in human evolution.* In: *Journal of Human Evolution* 22 (1992) S. 341–349.

Wood, B. *Origin and evolution of the genus* Homo. In: *Nature* 355 S. 783–792.

Kapitel 2: Vorspiel zur heutigen Debatte

Aitken, M. J. et al. (Hrsg.) *The origin of modern humans and the impact of chronometric dating.* In: *Biological Sciences* 337 (1992) S. 125–250.

Brace, L. *The fate of the classic Neanderthals.* In: *Current Anthropology* 5 (1964) S. 3–43.

Graves, P. *New models and metaphores for the Neanderthal debate.* In: *Current Anthropology* 32 (1991) S. 255–274.

Grün, R.; Stringer, C. B. *Electron spin resonance and the evolution of modern humans.* In: *Archeometry* 33 (1991) S. 153–199.

Hammond, M. *A framework of plausibility for an anthropological forgery.* In: *Anthropology* 3 (1979) S. 47–58.

Hammond, M. *The expulsion of the Neanderthals from human ancestry.* In: *Social Studies in Science* 12 (1982) S. 1–36.

Reader, J. *Missing Links*. Boston (Little Brown) 1981.
Spencer, F. *The Neanderthals and their evolutionary significance*. In: Spencer. F. (Hrsg.) *The Origins of Modern Humans: A World Survey of Fossil Evidence*. New York (Alan R. Liss) 1984, S. 1–49.
Spencer, F. *Piltdown: A Scientific Forgery*. Oxford (University Press) 1990.
Trinkaus, E.; Shipman. P. *The Neanderthals*. (Alfred Knopf) 1993.

Kapitel 3: Zwei Modelle

Aiello, L. C. *The fossil evidence for modern human origins: A revised view*. In: *American Anthropologist* 95 (1993) S. 73–96.
Clark, G. A. *Continuity or replacement? Putting modern human origins in an evolutionary context*. In: Dibble, H.; Mellars, P. (Hrsg.) *The Middle Paleolithic: Adaptation, Behavior and Variability*. (University of Pennsylvania Museum) 1992, S. 183–205.
Frayer, D. W. et al. *Theories of modern human origins: The paleontological test*. In: *American Anthropologist* 95 (1993) S. 14–50.
Howells, W. W. *Explaining modern man: Evolutionists versus migrationists*. In: *Journal of Human Evolution* 5 (1976) S. 477–495.
Mellars, P. *Major issues in the emergence of modern humans*. In: *Current Anthropology* 30 (1989) S. 349–385.
Pope, G. G. *Recent advances in Far Eastern paleoanthropology*. In: *Annual Review of Anthropology* 17 (1988) S. 43–77.
Smith, F. H. *The Neanderthals: Evolutionary dead ends or ancestors of modern people?* In: *Journal of Anthropological Research* 47 (1991) S. 219–238.
Stringer, C. B. *Die Herkunft des anatomisch modernen Menschen*. In: *Spektrum der Wissenschaft* (Februar 1991).
Stringer, C. B.; Andrews, P. *Genetic and fossil evidence for the origin of modern humans*. In: *Science* 239 (1988) S. 35–68.
Stringer, C. B.; Grün, R. *Time for the last Neanderthals*. In: *Nature* 351 (1991) S. 701–702.
Thorne, A.; Wolpoff, M. H. *Multiregionaler Ursprung des modernen Menschen*. In: *Spektrum der Wissenschaft* (Juni 1992).
Wolpoff, M. H. et al. *Reply to Stringer and Andrews*. In: *Science* 41 (1988) S. 772–773.

Kapitel 4: Die Eva der Mitochondrien

Cavalli-Sforza, L. L. *Stammbäume von Völkern und Sprachen*. In: *Spektrum der Wissenschaft* (Januar 1992).
Goldman, N.; Barton, N. H. *Genetics and geography*. In: *Nature* 357 (1992) S. 440–441.
Hedges, S. B. et al. *Human origins and analysis of mitochondrial DNA sequences*. In: *Science* 255 (1992) S. 737–738.
Johnson, M. J. et al. *Radiation of human mitochondrial DNA types analyzed by restriction endonuclease cleavage patterns*. In: *Journal of Molecular Evolution* 19 (1983) S. 255–271.

Maddison D. et al. *Geographic origins of human mitochondrial DNA: Phylogenetic evidence from control region sequences*. In: *Systematic Biology* 41 (1992) S. 111–124.
Merriwether, D. A. et al. *The structure of human mitochondrial variation*. In: *Journal of Molecular Evolution* 33 (1991) S. 543–555.
Mountain, J. L. et al. *Evolution of modern humans: Evidence from nuclear polymorphisms*. In: *Transactions of the Royal Society*. B 337 (1992) S. 159–165.
Stoneking, M. et al. *New approaches to dating suggest a recent age for the human mtDNA ancestor*. In: *Transactions of the Royal Society B* 337 (1992) S. 167–175.
Templeton, A. R. *Human origins and analysis of mitochondrial DNA sequences*. In: *Science* 255 (1992) S. 737.
Templeton, A. R. *The „Eve" hypothesis: A genetic critique and reanalysis*. In: *American Anthropologist* 95 (1993) S. 51–72.
Thorne, A.G.; Wolpoff, M. H. *Multiregionaler Ursprung des modernen Menschen*. In: *Spektrum der Wissenschaft* (Juni 1992).
Wilson, A. C.; Cann, R. L. *Afrikanischer Ursprung des modernen Menschen*. In: *Spektrum der Wissenschaft* (Juni 1992).
Vigilant, L. et al. *African populations and the evolution of human mitochondrial DNA*. In: *Science* 253 (1991) S. 1503–1507.

Kapitel 5: Die Archäologie der modernen Menschen

Binford, L. *Human ancestors: Changing views of their behavior*. In: *Journal of Anthropological Archeology* 4 (1985) S. 292–327).
Clark, G. A.; Lindly, J. M. *The case for continuity: Observations on the biocultural transition in Europa and western Asia*. In: Mellars, P.; Stringer, Ch. (Hrsg.) *The Human Revolution*. Princeton (Princeton University Press) 1989 S. 626–676.
Clark, J. D. *The origins and spread of modern humans: A broad perspective on the African evidence*. In: Mellars, P.; Stringer, Ch. (Hrsg.) *The Human Revolution*. Princeton (Princeton University Press) 1989 S. 565–588.
Harrold, F. B. *Mousterian, Chatelperronian, and early Aurignacian: Continuity or discontinuity?* In: Mellars, P.; Stringer, Ch. (Hrsg.) *The Human Revolution*. Princeton (Princeton University Press) 1989 S. 677–713.
Isaac, G. *The archeology of human origins*. In: *Advances in World Archeology* (1984) S. 1–87.
Klein, R. *The archeology of modern humans*. In: *Evolutionary Anthropology* 1 (1992) S. 5–14.
Shipman, P. *Scavenging or hunting in early hominids*. In: *American Anthropologist* 88 (1986) S. 27–43.
Pope, G. *Bamboo and human evolution*. In: *Natural History* (Oktober 1989) S. 49–56.
White, R. *Rethinking the Middle/Upper Paleolithic transition*. In: *Current Anthropolory* 23 (1982) S. 169–189.

Kapitel 6: Symbolismus und Darstellungen

Bahn, P. *Pigments of the imagination*. In: *Nature* 347 (1990) S. 426.

Chase, P. G.; Dibble, H. L. *Middle Paleolithic symbolism: A review of current evidence and interpretations.* In: *Journal of Anthropological Archeology* 6 (1987) S. 263–296.

Clark, G. A.; Lindly, J. M. *The case for continuity: Observations on the biocultural transition in Europe and western Asia.* In: Mellars, P; Stringer, Chr. (Hrsg.) *The Human Revolution.* Princeton (Princeton University Press) 1989 S. 626–676.

Clottes, J. *Paint analyses from several Magdalenian caves in the Ariège region of France.* In: *Journal of Archeological Science* (im Druck).

Davidson, I.; Noble, W. *The archeology of depiction and language.* In: *Current Anthropology* 30 (1989) S. 125–156.

D'Errico, F. *Technology, motion, and the meaning of epipaleolithic art.* In: *Current Anthropology* 33 (1992) S. 94–109.

Halverson, J. *Art for art's sake in the Paleolithic.* In: *Current Anthropology* 28 (1987) S. 63–89.

Lindly, J. M.; Clark, G. A. *Symbolism and modern human origins.* In: *Current Anthropology* 31 (1991) S. 233–262.

Lewis-Williams, J. D. *Cognitive and optical illusions in San rock art research.* In: *Current Anthropology* 27 (1986) S. 171–177.

Lorblanchet, M. *Spitting images* In: *Archeology* (November/Dezember 1991) S. 27–31.

Valladas, H. et al. *Direct radiocarbon dates for prehistoric paintings at the Altamira, El Castillo and Niaux caves.* In: *Nature* 357 (1992) S. 68–70.

White, R. *Rethinking the Middle/Upper Paleolithic transition.* In: *Current Anthropology* 23 (1982) S. 169–189.

White, R. *Dark Caves, Bright Visions.* (The American Museum of Natural History) 1986.

White, R. *Bildhaftes Denken in der Eiszeit.* In: *Spektrum der Wissenschaft* (März 1994).

Kapitel 7: Sprache und Ursprung des modernen Menschen

Aiello, L. C. et al. *Neocortex size, group size, and language in humans.* In: *Behavioral and Brain Sciences* 16 (1993) S. 681–736.

Cheney, D. et al. *Social relationships and social cognition.* In: *Science* (1986) S. 1361–1366.

Davidson, I.; Noble, W. *The archeology of depiction and language.* In: *Current Anthropology* 30 (1989) S. 125–156.

Deacon, T. W. *The neural circuity underlying primate calls and human language.* In: *Human Evolution* (1989) S. 367–401.

Dunbar, R. M. *Neocortex size as a constraint on group size in Primates.* In: *Journal of Human Evolution* 22 (1992) S. 469–493.

Falk, D. *3.5 million years of hominid brain evolution.* In: *Seminars in the Neurosciences* 3 (1991) S. 409–416.

Foley, R. A. *Language origins: The silence of the past.* In: *Nature* 353 (1991) S. 114–115.

Gibson, K.; Ingold, T. (Hrsg.) *Tools, Language, and Intelligence.* Cambridge (Cambridge University Press) 1992.

Harcourt, A. H. *Alliances in contests and social intelligence.* In: Byrne, R.; Whiten, A. (Hrsg.) *Social Expertise and the Evolution of Intellect.* Oxford (Oxford University Press) 1988.

Holloway, R. L. *Human brain evolution.* In: *Canadian Journal of Anthropology* 3 (1983) S. 215–230.

Holloway, R. L. *Human paleontological evidence relevant to language behavior.* In: *Human Neurobiology* 2 (1983) S. 105–114.

Humphrey, N. K. *The Inner Eye.* London (Faber and Faber) 1986.

Isaac, G. L. *Stages of cultural elaboration in the Pleistocene.* In: *Origins and Evolution of Language and Speech.* (New York Academy of Sciences) 1976

Jerison, H. J. *Brain size and the evolution of mind. Fifty-ninth James Arthur Lecture.* (American Museum of Natural History) 1991.

Laitman, J. T. *The anatomy of human speech.* In: *Natural History* (August 1983) S. 20–27.

Marshack, A. *Implications of the Paleolithic evidence for the origin of language.* In: *American Scientist* 64 (1976) S. 134–145.

Martin, R. D. *Human brain evolution in an ecological context. Fifty-second James Arthur Lecture.* (American Museum of Natural History) 1983.

Pagel, M. D.; Harvey, P. H. *How mammals produce large-brained offspring.* In: *Evolution* (1988) S. 948–957.

Pinker, S.; Bloom, P. *Natural language and natural selection.* In: *Behavioral and Brain Sciences* 13 (1990) S. 707–784.

Savage-Rumbaugh, S.; Rumbaugh, D. *The emergence of language.* In: Gibson, K. R.; Ingold, T. (Hrsg.) Tools, *Language and Cognition.* Cambridge (Cambridge University Press) 1993.

White, R. *Thoughts on social relationships and language in hominid evolution.* In: *Journal of Social and Personal Relationships* 2 (1985) S. 95–115.

Wynn, T. *Archeological evidence for modern intelligence.* In: Foley, R. A. (Hrsg.) *The Origin of Human Behavior* (Unwin Hyman) 1991.

Bildnachweise

Titelbild Sisse Brimberg/National Geographic Image Collection.

Frontispiz Musée des Antiquités Nationales/S. Brimberg.

P.1 C. Clark.
P.2 R. Solecki.
P.3 National Library of Australia.
P.4 J. Reader/Science Photo Library, Photo Researchers.
P.7 J. Reader/Science Photo Library, Photo Researchers.
P.8 Newsweek Inc.

1.1 M. Alcosser.
1.2 Nach Napier, J. *Scientific American* (April 1967). Neu gezeichnet.
E.1.1.1 J. Scherr, Wilson Lab., U. C. Berkeley.
1.4 Verändert nach Sibley, C. G. und Ahlquist, J. E. *Scientific American* 254, S. 84 (Februar 1986).
1.6 Verändert nach Lewin, R. *Human Evolution: An Illustrated Introduction*. 2. Auflage, S. 67. Boston, London: Blackwell Scientific. Mit freundlicher Genehmigung von Guba Gudtz.
1.7 (Oben links) © 1985 D. L. Brill; (Oben rechts) M. Alcosser; (Mitte links) P. Kain/Sharma; (Unten links) P. Kain/Sharma.
E.1.2.1 Sammlung R. Lewin.
E.1.2.2 D. L. Cramer/*Natural History Magazine*.
1.10 A. Walker.
1.12 N. Toth.

2.1 Gemälde von Z. Burian; Photo von E. Hochmanova.
E.2.1.1 Die Sintflut: Die Luther-Bibel (1534).
2.2 Verändert nach Trinkaus, E. und Howells, W. W. *Scientific American*. S. 122 (Dezember 1972).
2.3 J. de Vos/Naturkundemuseum Leiden.
2.5 S. Brimberg.
2.6 J. Reader/Science Photo Library, Photo Researchers.
2.7 Roger-Viollet.
2.8 Nach M. Boule, *Fossil Men*. Oliver and Boyd, S. 239 (1928).
2.9 Natural History Museum, London.
2.11 American Museum of Natural History.
E.2.2.1 Royal Geographic Society.
2.14 P. Kain/Sharma.

3.1 M. Alcosser.
3.2 I. Block.
3.3 Sammlung Roger Lewin.
3.5 I. Block.
E.3.1.1 (Links) C. Wolinsky/T. Stone Worldwide; (Mitte) C. Karnow/ Woodfin Camp & Assoc.; (Rechts) H. Kavanagh/Toni Stone Worldwide.
3.9 Gezeichnet nach Thorne, A.; Wolpoff, M. H. *Scientific American* 266, S. 78 (April 1992).
3.10 P. Yates.
3.11 Gezeichnet nach C. B. Stringer *Scientific American* 263, S. 104 (Dezember 1990).
E.3.2.1 Verändert nach D. York *Scientific American* 268, S. 94 (Januar 1993).
3.12 Gezeichnet nach C. B. Stringer *Scientific American* 263, S. 100 (Dezember 1990).
3.13 I. Block.
3.14 Verändert nach C. B. Stringer *Scientific American* 263, S. 103 (Dezember 1990).

4.1 K. Lum und R. Cann, Dept. of Genetic and Molecular Biology, U. of Hawaii.
4.2 J. D. Wilson/Woodfin Camp & Assoc.
4.3 D. Wallace.
4.4 Gezeichnet nach Wilson, A. C.; Cann, R. L. *Scientific American* 266, S. 70 (April 1992).
4.8 Gezeichnet nach Wilson, A. C.; Cann, R. L. *Scientific American* 266, S. 69 (April 1992).
4.10 Gezeichnet nach Wilson, A. C.; Cann, R. L. *Scientific American* 266, S. 71 (April 1992).
4.11 Gezeichnet nach Wilson, A. C.; Cann, R. L. *Scientific American* 266, S. 72 (April 1992).
4.12 Gezeichnet nach Thorne, A. G.; Wolpoff, M. H. *Scientific American* 266, S. 83 (April 1992).
4.13 E. Kashi.
4.14 Gezeichnet nach Stringer, C. B. *Scientific American*, S. 102 (Dezember 1990).
4.15 Gezeichnet nach Cavalli-Sforza, L. *Scientific American* 265, S. 108–109 (November 1991).
E.4.2.1 Gezeichnet nach Cavalli-Sforza, L. *Scientific American* 265 (November 1991).

5.1 Eremitage, St. Petersburg/S. Brimberg.
5.2 J. Reader/Science Photo Library, Photo Researchers.
5.3 Musée Mas-d'Azil/S. Brimberg.
5.4 Musée des Antiquités Nationales/S. Brimberg.
5.6 R. Klein.

Index

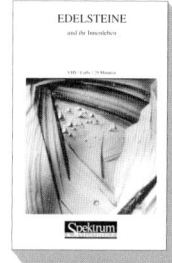

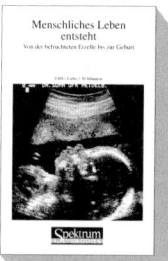
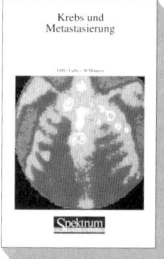

Originaltitel: The Origin of Modern Humans
Aus dem Englischen übersetzt von Erich Lange

Amerikanische Originalausgabe bei The Scientific American Library, A Division of HPHLP, New York
(W. H. Freeman and Company, New York)
© 1993 Scientific American Library

Die Deutsche Bibliothek – CIP-Einheitsaufnahme

Lewin, Roger:
Die Herkunft des Menschen: Roger Lewin.
Aus dem Engl. übers. von Erich Lange. – Heidelberg ; Berlin ; Oxford :
Spektrum, Akad. Verl., 1995
    Einheitssacht.: The origin of modern humans <dt.>
    ISBN 3-86025-276-3

© 1995 Spektrum Akademischer Verlag GmbH Heidelberg · Berlin · Oxford

Lektorat: Markus Pohlmann, Merlet Behncke-Braunbeck
Redaktion: Barbara Kowollik
Einbandgestaltung: Kurt Bitsch, Birkenau
Produktion: Hans J. Münster
Satz und Umbruch: Graphischer Betrieb Konrad Triltsch, Würzburg
Druck und Verarbeitung: Klambt-Druck GmbH, Speyer

Spektrum Akademischer Verlag Heidelberg · Berlin · Oxford

EIN VERLAG DER SPEKTRUM FACHVERLAGE GMBH